计算机基础

主　编　赵丽霞　王学艳　张　健
副主编　白　鹤　邰　丽　沈晓洁
　　　　梁晶晶　张晓娟

北京理工大学出版社
BEIJING INSTITUTE OF TECHNOLOGY PRESS

内 容 简 介

本教材的编写以计算机基础应用为主导，依据当前计算机基础教育和高等院校学生自身特点，针对应用型人才培养的定位，深入研究新形势下计算机基础课程教学改革，整合相关的教学及实验内容，在内容上注重知识的层次性和实用性，强化学生计算机基本操作能力的培养，同时注重培养学生的动手实践能力和创新能力，以更好地满足教学要求。

本书总结了计算机基础教学团队多年的教学和实践经验，重点介绍计算机基础知识、计算机系统、计算机中的信息表示及存储、Windows 7 操作系统、文字处理软件 Word 2010、电子表格处理软件 Excel 2010、演示文稿制作软件 PowerPoint 2010、数据库技术应用基础、多媒体技术基础、计算机网络与 Internet 应用。

本书可作为高等院校计算机基础教育教材，也可以作为信息技术基础培训和自学教材，还可以作为政府机关从事计算机办公的各类人员使用的参考书，以及供参加全国计算机等级考试的各类人员参考使用。

图书在版编目（CIP）数据

计算机基础／赵丽霞，王学艳，张健主编 . —北京：北京理工大学出版社，2020.8

ISBN 978－7－5682－8976－4

Ⅰ.①计…　Ⅱ.①赵…②王…③张…　Ⅲ.①电子计算机－高等学校－教材　Ⅳ.①TP3

中国版本图书馆 CIP 数据核字（2020）第 163495 号

出版发行／北京理工大学出版社有限责任公司

社　　　址／北京市海淀区中关村南大街 5 号

邮　　　编／100081

电　　　话／（010）68914775（总编室）

　　　　　　（010）82562903（教材售后服务热线）

　　　　　　（010）68948351（其他图书服务热线）

网　　　址／http：//www. bitpress. com. cn

经　　　销／全国各地新华书店

印　　　刷／涿州市新华印刷有限公司

开　　　本／787 毫米 ×1092 毫米　1/16

印　　　张／19.25　　　　　　　　　　　　　　责任编辑／孟祥雪

字　　　数／452 千字　　　　　　　　　　　　　文案编辑／孟祥雪

版　　　次／2020 年 8 月第 1 版　2020 年 8 月第 1 次印刷　　责任校对／刘亚男

定　　　价／48.00 元　　　　　　　　　　　　　责任印制／李志强

图书出现印装质量问题，请拨打售后服务热线，本社负责调换

前　　言

　　计算机基础是高等学校学生的通识教育必修课程，也是一门知识性、技能性和实践性很强的课程，是加强学生实践能力及创新能力培养的重要课程。在国家信息化发展的进程中，办公自动化在社会各领域得到广泛的应用，并逐步改变着人们的工作、学习和生活方式，计算机基础应用扮演了越来越重要的角色。计算机基础知识的掌握程度和办公自动化技术应用水平直接反映了学生的综合素质水平。为适应信息社会对人才培养的要求，通过计算机基础课程学习加强学生的实践能力和实践技能，强化学生的计算机基本操作能力，培养学生分析问题、解决问题和应用知识的能力，对于启发学生对先进科学技术的向往、激发学生的创新意识、培养学生的自学能力都具有极为重要的作用。

　　为了适应计算机的发展，满足读者对计算机科学求知的欲望，也为了与课程内容和教学方法的改革同步，本着培养高素质应用型人才的理念，我们在团队多年教学经验积累的基础上，结合计算机基础教学实际要求编写了本教材。教材编写借鉴和结合了目前计算机学科最新的研究成果和前沿理论技术；教材中的案例、试题等已经使用过多年，经过多次检验、修改、补充和完善，非常适合于读者学习和掌握计算机基本操作。

　　本书共分为 10 章，第 1 章为计算机基础知识，第 2 章为计算机系统，第 3 章为计算机中的信息表示及存储，第 4 章为 Windows 7 操作系统，第 5 章为文字处理软件 Word 2010，第 6 章为电子表格处理软件 Excel 2010，第 7 章为演示文稿制作软件 PowerPoint 2010，第 8 章为数据库技术应用基础，第 9 章为多媒体技术基础，第 10 章为计算机网络与 Internet 应用。

　　本书作者在教学一线从事计算机基础教学及实验工作多年，教材结构严谨、内容新颖、层次清晰、实例丰富，并在书后匹配了一定数量的习题，习题操作部分配有扫二维码可观看的微课视频。

　　本书在编写过程中参阅了大量的相关教材，我们在此仅向相关人员表示深深的谢意。由于编者水平和经验有限，书中难免有欠妥和错误之处，恳请读者批评指正。

编　者

CONTENTS 目录

第1章

计算机基础知识

计算机（Computer）是一种既能进行数值计算，又能进行逻辑计算，还具有存储记忆功能，并能够按照程序运行，自动、高速地处理海量数据的现代化智能电子设备。

诞生于 20 世纪 40 年代的电子计算机是人类最伟大的发明之一。在人类发展史中，计算机的发明具有特殊的意义。自诞生以来，在短短 70 余年里，计算机得到迅猛发展和推广，目前已在各领域得到广泛应用，成为人们在工作、学习、科研、生产和生活中不可缺少的工具。它使人们传统的工作、学习、日常生活甚至思维方式都发生了深刻变化。对于计算机本身来说，它是科学技术和生产力发展的结果，同时也极大地促进了科学技术和生产力的发展。

随着计算机技术的飞速发展，计算机应用日益普及。计算机被称为"智力工具"，因为计算机能提高人们完成任务的能力。计算机擅长执行快速计算、信息处理以及自动控制等工作。虽然人类也能做这些事情，但计算机可以做得更快、更精确。有了计算机的辅助，人类更具创造力。

1.1 计算机的诞生

在人类文明发展的历史长河中，人们所使用的计算工具经历了从低级到高级、从简单到复杂的发展过程，如绳结、算筹、算盘、计算尺、手摇机械计算机、电动机械计算机等。它们在不同的历史时期发挥了各自的作用，也孕育了电子计算机的雏形。

1946 年 2 月 14 日，由美国军方定制的世界上第一台电子计算机——电子数字积分计算机 ENIAC（Electronic Numerical Integrator and Computer）在美国宾夕法尼亚大学诞生，如图 1 – 1 所示。设计这台计算机，主要为了解决第二次世界大战时军事上弹道课题的高速计算问题。虽然其运算速度仅为每秒完成 5000 次加法运算，但它可将计算一条发射弹道所需的时间缩短到 30 s 以内，这在当时是个了不起的进步。这台计算机使用了 17468 个电子管、1500 多个继电器、70000 个电阻器，占地面积约 170 m²，质量达 30 t，功率为 150 kW。它的存储容量很小，只能存储 20 个字长为 10 位的十进制数。另外，它采用线路连接的方法来编排程序，因此每次解题都要靠人工改接连线，准备时间大大超过了实际计算时间。虽然这台计算机的性能在今天看来微不足道，但在当时确实是一种创举。ENIAC 的研制成功为计算机科学的发展奠定了基础，使人类的计算工具由手工到自动化产生了质的飞跃，为以后计算机的发展提供了契机，开创了计算机的新时代，具有划时代的意义。

ENIAC 采用十进制进行计算，存储量很小，程序是用线路连接的方式来表示的。由于程序与计算分离，程序指令存放在机器的外部电路中，因此每当需要计算某个题目时，必须先人工接通数百条线路。为了进行几分钟的计算，往往需要很多人工作好几天来做准备。针对这些缺陷，美籍匈牙利数学家冯·诺依曼（John von Neumann）提出了"存储程序"的思想，即把指令和数据存储在计算机的存储器中，让计算机自动执行程序。

冯·诺依曼指出，计算机内部应采用二进制进行运算，应将指令和数据都存储在计算机中，由程序控制计算机自动执行，这就是著名的存储程序原理。"存储程序"式计算机结构为后人普遍接受，该结构又称为冯·诺依曼结构，此后的计算机系统基本上都采用了该结构。依据该结构设计出的计算机 EDVAC（Electronic Discrete Variable Automatic Computer，离散变量自动电子计算机）如图 1-2 所示。与 ENIAC 不同，EDVAC 首次使用了二进制而不是十进制。这台计算机的运算速度比 ENIAC 提高了近 10 倍，冯·诺依曼的设想在这台计算机上得到充分体现。

世界上首台"存储程序式"电子计算机是于 1949 年 5 月在英国剑桥大学研制成功的 EDSAC（Electronic Delay Storage Automatic Computer，电子延迟存储自动计算机），如图 1-3 所示。它由英国剑桥大学的威尔克斯（Wilkes）研制成功，是第一台采用冯·诺依曼体系结构的计算机。威尔克斯后来摘取了 1967 年度计算机世界最高奖——图灵奖。

图 1-1　ENIAC

图 1-2　EDVAC

图 1-3　EDSAC

1.2　计算机的发展

计算机在诞生后的短短几十年里，发展水平不断提高，发展速度迅猛。计算机的体积在不断变小，且其性能、速度在不断上升。根据计算机采用的物理器件，通常将计算机的发展分成 4 个阶段。

第一代：电子管时代（1946—1957 年）。采用电子管作为基本器件，在软件方面确定了程序设计的概念，出现了高级语言的雏形。

第二代：晶体管时代（1958—1964 年）。采用晶体管作为基本器件，出现了一系列高级程序设计语言（如 FORTRAN、COBOL 等）进行程序设计，并提出了操作系统（Operating System，OS）的概念。

第三代：中小规模集成电路时代（1965—1971 年）。采用中小规模集成电路代替分立元件，用半导体存储器代替磁芯存储器。在软件方面，出现了操作系统，以及结构化、模块化程序设计的方法。

第四代：大规模和超大规模集成电路时代（1972 年至今）。采用集成度更高的半导体芯片为存储器，运算速度可达每秒几百万次，甚至每秒亿次以上。中央处理器高度集成化是这一代计算机的主要特征。进入大规模和超大规模集成电路时代后，计算机的发展速度非常惊人，几乎每年都会有新技术出现，计算机的性能不断提高。

从第一代到第四代，计算机的体系结构是相同的，都由控制器、存储器、运算器和输入输出设备组成，即冯·诺依曼结构。

为适应未来社会信息化的要求，人们又提出了第五代、第六代计算机，其与前四代计算机有着质的区别。这两代计算机把信息采集、存储、处理、通信与人工智能结合在一起，其研究领域主要包括人工智能、系统结构、软件工程和资源设备等，将实现高速并行处理。

第五代：智能计算机。1981 年，在日本东京召开了第五代计算机研讨会，随后制订出研制第五代计算机的长期计划。智能计算机的主要特征是具备人工智能，能像人一样思考，并且运算速度极快，其硬件系统支持高度并行和推理，其软件系统能够处理知识信息。

第六代：神经网络计算机（也称神经元计算机）。这是具有模仿人的大脑判断能力和适应能力、可并行处理多种数据功能的神经网络计算机，其能判断对象的性质与状态，并能采取相应的行动，还能同时并行处理实时变化的大量数据，并引出结论。神经网络计算机除了有许多处理器外，还有类似神经的节点，每个节点与许多点相连。若把每一步运算分配给每台微处理器，让它们同时运算，则其信息处理速度和智能会大大提高。神经网络计算机的信息不是存储在存储器中，而是存储在神经元之间的联络网中。即使有节点断裂，计算机仍有重建资料的能力。此外，它还具有联想记忆、视觉和声音识别能力。

1.3 计算机的分类

计算机的分类方法有很多种，根据美国电气和电子工程师协会（IEEE）的一个委员会于 1989 年 11 月提出的标准来划分，计算机可分为以下 6 类。

1. 巨型计算机

巨型计算机（图 1-4）又称超级计算机，通常是功能最强、运算速度最快、存储容量最大和价格最昂贵的一类计算机。生产巨型计算机的公司有美国的 Cray 公司、TMC 公司，日本的富士通公司、日立公司等。我国研制的银河机也属于巨型计算机，银河 - I 为亿次巨型计算机，银河 – Ⅱ 为十亿次巨型计算机。

2. 小巨型计算机

小巨型计算机（图 1 – 5）又称为桌上型超级计算机，它是把巨型计算机缩小成微型计算机的大小，或者使个人计算机具有超级计算机的性能。典型产品有美国 Convex 公司的 C 系列、Alliant 公司的 FX 系列等。

图 1 – 4　巨型计算机　　　　　　　　图 1 – 5　小巨型计算机

3. 大型计算机

大型计算机（图 1 – 6）又称大型主机，其特点是通用性好，有很强的综合处理能力。运算速度可由每秒几百万次到每秒几千万次，这是在微机出现之前最主要的计算模式，即把大型主机放在计算中心的玻璃机房，用户要上机就必须去计算中心的端上工作。大型计算机经历了批处理阶段、分时处理阶段，进入了分散处理与集中管理的阶段。IBM 公司一直在大型计算机市场处于霸主地位，DEC、富士通、日立、NEC 等公司也生产大型主机。不过随着微机与网络的迅速发展，大型计算机正在走下坡路。许多计算中心的大型计算机正在被高档微机群取代。

4. 小型计算机

小型计算机（图 1 – 7）主要用于企业管理、大学及科研机关的科学计算、工业控制中的数据采集与分析等，大型主机操作复杂，且价格昂贵。在集成电路推动下，DEC 公司推出了一系列小型机，如 PDP – 11 系列、VAX – 11 系列；HP 公司推出了 1000、3000 系列等。通常，小型计算机用于部门计算。与大型计算机一样，它也受到高档微机的挑战。

图 1 – 6　大型计算机　　　　　　　图 1 – 7　小型计算机

5. 个人计算机

个人计算机（Personal Computer，PC）就是通常所说的微机，包括台式计算机、计算机一体机、笔记本计算机、掌上计算机和平板计算机等，如图 1-8 所示。个人计算机的普及和发展极大地推进了社会的进步，产生了巨大的效益。

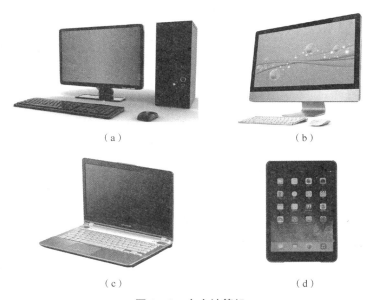

（a） （b）

（c） （d）

图 1-8　个人计算机
（a）台式计算机；（b）计算机一体机；（c）笔记本计算机；（d）掌上计算机

6. 工作站

工作站（图 1-9）实际上是高档微机。它的运算速度通常比微机快，配有大容量的存储器和大屏幕显示器，并有较强的网络通信功能。它主要用于计算机辅助设计、图形和图像处理、软件开发、信息管理系统等。

图 1-9　工作站

1.4 计算机的特点及应用

1.4.1 计算机的特点

计算机的特点有以下几方面。

1. 运算速度快

计算机的运算速度是依赖于微电子技术的迅速发展来实现的。目前最高运行速度已达到每秒千万亿次，过去需要几年（甚至几十年）的计算工作，现在只需几天、几小时，甚至几分钟就能得到计算结果，因此大量复杂的科学计算问题能得以解决。

2. 计算精度高

一般计算机可以有十几位甚至几十位（二进制）有效数字，计算精度可由千分之几到百万分之几，甚至更高，这是其他计算工具望尘莫及的。所有信息在计算机内都是用二进制数进行编码的，数值也是如此。数值的精度主要由这个数值的二进制码的位数来决定，可以通过增加数值的二进制位数来提高数值的精度，位数越多，精度就越高。例如，利用计算机来计算圆周率，目前可以算到小数点后上亿位。

3. 存储容量大

计算机内部的存储器具有记忆特性，能够存储大量数据、中间结果、计算指令及各种有用的信息。随着计算机领域技术的不断发展，计算机的存储能力已经从最初以 KB 为单位，到现在以 GB、TB 等为存储单位。

4. 逻辑运算能力强

计算机具有逻辑判断能力，能对信息进行比较和判断。计算机能把参加运算的数据、程序以及中间结果、最后结果保存，并能根据判断的结果自动执行下一条指令，以供用户随时调用。因此，计算机不仅能解决数值计算问题，还能解决信息检索、图像识别等非数值计算问题。

5. 可靠性高，通用性强

由于采用了大规模和超大规模集成电路，因此现在的计算机具有非常高的可靠性。现代计算机不仅可以用于数值计算，还可以用于数据处理、工业控制、辅助设计、辅助制造和办公自动化等，具有很强的通用性。

6. 自动化程度高

由于计算机具有存储记忆能力和逻辑判断能力，因此人们可以将预先编好的程序组存入计算机内存，让计算机在程序控制下连续、自动地工作，而无须人的干预。

1.4.2 计算机的应用

计算机的应用已渗透到社会的各个领域，正在日益改变着传统的工作、学习和生活的方式，主要表现在以下几方面。

1. 科学计算

科学计算主要指计算机用于完成和解决科学研究和工程技术中的计算问题，如高能物理、工程设计、地震预测、气象预报、航天技术等。

2. 信息管理

信息管理主要是指利用计算机来加工、管理与操作数据资料，对大量信息进行分析、分类、加工、统计等处理，如企业管理、物资管理、报表统计、账目计算、信息情报检索等。

3. 过程控制

过程控制是指利用计算机来实时采集数据、分析数据，按最优值迅速对控制对象进行自动调节或自动控制。采用计算机进行过程控制，不但可以大大提高控制的自动化水平，而且可以提高控制的时效性和准确性，从而改善劳动条件、提高产量及合格率。因此，计算机过程控制已在机械、冶金、石油、化工、电力等领域得到广泛应用，特别是在现代国防及航空航天等领域（如对生产和实验设备及其过程进行控制），而现代通信如果没有计算机进行过程控制则是不可想象的。

4. 辅助技术

辅助技术包括计算机辅助设计（Computer Aided Design，CAD）、辅助制造（Computer Aided Manufacturing，CAM）和辅助教学（Computer Aided Instruction，CAI）。CAD 是设计人员利用计算机来协助进行最优化产品设计的过程，已应用于飞机设计、船舶设计、建筑设计、机械设计、大规模集成电路设计等，可缩短设计时间，提高工作效率，节省人力、物力和财力，提高设计质量。CAM 是工程技术人员利用计算机进行产品生产管理、控制和制造的过程，可以实现设计产品生产的自动化。CAI 是利用计算机的程序功能把教学内容编制成教学软件，使教与学的过程均可在计算机上进行，使教学内容更加多样化、形象化，可以取得更加直观的教学效果。

5. 人工智能

人工智能是指开发一些具有人类某些智能的应用系统，用计算机来模拟人的思维判断、推理等智能活动，使计算机具有学习适应和逻辑推理的功能，如计算机推理、智能学习系统、专家系统、智能机器人、人脸识别、景物识别和分析等。其中，智能机器人是目前人工智能领域研究发展的一个产物，它能够模拟人的思维过程，从事一些烦琐、复杂和对人类有

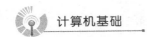

一定危险的工作。

6. 通信与网络

随着信息化社会的发展，通信业也得到迅速发展，计算机在通信领域的作用越来越大，特别是计算机网络的迅速发展极大地影响着通信业的发展。目前，利用计算机网络和计算机辅助教学软件在家里学习，以代替去学校、课堂的传统教学方式，这在许多国家已成为现实。我国有许多大学已开通了远程教育，为提高人们的文化素质起到了积极作用。

除此之外，计算机在电子商务、电子政务、语言翻译、多媒体应用等应用领域也得到了快速的发展。

1.5　计算机的发展趋势

未来的计算机将以超大规模集成电路为基础，向巨型化、微型化、网络化、智能化、多媒体化的方向发展。

1. 巨型化

计算机将具有更高的运算速度（如每秒万亿次甚至更高）和更大的存储容量，且功能更强，能研究更先进的国防和尖端技术、估算百年以后的天气、更详尽地分析地震数据等。

2. 微型化

今后的计算机将逐步发展到对存储器、通道处理器、高速运算部件的集成，使计算机的性能更优、体积更小、质量更轻、价格更低廉、整机更小巧。目前市场上出现的笔记本计算机可以应用在多种场合，以更优的性价比受到人们的欢迎。

3. 网络化

计算机网络是计算机技术发展中崛起的又一重要分支，是现代通信技术与计算机技术结合的产物。计算机连成网络可以实现计算机之间的通信和网络资源共享，使计算机具有更强大的系统功能，为用户提供方便、及时、可靠、广泛、灵活的信息服务。计算机网络已经深入人们的社会生活、生产等方面，发挥着越来越重要的作用。

4. 智能化

智能化是建立在现代化科学技术基础之上、综合性很强的边缘学科，是计算机发展的一个重要方向。智能化是指让计算机模拟人的感知、行为和思维过程的机理，使计算机具备视觉和听觉、语言和行为、思维和逻辑推理、学习和证明等能力，形成智能型、超智能型计算机。

5. 多媒体化

传统的计算机处理的信息主要是字符和数字。事实上，人们更习惯的是图片、文字、声音、影像等形式的多媒体信息。多媒体技术可以集图形、图像、音频、视频、文字为一体，使信息处理的对象和内容更加接近真实世界。

习 题

一、单项选择题

1. 世界上公认的第一台计算机 ENIAC 诞生的时间、地点是（ ）。

A. 1946 年，中国　　B. 1946 年，美国　　C. 1970 年，美国　　D. 1950 年，美国

2. ENIAC 采用（ ）进行计算。

A. 二进制　　　　B. 八进制　　　　C. 十进制　　　　D. 十六进制

3. 指出计算机内部应采用二进制进行运算的是（ ）。

A. 图灵　　　　B. 比尔·盖茨　　　　C. 冯·诺依曼　　　　D. 威尔克斯

4. 世界上首台"存储程序"式电子计算机是（ ）。

A. ENIAC　　　　B. EDSAC　　　　C. EDVAC　　　　D. EDASC

5. 根据计算机采用的物理器件，一般将计算机的发展分成 4 个阶段，其中第四代计算机采用的主要部件是（ ）。

A. 电子管　　　　　　　　　　B. 晶体管

C. 中小规模集成电路　　　　　D. 大规模和超大规模集成电路

二、简答题

1. 简述计算机发展的几个阶段，以及各阶段使用的主要元器件。

2. 谈谈你对计算机发展的认识，并简述计算机有哪些应用。

第2章

计算机系统

　　计算机是由若干相互区别、相互联系和相互作用的要素组成的有机整体。计算机系统由硬件系统和软件系统组成，如图2－1所示。前者是借助电、磁、光、机械等原理构成的各种物理部件的有机组合，是计算机系统赖以工作的实体。后者是各种程序和文件，用于指挥整个计算机系统按指定的要求进行工作。二者协同工作，缺一不可。硬件就是泛指的实际的物理设备，但只有硬件的裸机是无法进行工作的，还需要软件的支持。所谓软件，是指为解决问题而编制的程序及文档。计算机软件包括计算机本身运行所需的系统软件和用户完成任务所需的应用软件。计算机是依靠硬件系统和软件系统的协同工作来完成指定的任务的。

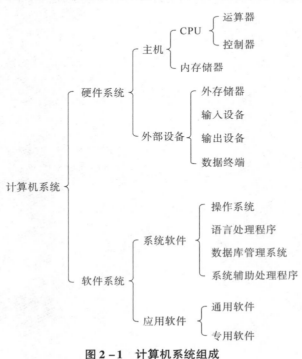

图2－1　计算机系统组成

2.1 计算机硬件

2.1.1 存储程序原理

计算机是自动化信息处理装置，它采用了存储程序的工作原理。这一原理是由美籍匈牙利数学家冯·诺依曼在 1946 年提出的，又称冯·诺依曼原理，是指将程序像数据一样存储到计算机内部存储器中。程序存入存储器后，计算机便可自动地从一条指令转而执行另一条指令。现代电子计算机均按此原理设计。其主要思想如下：

（1）计算机硬件由 5 个基本部分组成：运算器、控制器、存储器、输入设备、输出设备。

（2）采用二进制。

（3）采用存储程序的思想。

这一原理确定了计算机硬件的基本组成和工作方式，如图 2-2 所示。图中，双线为程序和数据流向，单线为控制指令。程序和计算中需要的原始数据，在控制命令的作用下通过输入设备送入计算机的存储器。当计算开始时，在取指令的作用下把程序指令逐条送入控制器。控制器向存储器和运算器发出取数指令和运算指令，运算器进行计算后，控制器发出存数指令，将计算结果保存到存储器中，最后在输出指令的作用下通过输出设备输出计算结果。

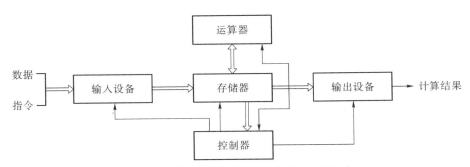

图 2-2 计算机硬件的基本组成和工作方式

2.1.2 硬件

自第一台计算机发明以来，计算机技术已经得到很大的发展，但计算机硬件系统的基本结构没有发生变化，仍然属于冯·诺依曼体系计算机。硬件是我们看得见、摸得着的组成计算机的各种物理设备，包括计算机的主机和所有外部设备。

1. CPU

CPU（Central Processing Unit，中央处理器）是一台计算机的运算核心和控制核心，如图 2－3 所示，其功能主要是解释计算机指令以及处理计算机软件中的数据。CPU 由运算器、控制器、寄存器、高速缓存及实现它们之间联系的数据、控制及状态的总线构成。作为整个系统的核心，CPU 是整个系统最高的执行单元，CPU 品质的高低直接决定了一个计算机系统的档次。CPU 可以同时处理的二进制数据的位数是其最重要的一个品质标志。人们通常所说的 32 位机、64 位机就是指该微机中的 CPU 可以同时处理 32 位、64 位的二进制数据。因此，CPU 已成为决定计算机性能的核心部件，很多用户都以它为标准来判断计算机的档次。

图 2－3　CPU

所谓双核处理器，就是在一个处理器基板上集成两个功能相同的处理器核心，即将两个物理处理器核心整合进一个内核中。在双核处理器中，每个核心拥有独立的指令集、执行单元，可以同时执行多项任务，能让处理器资源真正实现并行处理模式。双核处理器技术的引入是提高处理器性能的有效方法。由于处理器的实际性能是处理器在每个时钟周期内所能处理的指令数总量，因此增加一个内核，处理器每个时钟周期内可执行的单元数将增加一倍。

2. 存储器

内存泛指计算机系统中存放数据与指令的半导体存储单元。计算机中的存储器按用途可分为主存储器和辅助存储器。

主存储器也称为内部存储器（简称"内存"），其直接与 CPU 连接，是计算机中主要的工作存储器，当前运行的程序和数据都存放在内存中。内存是相对存取速度快而容量小的一类存储器。

辅助存储器也称为外部存储器（简称"辅存"或"外存"），计算机执行程序和加工处理数据时，外存中的信息按信息块（或信息组）先送入内存后才能使用，即计算机通过外存与内存不断交换数据的方式来使用外存中的信息。外存是相对存取速度慢而容量很大的一类存储器。

一个存储器中所包含的字节数称为该存储器的容量，简称"存储容量"。而一个字节是由 8 个二进制位（Bit）组成的，每个二进制位上只能存储 1 或 0，从而组成一条指令或数据等。存储容量通常用 KB、MB、GB、TB、PB、EB、ZB、YB 等来衡量，其中 B 是字节（Byte）。

1）内存储器

现在的内存储器通常是半导体存储器，采用大规模集成电路或超大规模集成电路器件，如图 2－4 所示。内存储器按其工作方式的不同，可以分为随机存储器

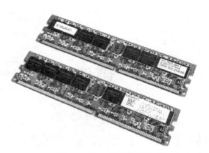

图 2－4　内存储器

（Random Access Memory，RAM）和只读存储器（Read Only Memory，ROM）。如果计算机断电，RAM 中的信息就会消失。通常所说的内存大小就是指 RAM 的大小。只读存储器是只能读出信息而不能随意写入信息的存储器。计算机断电后，ROM 中的信息不会丢失。高速缓冲存储器（Cache）用于协调 CPU 与 RAM 之间的存取速度。CPU 的发展速度远远大于 RAM 的发展速度，为了协调 CPU 与 RAM 之间的存取速度，就采用了高速缓冲存储器，其速度与 CPU 接近。工作时，先把 RAM 中的部分内容复制到 Cache 中，CPU 在读写数据时，首先访问 Cache。

2）外存储器

PC 上常用的外存有软磁盘（简称"软盘"）和硬磁盘（简称"硬盘"），目前，光盘的使用也比较普及，下面介绍几种外存。

（1）软盘。软盘是个人计算机中最早使用的可移介质。计算机软盘按尺寸可分为 3.5 英寸软盘、5.25 英寸软盘。3.5 英寸软盘如图 2－5 所示，其存储容量只有 1.44 MB。

（2）硬盘。硬盘是由若干片硬盘片组成的盘片组，一般被固定在计算机机箱内，如图 2－6 所示。与软盘相比，硬盘的容量要大得多，存取信息的速度也快得多。早期生产的硬盘，其容量只有 5 MB、10 MB 和 20 MB 等。目前，主流硬盘容量为 1～4 TB。

（3）光盘。随着多媒体技术的推广，光盘以其容量大、寿命长、成本低的特点，很快受到人们的欢迎，普及相当迅速，如图 2－7 所示。与磁盘相比，光盘是通过光盘驱动器中的光学头用激光束来读写的。目前，用于计算机系统的光盘有 3 类：只读光盘（CD－ROM）、一次写入光盘（CD－R）、可擦写光盘（CD－RW）。

图 2－5　3.5 英寸软盘

图 2－6　硬盘

图 2－7　光盘

（4）可移动磁盘有 U 盘、智能手机、数码相机和移动硬盘等。

①U 盘属于新式存储器，可代替传统磁盘来携带传递信息，其体积小、容量大、速度快，无须电力来维持保存的信息，如图 2－8 所示。

②智能手机属于移动终端，是便携的、可以在较大范围内移动的电话终端。智能手机可通过储存卡进行拍照、存储和播放音乐、视频等媒体信息，如图 2－9 所示。

③数码相机是一种能够进行拍摄，并通过内部处理来把拍摄到的景物转换成以数字格式存放的图像的特殊照相机，如图 2－10 所示。在一定条件下，数码相机还可以直接接到智能手机或计算机上。由于图像是通过内部处理的，因此使用者可以马上检查图像是否正确，而且可以立刻打印出来或是通过电子邮件发送出去。

④移动硬盘是以硬盘为存储介质且强调便携性的存储产品，如图 2－11 所示。

图 2 – 8　U 盘

图 2 – 9　智能手机

图 2 – 10　数码相机

图 2 – 11　移动硬盘

提示：内存是计算机中的主要部件，它是相对于外存而言的。我们平常使用的程序（如 Windows 操作系统、打字软件、游戏软件等）一般都安装在硬盘等外存上，但仅此还不能使用其功能，必须把它们调入内存运行，才能真正使用其功能。我们平时输入一段文字，或玩一个游戏，其实都是在内存中进行的。通常，我们把要永久保存的、大量的数据存储在外存上，而把一些临时的（或少量的）数据和程序放在内存上。当然，内存的好坏会直接影响计算机的运行速度。

3. 输入设备

计算机中常用的输入设备是键盘和鼠标。键盘是用来输入信息并操作计算机进行工作的设备，如图 2 – 12 所示。鼠标可分为机械式鼠标和光电式鼠标，分别如图 2 – 13、图 2 – 14 所示。

图 2 – 12　键盘

图 2 – 13　机械式鼠标

图 2 – 14　光电式鼠标

4. 输出设备

计算机常用的输出设备为显示器和打印机。

1）显示器

显示器主要分为阴极射线管显示器和液晶显示器（图 2 – 15）。

2）打印机

目前常用的打印机有点阵打印机、喷墨打印机和激光打印机。

图 2 – 15　液晶显示器

（1）点阵打印机又称为针式打印机，如图 2 – 16 所示。目前针式打印机主要应用于银行、税务、商店等的票据打印。

（2）喷墨打印机（图 2 – 17）将彩色液体油墨经喷嘴变成细小微粒后喷到印纸上，分色喷印。

（3）激光打印机（图 2 – 18）是近年来发展很快的一种输出设备，由于它具有精度高、打印速度快、噪声低等优点，已日渐成为办公自动化的主流产品。

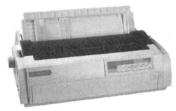

图 2 – 16 针式打印机

图 2 – 17 喷墨打印机

图 2 – 18 激光打印机

5. 总线

总线是连接计算机中各个部件的一组物理信号线。总线在计算机的组成与发展过程中起着关键性的作用，因为总线不仅涉及各个部件之间的接口与信号交换规则，还涉及计算机扩展部件和增加各类设备时的基本约定。

总线通常可分为内部总线和系统总线。内部总线通常是指在 CPU 内部或 CPU 与存储器之间交换信息用的总线；系统总线是指在 CPU、存储器与各类 I/O 设备之间互相连接、交换信息的总线。

在计算机系统中，总线使各个部件协调地执行 CPU 发出的指令。CPU 相当于总指挥部，各类存储器提供具体的机内信息（程序与数据），I/O 设备担任着计算机的"对外联络任务"（输入与输出信息），总线用于传输所有部件之间的信息流。

6. 主板

在主机箱内部，位于机箱底部的一块大型印刷电路板，称为主板（又称系统板或母板）。主板上通常有 CPU 插槽、内存储器（ROM、RAM）插槽、输入输出控制电路、扩展插槽、键盘接口、面板控制开关和与指示灯相连的接插件等，如图 2 – 19 所示。

7. 主机箱

主机箱是计算机的外壳，从外观上分为卧式和立式两种。机箱一般包括外壳、用于固定软硬驱动器的支架、面板上必要的开关、指示灯和显示数码管等。配套的机箱内还有电源。

通常，在主机箱的正面都有电源开关【Power】和【Reset】按钮，【Reset】按钮用来重新启动计算机系统（有些机器没有【Reset】按钮）。在主机箱的正面都有一个（或两个）软盘驱动器的插口，用于安装软盘驱动器。此外，通常还有一个光盘驱动器插口，现在的机箱通常在前面或背面留有可移动磁盘插口。图 2 – 20 所示为立式主机箱的一种。

图 2 – 19 主板

图 2 – 20 立式主机箱

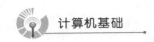

8. 多功能传真机

传真机如图 2 - 21 所示。目前，市场上的传真机主要分为 4 类：热敏纸传真机（也称为卷筒纸传真机）、热转印式普通纸传真机、激光式普通纸传真机（也称为激光一体机）、喷墨式普通纸传真机（也称为喷墨一体机）。市场上最常见的就是热敏纸传真机和喷墨/激光一体机。

9. 扫描仪

扫描仪（图 2 - 22）是一种图像输入设备，它利用光电转换原理，将黑白或彩色的原稿信息数字化后输入计算机，可用于文字识别、图像识别等领域。

图 2 - 21　传真机

图 2 - 22　扫描仪

2.2　计算机软件

计算机软件（又称软件，Software），是指计算机系统中的程序及其文档，程序是计算任务的处理对象和处理规则的描述，文档是为了便于了解程序所需的阐明性资料。程序是指令序列的符号表示，文档是软件开发过程中建立的技术资料。程序是软件的主体，一般保存在软盘、硬盘、光盘和磁带等存储介质中，以便在计算机上使用。文档对于使用和维护软件尤其重要，随软件发行的文档主要是使用手册，其中包含了该软件的功能介绍、运行环境要求、安装方法、操作说明和错误信息说明等。某个软件要求的运行环境要求是指运行它至少应有的硬件和其他软件的配置。也就是说，在计算机系统层次结构中，它是该软件的下层（内层）至少应有的配置（包括对硬件的设备和指标要求、软件的版本要求等）。计算机软件按用途分为系统软件和应用软件。

1. 系统软件

系统软件是指控制和协调计算机及外部设备、支持应用软件开发和运行的系统，是无须用户干预的各种程序的集合。系统软件的主要功能：调度、监控和维护计算机系统；负责管理计算机系统中各种独立的硬件，使它们可以协调工作。系统软件使得计算机使用者和其他软件可将计算机当作一个整体而不需顾及底层每个硬件是如何工作的。系统软件是计算机正常运转不可缺少的。

1）操作系统

操作系统用于管理计算机的硬件设备，使应用软件能方便、高效地使用这些设备。操作系统是对计算机系统资源（硬件和软件）进行管理和控制的程序，是最底层的系统软件，是对计算机硬件的首次扩充，是用户和计算机交互信息的桥梁。任何用户都只有通过操作系统才能使用计算机，所有程序都只有在操作系统的支持下才能正常运行。常用的操作系统有DOS、Windows、UNIX、Linux、Netware 等。

2）语言处理程序

为了完成某项工作而用计算机语言编写的一组指令的集合称为程序。"编写程序"和"执行程序"是利用计算机解决问题的主要方法和手段。计算机语言一般包括机器语言、汇编语言和高级语言。对计算机语言进行有关处理（编译、解释和汇编）的程序称为语言处理程序。

（1）机器语言：机器语言是直接用二进制代码指令表达的一种计算机语言。这种语言对于机器而言不需要任何翻译，但对人而言不易记忆，且其难以修改。因为计算机只能接受以二进制形式表示的机器语言，所以任何高级语言编写的程序都必须被翻译成二进制代码组成的程序（目标程序）后才能在计算机上运行。

（2）汇编语言：用能反映指令功能的助记符表达的计算机语言称为汇编语言，它是符号化的机器语言。用汇编语言写出的程序称为汇编语言源程序，但机器无法执行它，必须用计算机配置好的汇编程序把它翻译成目标程序（机器语言），机器才能执行。这个翻译过程称为汇编过程。汇编语言比机器语言在编写、修改、阅读等方面均有很大改进，运行速度也快。

（3）高级语言：高级语言是一种与具体的计算机指令系统表面无关的语言，其描述方法接近人们对求解过程或问题的表达方法（倾向自然性语言），且易于掌握和书写，并具有共享性、独立性。机器语言和汇编语言都是面向机器的语言，虽然执行效率较高，但编写效率很低。高级语言所用的一套符号、标记更接近人们的日常习惯，便于理解记忆。常用的高级程序设计语言有 C ++ 、Java 等。

3）数据库管理系统

数据库系统是一个复杂的系统，它由硬件、操作系统、数据库、数据库管理系统等构成。它能实现有组织地、动态地存储大量关联数据，方便多用户访问。它与文件系统的重要区别是数据的充分共享、交叉访问以及与应用程序的高度独立性。它的特点有查询迅速且准确、数据结构化且统一管理、数据冗余度小、具有较高的数据独立性、数据共享性好、数据控制功能强等。常见的数据库管理系统有 Access、SQL Server 和 Oracle 等。

4）系统辅助处理程序

系统辅助处理程序也称为软件研制开发工具、支持软件、软件工具，主要有编辑程序、调试程序、装备和连接程序、调试程序。

总体而言，系统软件共同的特点是具有基础性、必要性和公共性，可用于完成最基础的作业任务，且使用范围不分领域。

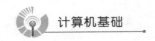

2. 应用软件

应用软件是用户利用计算机及其提供的系统软件为解决实际问题而设计的计算机程序，是指除系统软件之外的所有软件，其由各种应用软件包和各种应用程序组成。由于计算机已渗透各领域，因此按其服务对象的不同，应用软件可以分为通用软件和专用软件。

1）通用软件

通用软件是指为解决某一类问题而开发的软件，如办公软件 Office、绘图软件 AutoCAD、图像处理软件 Photoshop 等。

2）专用软件

专用软件是指针对特殊用户的要求而设计的软件，如银行的金融处理系统、企业的财务管理系统、高校学生学籍管理系统、企事业单位职工信息管理系统等。

2.3　键盘操作

要学好计算机，必须能够正确、熟练地操作键盘。

常用的键盘是由主键盘区、功能键区、光标控制区和小键盘区 4 个键区组成的，如图 2 – 23 所示。

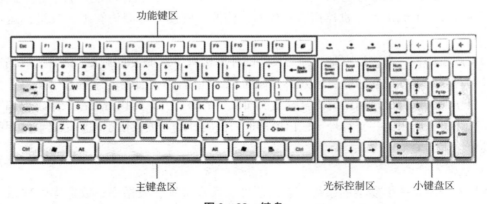

图 2 – 23　键盘

1. 主键盘区

主键盘区一般位于键盘中央偏左的位置，是整个键盘的主要部分，它主要用于输入各种应用软件和程序的命令。这个键盘区中包括字符键和控制键两大类。

1）字符键

- 【A】～【Z】键：字母键，主要用于输入大小写英文字母或汉字编码。
- 【0】～【9】键：数字键，主要用于输入阿拉伯数字。
- 21 个符号键：主要用于输入常用的符号。

2）控制键

● 【Tab】键：制表键，该键用于使光标向左或向右（与【Shift】键合用）移动一个制表位的距离。制表位为屏幕上的固定位置，通常一个制表位占用 2 字符长度。

● 【Caps Lock】键：大小写字母转换键，主要用于控制大小字母的输入。按该键，位于键盘右上角的"Caps Lock"指示灯亮，表明键盘此时处于大写字母输入状态。再按该键，"Caps Lock"指示灯熄灭，表明键盘此时处于小写字母输入状态。

● 【Shift】键：换档键，主键盘区左右各有一个，主要用于输入双字符键中位于上方的字符。也可以作为大小写字母的转换键。例如，按住【Shift】键不放，再按字母键，即可输入对应的大写字母，但前提是大写字母指示灯不亮。若大写字母指示灯亮，则按住【Shift】键不放，再按字母键，可输入对应的小写字母。

● 【Ctrl】键：控制键，在主键盘区左右各有一个，通常与其他键配合使用来完成一定的控制功能。

● 【Win】键：菜单键，该键位于【Ctrl】键和【Alt】键之间，标有 Windows 图标，在主键盘区中左右各有一个。任何时候按一下该键都将弹出"开始"菜单。

● 【Alt】键：功能键，在主键盘区左右各有一个，通常与其他键配合使用来完成一定的功能。

● 【空格】键：键盘上唯一没有任何标记且最长的键。按一下此键，可输入一个空格，同时光标右移。

● 【Enter】键：回车键，主要用于执行当前输入的命令。在输入文字时，按此键则表示此行输入已结束。

● 【Backspace】键：退格键，该键位于回车键的上方，按一次该键会删除光标左边的一个字符，同时后面的所有字符会跟着光标左移一个字符的位置。

2. 光标控制区

● 【Insert】键：插入键，用于设定/取消字符的插入/改写状态。

● 【Home】键：将光标移到该行的行首位置。

● 【End】键：将光标移到该行的行尾位置。

● 【Delete】键：删除键，删除光标所在位置的字符，并使光标右侧的字符左移一个字符位置。

● 【Page Up】键：上翻屏键，显示当前屏幕前一页的信息。

● 【Page Down】键：下翻屏键，显示当前屏幕后一页的信息。

● 【Print Screen】键：截屏键，打印（或复制）当前屏幕上的信息。

● 【Pause/Break】键：暂停/中断键，使正在滚动的屏幕显示暂停，按任意键可继续，或用于中止某一程序和命令的执行。

● 【↑】、【↓】、【←】、【→】键：光标移动键，使光标向上、向下移动一行或向左、向右移动一个字符的位置。

3. 功能键区

● 【F1】～【F12】键：功能键。这 12 个功能键在不同的应用软件和程序中有各自不同的定义。一般情况下，【F1】键具有寻求帮助的功能。

- 【Esc】键：释放键，用于取消当前正在进行的操作，结束或退出程序等。

4. 小键盘区

- 【Enter】键：回车键，与主键盘区中回车键的功能完全相同。
- 【Home、PgUp、End、PgDn、Ins、Del、↑、↓、←、→】键：编辑键，与编辑键区中对应键的功能完全相同。
- 【0~9、.、/、*、-、+】键：运算键，与主键盘区中对应键的功能完全相同。
- 【Num Lock】键：数字锁定键，主要用于数字键区中双字符键上的字符输入。按此键，如果"Num Lock"指示灯不亮，表明此时处于编辑功能状态，数字键盘区中的编辑功能键起作用，具体用法与编辑键区相似；如果"Num Lock"指示灯亮，则表明此时处于数字处理状态，数字键盘区中的运算键起作用，可以输入数字和小数点。

● 习　题

一、单项选择题

1. 【Caps Lock】键的作用是（　　　）。

A. 大小写字母转换　　　　　　　　　B. 结束或退出程序

C. 换档　　　　　　　　　　　　　　D. 暂停/中断

2. 微型计算机中，运算器、控制器和内存储器的总称是（　　　）。

A. 主机　　　　　　　　　　　　　　B. MPU

C. CPU　　　　　　　　　　　　　　D. ALU

3. 决定微机性能的主要指标是（　　　）。

A. 质量　　　　　　　　　　　　　　B. 耗电量

C. CPU　　　　　　　　　　　　　　D. 价格

4. 计算机的基本组成（硬件系统组成）包括（　　　）。

A. 主机、键盘和显示器

B. 主机、存储器、输入设备和输出设备

C. 微处理器、输入设备和输出设备

D. 运算器、控制器、存储器、输入设备和输出设备

5. 在微机中，外存储器通常将磁盘作为存储介质，在计算机断电后，磁盘中存储的信息（　　　）。

A. 不会丢失　　　　　　　　　　　　B. 完全丢失

C. 少量丢失　　　　　　　　　　　　D. 大部分丢失

6. 将微机的主机与外设相连的部件是（　　　）。

A. 磁盘驱动器　　　　　　　　　　　B. 输入/输出接口

C. 总线　　　　　　　　　　　　　　D. 内存

7. 下面哪种设备属于外部设备？（　　　）

A. 硬磁盘　　　　　　　　　　　　　B. 运算器

C. 控制器　　　　　　　　　　　　　D. ROM

8. 在计算机中，文件主要存储在 （　　　）。

A. 微处理器 　　　　　　　　　　　B. CPU

C. 寄存器 　　　　　　　　　　　　D. 存储器

9. 下面属于应用软件的是 （　　　）。

A. Windows 7 　　　　　　　　　　B. Photoshop

C. UNIX 　　　　　　　　　　　　　D. Linux

二、简答题

1. 简述"存储程序"的工作原理。

2. 简述计算机的软硬件系统构成。

3. 谈谈你用过的软件，它们分别属于哪类软件？

第3章

计算机中的信息表示及存储

在冯·诺依曼计算机中，信息（包括数据和指令）以二进制形式在计算机内存储。在二进制系统中只有数字 0 和 1。无论是数据、指令还是图像、声音等信息，都必须转换成二进制编码形式后，才能存入计算机。这是因为，在计算机内部，信息的表示依赖于机器硬件电路的状态，信息采用何种表示形式，将直接影响到计算机的结构与性能。

计算机中采用二进制表示信息有以下优点：

1. 易于物理实现

这是指数字装置简单可靠，所用元件少。具有两种稳定状态的物理元器件是很多的，如门电路的导通与截止、电压的高低等，而它们恰好可以对应表示成 1 和 0。二进制只有两个数码 0 和 1，因此它的每一位数都可用任何具有两个不同稳定状态的元件来表示。如果采用十进制，就需要具有 10 种稳定状态的物理电路，但那是很困难的。

2. 二进制运算简单

基本运算规则简单，运算操作方便。由于二进制数的加法和乘法规则都只有 4 条，比使用十进制运算规则简单得多，因此实现二进制运算的电子线路也大为简化。

3. 机器可靠性强

由于电压的高低、电流的有无等都是"质"的变化，故两种状态分明。电子元件对立的两种状态，机器识别起来较容易，同时可以提高电路抗干扰能力，使电路工作更可靠。

4. 通用性强

二进制编码不仅能运用于数值信息编码，还适用于各种非数值信息的数字化编码。特别是仅有的数字 0 和 1，正好与逻辑命题的"真"和"假"相对应，而逻辑代数是计算机科学的数学基础，又称为布尔代数，从而为计算机进行逻辑运算和判断提供了方便。

3.1 数制与数制转换

数的进制也就是进位计数制，是人为定义的带进位的计数方法。在日常生活中，人们常用十进制来表述事物的量，即逢 10 进 1。但在生活中，也常常使用其他进制。例如，六十进制，1 分钟是 60 秒、1 小时是 60 分钟；十二进制，1 年有 12 个月。

在计算机领域，最常用的是二进制。因为计算机是由许多电子元器件（如电容、电感、三极管等）组成的，这些电子元器件一般只有两种稳定的工作状态，如三极管的截止和导通、通路与断路、灯泡的开和关等，所以计算机采用的是二进制。由于二进制数指令和数据读写起来十分不方便，因此常根据需要使用八进制数和十六进制数来表示二进制数。所以，了解不同进制数的特点及它们之间的转换是有必要的。

1. 进位计数制

每种进制都有固定数目的计数符号。

十进制：10 个记数符号（0~9），通常以字母 D 表示。

二进制：2 个记数符号（0 和 1），通常以字母 B 表示。

八进制：8 个记数符号（0~7），通常以字母 O 表示。

十六进制：16 个记数符号（0~9、A、B、C、D、E、F），其中 A~F 对应十进制数的 10~15，大小写字母均可，十六进制通常以字母 H 表示。

在任何进制中，一个数字的每个位置都有一个权值。例如，十进制数 4658，从右向左，每位对应的权值分别为 10^0、10^1、10^2、10^3，其值应为

$$(4658)_{10} = 4 \times 10^3 + 6 \times 10^2 + 5 \times 10^1 + 8 \times 10^0$$

不同的进制由于其进位的基数不同，其权值也是不同的。例如，二进制数 1100111，从右向左，每位对应的权值分别为 2^0、2^1、2^2、2^3、2^4、2^5、2^6，其值应为

$$(1100111)_2 = 1 \times 2^6 + 1 \times 2^5 + 0 \times 2^4 + 0 \times 2^3 + 1 \times 2^2 + 1 \times 2^1 + 1 \times 2^0$$

2. 数制间的转换

1）R 进制与十进制的转换

R 进制代表任何进制。可以使用的方法为按权展开求和，即将每位数码乘以各自的权值，并按十进制数进行累加。

【例 3.1】将二进制数 11011.1 转换为十进制数。

计算过程：

$$(11011.1)_2 = 1 \times 2^4 + 1 \times 2^3 + 0 \times 2^2 + 1 \times 2^1 + 1 \times 2^0 + 1 \times 2^{-1}$$
$$= 16 + 8 + 2 + 1 + 0.5$$
$$= (27.5)_{10}$$

2）十进制与 R 进制的转换

整数部分和小数部分需分别遵守不同的转换规则。整数部分可使用除以 R 逆序取余的

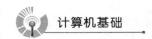

方法，小数部分可使用乘以 R 顺序取整的方法。

【例3.2】将十进制数 79.625 转换为二进制数。

计算过程：

整数部分：除以 2 逆序取余法，即整数部分不断除以 2 取余数，直到商为 0 为止，最先得到的余数为最低位，最后得到的余数为最高位。

小数部分：乘以 2 顺序取整法，即小数部分不断乘以 2 取整数，再舍去整数，直到乘积为 0 或达到有效精度为止，最先得到的整数为最高位，最后得到的整数为最低位。

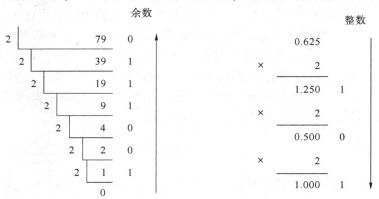

因此，$(79.625)_{10} = (1001110.101)_2$。

3）二进制与八进制和十六进制的相互转换

因为 $2^3 = 8$，$2^4 = 16$，所以 3 位二进制数对应 1 位八进制数，4 位二进制数对应 1 位十六进制数。二进制数转换为八进制数、十六进制数比转换为十进制数容易得多，因此常用八进制数、十六进制数来表示二进制数。如表 3-1 所示，列出了它们之间的对应关系。

表 3-1 十进制数与二进制数、八进制数和十六进制数的对应关系

十进制数	二进制数	八进制数	十六进制数	十进制数	二进制数	八进制数	十六进制数
0	0000	0	0	8	1000	10	8
1	0001	1	1	9	1001	11	9
2	0010	2	2	10	1010	12	A
3	0011	3	3	11	1011	13	B
4	0100	4	4	12	1100	14	C
5	0101	5	5	13	1101	15	D
6	0110	6	6	14	1110	16	E
7	0111	7	7	15	1111	17	F

将二进制数以小数点为中心分别向两边分组，转换成八进制（或十六进制）数，每 3 位（或 4 位）为一组，若不够位数就在两边补 0，然后将每组二进制数转换成八进制（或十六进制）数即可。

【例3.3】将二进制数 11001101111.11001 分别转换为八进制数、十六进制数。

计算过程：（注意：在两边补零）

$$(\underline{011}\ \underline{001}\ \underline{101}\ \underline{111}.\ \underline{110}\ \underline{010})_2 = (3157.62)_8$$
$$\quad\ 3\quad\ 1\quad\ 5\quad\ 7\ .\ 6\quad 2$$

$$(\underline{0110}\ \underline{0110}\ \underline{1111}.\ \underline{1100}\ \underline{1000})_2 = (66F.C8)_{16}$$
$$\quad\ 6\qquad\ 6\qquad\ F\ .\ C\qquad 8$$

4）八进制、十六进制与二进制的转换

将每位八进制（或十六进制）数展开为 3 位（或 4 位）二进制数，若不够位数就在左边补 0。

【例 3.4】 将八进制数 621.32 和十六进制数 23B.E5 分别转换为二进制数。

$$(621.32)_8 = (\underline{110}\ \underline{010}\ \underline{001}\ .\ \underline{011}\ \underline{010})_2$$
$$\qquad\qquad\quad\ 6\quad\ 2\quad\ 1\ .\ 3\quad\ 2$$

$$(23B.E5)_{16} = (\underline{0010}\ \underline{0011}\ \underline{1011}\ .\ \underline{1110}\ \underline{0101})_2$$
$$\qquad\qquad\quad\ 2\qquad\ 3\qquad\ B\ .\ E\qquad 5$$

注意：整数前的高位 0 和小数后的低位 0 可以取消。

3. 计算机中数据的算术运算及逻辑运算

1）二进制的算术运算

加法运算规则：$0+0=0$，$0+1=1$，$1+0=1$，$1+1=10$。

减法运算规则：$0-0=0$，$0-1=1$，$1-0=1$，$1-1=0$。

乘法运算规则：$0\times0=0$，$1\times0=0$，$0\times1=0$，$1\times1=1$。

2）逻辑运算

（1）逻辑与（又称逻辑乘），运算符为"·""∧"或"AND"。

运算规则：$0\wedge0=0$，$0\wedge1=0$，$1\wedge0=0$，$1\wedge1=1$（见"0"得"0"）

（2）逻辑或（又称逻辑加），运算符为"+""∨"或"OR"。

运算规则：$0\vee0=0$，$0\vee1=1$，$1\vee0=1$，$1\vee1=1$（见"1"得"1"）

（3）逻辑非（又称逻辑反），运算符是在逻辑值或变量符号前加"￢"或"NOT"。

【例 3.5】 $(1101)_2 \wedge (0011)_2 = (0001)_2$
$\qquad\qquad (1100)_2 \vee (1011)_2 = (1111)_2$

3.2 计算机中数的表示

数值型数据有大小、正负之分，能够进行算术运算。将数值型数据全面、完整地表示成一个机器数，应该考虑机器数的范围、机器数的符号和机器数中小数点的位置这三个因素。为了确定计算机中数的小数点的位置，可采用定点表示（定点数）或浮点表示（浮点数）。为表示一个有符号的数，可采用原码、反码或补码表示。

1. 机器数

由于在计算机中数只有 0 和 1 两种形式，因此数的正、负号也必须以 0 或 1 表示。通常，将一个数的最高位定义为符号位，用 0 表示正号，1 表示负号，称为数符，其余位仍表示数值；将在机器内存放的正、负号数码化的数称为机器数；将机器外部由正、负号表示的数称为真值数。例如，一个数 X 的数值和正、负信息在计算机中都要用二进制代码来表示，两者合在一起构成一个数的机内表示形式，这种形式的数为机器数，而 X 则称为这个机器数的真值。

例如，在计算机中若用 2 字节表示 +71，则其格式如下：

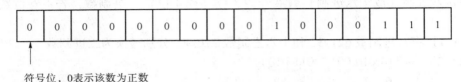

符号位，0表示该数为正数

又如，在计算机中若用 2 字节表示 –71，则其格式如下：

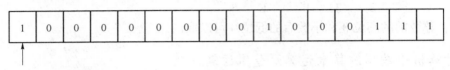

符号位，1表示该数为负数

需要注意的是，机器数表示的范围受到字长和数据类型的限制。一旦字长和数据类型确定，机器数表示的数值范围也就确定了。例如，要表示一个整数，其字长为 8 位，则最大的正数为 01111111，最高位为符号位，即最大值为 127，若数值超出 127，就要"溢出"。

2. 定点数和浮点数

计算机处理的数值数据除了整数外，还有许多数带有小数。小数点在计算机中通常有两种表示方法：一种是约定小数点隐含在某个固定位置，称为定点表示法，简称"定点数"；另一种是小数点的位置可以浮动，称为浮点表示法，简称"浮点数"。

1）定点数

在定点数中，小数点的位置固定不变，一般用来表示整数或纯小数。目前，常用的定点数有两种表示形式。

（1）把小数点固定在符号位之后数值部分之前的位置。这时，机器数表示定点小数，数据字表示一个纯小数。假定机器字长为 2 字节，符号位占 1 位，数值部分占 15 位，则下面机器数的值为 -2^{-15}。

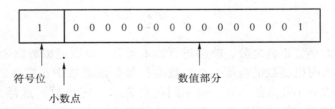

符号位 　　小数点 　　　数值部分

（2）把小数点固定在数值部分的尾部。这时，机器数表示定点整数，数据字表示一个整数。假定机器字长为 2 字节，符号位占 1 位，数值部分占 15 位，则下面机器数的值为 +32767。

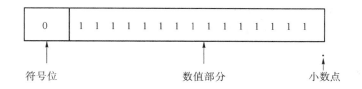

符号位　　　　　　　　　　数值部分　　　　　　小数点

2）浮点数

定点数表示数的范围是很有限的，在机器字的字长确定之后，为了扩大表示的数的范围，可采用浮点数的表示方法。计算机中的浮点表示法包含两部分：一部分为阶码，表示指数，记作 E；另一部分是尾数，表示有效数字，记作 M。采用浮点表示法，二进制数 N 可以表示为 $N = M \times 2^E$，其中 2 为基数，E 为阶码，M 为尾数，其在机器中的表示格式如下：

阶码部分　　　　　　　　　　尾数部分

由尾数部分隐含的小数点位置可知，尾数总是小于 1 的数字，它给出该浮点数的有效数字。尾数部分的符号确定该浮点数的正负。阶码给出的总是整数，它确定小数点浮动的位数，阶符确定小数点浮动的方向，为 0 时阶码为正，小数点向右移动；为 1 时阶码为负，小数点向左移动。

3. 带符号数的表示（原码、反码和补码）

在计算机中，数值和符号全部要数字化表示。计算机在进行数值运算时，采用把各种符号位和数值位一起编码的方法。这类编码常用的有原码、补码和反码。

原码：二进制定点表示法，最高位为符号位，其他位表示数值的大小数。

反码：正数的反码与其原码相同；负数的反码是除符号位以外，其他数码位取反。

补码：正数的补码与其原码相同；负数的补码是在其反码的末位加 1。

1）原码

在原码表示法中，符号位为 0 表示正、为 1 表示负，数值为二进制表示。设有一数为 X，则其原码可记作 $[\text{X}]_\text{原}$。

例如：$X_1 = (+68)_{10} = (+1000100)_2$

$\quad\quad\quad X_2 = (-68)_{10} = (-1000100)_2$

则：$[X_1]_\text{原} = 01000100$

$\quad [X_2]_\text{原} = 11000100$

在原码表示法中，0 有两种表示形式（假定用 8 位二进制数表示一个机器数），即

$[+0]_\text{原} = 00000000$

$[-0]_\text{原} = 10000000$

2）反码

在反码表示法中，符号位的含义与原码相同，即为 0 表示正、为 1 表示负。一个正数的反码表示与原码相同，一个负数的反码可由此负数的原码按位（不包括符号位）取反得到。

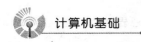

例如：$X_1 = (+68)_{10} = (+1000100)_2$

$\qquad X_2 = (-68)_{10} = (-1000100)_2$

则：$[X_1]_反 = [X_1]_原 = 01000100$

$\qquad [X_2]_原 = 11000100$

$\qquad [X_2]_反 = 10111011$

在反码表示法中，0 有两种表示形式（假定用 8 位二进制数表示一个机器数），即

$\qquad [+0]_反 = 00000000$

$\qquad [-0]_反 = 11111111$

3）补码

在补码表示法中，符号位为 0 表示正、为 1 表示负。一个正数的补码与该数的原码表示相同，一个负数的补码可由该负数的原码按位取反（不包括符号位）后在末位再加 1 得到。

例如：$X_1 = (+68)_{10} = (+1000100)_2$

$\qquad X_2 = (-68)_{10} = (-1000100)_2$

则：$[X_1]_补 = [X_1]_原 = 01000100$

$\qquad [X_2]_原 = 11000100$

$\qquad [X_2]_反 = 10111011$

$\qquad [X_2]_补 = 10111100$

补码的产生是由于计算机的运算器是由加法器和移位器来实现的，没有减法器等，所有的运算都要通过加法和移位来实现，所以补码是采用了模的思想（比如二进制数，满 2 进位），把减法等其他运算都通过加法来实现。

【例 3.6】已知 $[Y]_原 = 10100110$，求 $[Y]_补$。

分析：一个正数的补码和原码相同，一个负数的补码可由此数的原码按位取反（不包括符号位）后在末位再加 1 得到。

$[Y]_原 = 10100110$，符号位为 1，可见 Y 为负数，所以 $[Y]_补 = 11011010$。

3.3　计算机中的信息存储

3.3.1　计算机中的信息单位

计算机中的信息都是以二进制形式在计算机内存储的。计算机的内存是由千千万万个小的电子线路组成的，每一个能代表 0 和 1 的电子线路都能存储一位二进制数，若干个这样的电子线路就能存储若干位二进制数。计算机中的信息单位常采用"位""字节"等。

1. 位

位（bit）是度量数据的最小单位，表示一个二进制位。

2. 字节

1 字节（byte）由 8 位组成，即 1 byte = 8 bit。字节是信息组织和存储的基本单位，也是计算机体系结构的基本单位，简写为 B。存储容量一般用 KB、MB、GB 和 TB 等来表示，它们之间的换算关系如下：

1 KB = 1024 B

1 MB = 1024 KB

1 GB = 1024 MB

1 TB = 1024 GB

1 PB = 1024 TB

1 EB = 1024 PB

1 ZB = 1024 EB

3. 字和字长

计算机处理信息时，一般以一组二进制数作为一个整体，这组二进制数称为一个字或一个单元。字是计算机内部进行数据处理的基本单位。一个字中含有的二进制位数称为字长。字长代表了计算机的精度，都设为字节的整数倍。计算机中常用的字长有 8 位、16 位、32 位、64 位等，目前主流的微机都是 64 位。

4. 地址

为了便于存储信息，每个存储单元都必须有唯一的编号，称为地址。通过地址就可以找到所需的存储单元，取出或存入信息。地址编号通常用十六进制数表示。

3.3.2　计算机中的数据编码

在计算机处理的数据中，除数值型数据外，非数值型数据（如字符、图形等）也占很大比例。其中字符是日常生活中使用得最频繁的非数值型数据，它包括英文字母、数字、符号和汉字等。由于计算机只能识别二进制数，因此为了能够对字符进行识别和处理，就需要对字符进行二进制编码表示。例如，每个英文字符都与一个确定的编码相对应；一个汉字字符与一组确定的编码相对应。

1. 字符编码——ASCII 码表

计算机中的英文字符主要用 ASCII 码来表示。ASCII 码的全称为美国信息交换标准代码（American Standard Code for Information Interchange），是由美国国家标准委员会制定的一种包括数字、字母、通用符号、控制符号在内的编码，该标准已经被国际标准化组织（ISO）指定为国际标准，是目前国际上使用得最广泛的一种字符编码。

ASCII 码能表示 128 种国际上通用的西文字符，只需用 7 个二进制位（$2^7 = 128$）表示。ASCII 码采用 7 位二进制表示一个字符时，为了便于对字符进行检索，把 7 位二进制数分为高 3 位和低 4 位。7 位 ASCII 码表如表 3 -2 所示。

表 3 -2 　7 位 ASCII 码表

高位 键名 低位	000	001	010	011	100	101	110	111
0000	NUL	DLE	SP	0	@	P	`	p
0001	SOH	DC1	!	1	A	Q	a	q
0010	STX	DC2	"	2	B	R	b	r
0011	ETX	DC3	#	3	C	S	c	s
0100	EOT	DC4	$	4	D	T	d	t
0101	ENQ	NAK	%	5	E	U	e	u
0110	ACK	SYN	&	6	F	V	f	v
0111	BEL	ETB	′	7	G	W	g	w
1000	BS	CAN	(	8	H	X	h	x
1001	HT	EM	)	9	I	Y	i	y
1010	LF	SUB	*	:	J	Z	j	z
1011	VT	ESC	+	;	K	[	k	{
1100	FF	FS	,	<	L	\	l	|
1101	CR	GS	−	=	M	]	m	}
1110	SO	RS	.	>	N	^	n	~
1111	SI	US	/	?	O	_	o	DEL

　　表 3 -2 中的高位是指 ASCII 码二进制的前 3 位，低位是指 ASCII 码二进制的后 4 位，由高位和低位合起来组成一个完整的 ASCII 码。例如，数字 0 的 ASCII 码可以这样查：高位是 011，低位是 0000，合起来组成的数字 0 的 ASCII 码为 0110000。

　　在 ASCII 码表中，高 3 位为 000 和 001 的两列是一些控制符。例如，NUL 表示空白符；STX 表示文本开始符；ETX 表示文本结束符；CR 表示回车符；SP 表示空格符；DEL 表示删除符；等等。

2. 汉字编码

　　汉字编码是为汉字设计的一种便于输入计算机的代码。计算机中汉字的表示也采用二进制编码，是人为编码的。根据应用目的的不同，汉字编码分为外码、交换码、机内码和字形码等。

1）外码（输入码）

　　外码也称输入码，是用来将汉字输入计算机中的一组符号，现已有键盘输入、语音输入和字形识别等输入方法。其中，目前仍以键盘输入使用最为普遍，可使用键盘上的字母键和数字编码来输入汉字。常见的键盘输入法有：

（1）按汉字的排列顺序形成的编码，如区位码。

（2）按汉字的读音形成的编码（音码），如拼音输入法。

（3）按汉字的字形形成的编码（形码），如五笔输入法。

需要指出的是，无论采用哪种汉字输入法，当用户向计算机输入汉字时，存入计算机的总是它的机内码，与所采用的输入法无关。实际上，不管使用何种输入法，在输入码与机内码之间存在着一个对应关系，通过输入管理程序来把输入码转换为机内码。可见，输入码仅是供用户选用的编码，所以也称为外码。机内码是供计算机识别的内码，其码值是唯一的。二者通过键盘管理程序来转换，如图 3 - 1 所示。

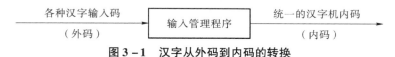

图 3 - 1　汉字从外码到内码的转换

2）国标码（交换码）

1981 年，我国颁布了用于信息处理的汉字国家标准——《中华人民共和国国家标准（GB 2312—1980）通信用汉字字符集·基本集》，该标准通常称为 GB 2312—1980 汉字编码标准，简称为汉字国标，它是汉字交换码的国家标准，又称"国标码"。该标准收入了6763个常用汉字（其中一级常用汉字 3755 个，二级不常用汉字 3008 个），以及英语、俄语、日语字母及其符号 682 个，共有 7445 个符号。任何汉字编码都必须包括该标准规定的这两级汉字。国标码规定，每个字符由一个 2 字节代码组成。每字节的最高位为"0"，其余 7 位用于组成各种不同的码值，如图 3 - 2 所示。在汉字系统中，各种符号混合使用，为了避开 ASCII 码表中不可打印的字符（ASCII 码表中的前 32 个字符），国标码表示的汉字范围为 2121 ~ 7E7E（十六进制）。

b_7	b_6	b_5	b_4	b_3	b_2	b_1	b_0		b_7	b_6	b_5	b_4	b_3	b_2	b_1	b_0
0	*	*	*	*	*	*	*		0	*	*	*	*	*	*	*

图 3 - 2　汉字国标码编码格式

区位码是国标码的另一种表现形式，把 GB 2312—1980 中的汉字、图形符号组成一个 94 × 94 的方阵，分为 94 个区，每区有 94 个位，区号和位号的序号都位于 01 ~ 94。给定十进制表示的一个区号与位号，用 4 位数字就可确定一个汉字和图形符号，其中前两位是区号，后两位为位号，如"普"字的区位码是3853。区位码的主要优点是没有重码，主要目的是输入一些中文符号中无法用其他输入法输入的汉字、制表符以及日语字母、俄语字母、希腊字母等。区位码按一定规则转换成的二进制代码就是国标码，转换规则是：将一个汉字区位码的区号、位号分别转换成十六进制编码，再分别加上 20H，就变成了该汉字的国标码。例如，"普"字的区位码是3853，先转为十六进制数 2535H，在此基础上将区号与位号分别加上 20H，那么"普"字的国标码就是 4655H。

3）机内码

根据国标码的规定，每个汉字都有确定的二进制编码，但是这个编码在计算机内部处理时会与 ASCII 码发生冲突。为解决这个问题，把国标码的每字节的最高位设为 1。由于 ASCII 码只用 7 位，它的最高位为 0，因此最高位上的 "1" 就可以作为识别汉字编码的标志，计算机在处理时，将最高位为 1 的编码视为汉字字符，将最高位为 0 的编码视为 ASCII 字符。采用这种处理方式，就可将汉字符号与 ASCII 符号区分。

汉字的机内码是在国标码的基础上，把两个字节的最高位一律由 0 置 1 而构成的。例如，汉字 "大" 字的国标码 3473H，两个字节的最高位均为 0。把这两个字节的最高位全置 1，变成 B4F3H，就可得 "大" 字的机内码。国标码转换成机内码最简单的转换规则就是：汉字国标码的每个字节分别加上 80H。

由此可见，同一汉字的汉字国标码与汉字机内码并不相同，而对 ASCII 字符来说，机内码与国标码的码值是一样的。汉字机内码是变形的国标码，这种变形正好可将中文和英文区分开来。

4）字形码

字形码是汉字的输出码，是指汉字字形存储在字库中的数字化代码，用于计算机显示和打印输出汉字的 "形"，即字形码决定了汉字显示和打印的外形。目前大多汉字系统中都以点阵的方式来存储和输出汉字的字形。所谓点阵，就是将字符（包括汉字图形）看成一个方框内一些横竖排列的点的集合，有笔画的位置用黑点表示（计算机内用 1 表示），没有笔画的位置用白点表示（计算机内用 0 表示）。汉字系统常用的汉字点阵有 16×16、24×24、32×32、48×48 等。点数越多，打印的字体就越美观，但汉字占用的存储空间也越大。例如，一个 16×16 的汉字占用空间为 32 字节，一个 24×24 的汉字将占用 72 字节，即一个汉字字形的字节数 = 点阵行数×点阵列数/8。

3. 英文字符的全角和半角

英文字符的存储用 1 字节，汉字的存储用 2 字节。汉字编码方式的英文字符称为英文字符的全角符号，ASCII 编码方式的英文字符称为半角符号。

在半角状态下输入的字母、数字和标点符号仅占半个汉字的宽度；在全角状态下输入的字母、数字和标点符号占一个汉字的宽度。单击输入法中的 "●" 就可以和半角状态 "☽" 进行切换，也可以用【Shift + Space】组合键进行全角与半角的切换。

习　题

一、单项选择题

1. 计算机中 1 TB 表示的容量是（　　　）。

A. 1024 MB　　　　　　　　　　　　　B. 1024 GB

C. 1000 GB　　　　　　　　　　　　　D. 4096 GB

2. 汉字国际码规定的汉字编码，每个汉字可表示为（　　　）。

A. 1 字节　　　　　　　　　　　　　　B. 2 字节

C. 3 字节　　　　　　　　　　　　　　D. 4 字节

3. 在计算机内部，一切信息的存取、处理和传送的形式是（　　）。

A. EBCDIC

B. ASCII 码

C. 十六进制编码

D. 二进制编码

4. 计算机存储数据的最小单位是（　　）。

A. 位　　　　　　B. 字节　　　　　　C. 字长　　　　　　D. 千字节

5. 计算机内存常用字节（Byte）作为单位，1 字节等于（　　）。

A. 2 位

B. 4 位

C. 8 位

D. 16 位

二、简答题

1. 简述计算机采用二进制表示信息的优点。

2. 简述二进制数、八进制数、十六进制数之间相互转换的方法。

三、计算题

1.（132）$_{10}$ =（　　　　　　　　）$_2$ =（　　　　　　　　）$_8$ =（　　　　　　　　）$_{16}$。

2.（356）$_8$ =（　　　　　　　　）$_2$ =（　　　　　　　　）$_{16}$ =（　　　　　　　　）$_{10}$。

3.（F2）$_{16}$ =（　　　　　　　　）$_2$ =（　　　　　　　　）$_8$ =（　　　　　　　　）$_{10}$。

4.（10101011.11）$_2$ =（　　　　　　　　）$_{16}$ =（　　　　　　　　）$_8$。

第4章

<<<<<<

Windows 7 操作系统

操作系统是一组用于管理和控制计算机硬件和软件资源、为用户提供便捷使用计算机程序的集合,它既是用户与计算机之间的接口,也是计算机硬件与其他软件之间的桥梁和纽带。操作系统是计算机系统中必不可少的最重要的系统软件。没有操作系统的计算机是不能工作的,称为"裸机"。

4.1 Windows 7 操作系统简介

4.1.1 操作系统基础

1. 操作系统定义

操作系统(Operating System, OS)是管理和控制计算机硬件与软件资源的计算机程序,是直接运行在"裸机"上的最基本的系统软件,其他软件都必须在操作系统的支持下运行。用户可以从操作系统的用户界面输入命令;操作系统则对命令进行解释,驱动硬件设备来实现用户的要求。因此,操作系统是计算机系统中不可缺少的核心软件,若离开它的支持,计算机就什么也干不成。

2. 操作系统的作用

操作系统的作用是调度、分配和管理所有硬件系统和软件系统,使其统一、协调地运行,以满足用户实际操作的需求。操作系统是在裸机上安装的最重要的系统软件,其他软件(包括数据库管理系统、程序设计语言及各种应用软件等)都是在操作系统的支持下运行的。

操作系统的主要作用有三个：

（1）提供用户与计算机硬件系统之间的接口，使计算机更易于操作。

（2）有效地控制、管理和协调计算机系统中的各种硬件资源和软件资源。

（3）合理地组织计算机系统的工作流程，以改善系统性能。

具体来说，操作系统包括五大功能：处理器管理、内存管理、设备管理、文件管理、作业管理。

1）处理器管理

处理器即 CPU，它是计算机中最重要的硬件资源，是执行程序的唯一部件，当多个用户或多个程序都要申请使用处理器资源时，操作系统就要对处理器进行有效的管理和分配。

2）内存管理

在计算机系统中，往往多个程序同时运行，每个程序运行时都需要一定的存储空间来存放数据、代码等，操作系统根据用户程序的要求来为相应的程序分配一定的存储空间，以保证各用户程序和数据之间互不干扰。

3）设备管理

设备管理的任务是对计算机的外部设备进行管理。用户程序经常需要使用各种设备，如存取磁盘上的数据、在显示器上显示结果、打印等。当程序提出对设备的使用请求后，操作系统根据需要对外部设备进行启动、分配、回收、调度，并控制外部设备与 CPU 及内存之间的数据交换，为用户提供一个友好的接口，使用户不需要了解设备的硬件特征，就可以方便地使用和控制外部设备。

4）文件管理

计算机中的信息是以文件的形式保存的，因此操作系统有一套完整的文件管理方法，以保证用户存储在外存中的文件信息不会出现冲突和错误。文件管理包括文件存储空间的管理、目录管理、文件读写管理、文件保护等。

5）作业管理

作业管理的主要任务是根据系统条件和用户需要，对作业的运行进行合理的组织及相应的控制。作业管理主要有作业调度和作业控制两个功能。

3. 典型操作系统简介

操作系统诞生已有几十年的历史，随着计算机硬件系统的发展，相应地出现了各种各样的操作系统。可以从不同的角度对操作系统进行分类：

（1）按照用户界面的不同，可以分为字符界面的操作系统和图形界面的操作系统。

（2）按照任务处理方式的不同，可以分为单任务操作系统、多任务操作系统、单用户操作系统、多用户操作系统。

（3）按照系统服务功能的不同，可以分为批处理操作系统、分时操作系统、实时操作系统、网络操作系统、分布式操作系统、嵌入式操作系统。

在操作系统的发展历史中，比较有影响力的操作系统有 DOS、UNIX、Linux、Windows、移动终端常用操作系统等。

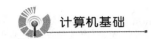

1）DOS 操作系统

DOS（Disk Operating System）是磁盘操作系统，是微软公司早期开发的、广泛地用于微型机上的单用户单任务操作系统，采用字符用户界面，用户只能通过 DOS 命令来与计算机交互信息。例如：

DIR C:\windows\ *. txt　　显示 C 盘 windows 目录下的所有文本文件目录信息

COPY D:abc.doc　F:\　　复制 D 盘当前目录下的文件 abc.doc 到 F 盘根目录下

这些在当前用鼠标很容易实现的操作，在 DOS 操作系统中都要通过记住很多操作系统命令来完成。现今，有些计算机设计和维修人员还是要用到 DOS 命令对计算机进行操作。

2）UNIX 操作系统

UNIX 操作系统于 1969 年在贝尔实验室诞生，它是交互分时操作系统。它可以安装和运行在微型机、工作站、大型机、巨型机上，因其具有稳定、可靠的特点，在金融、保险等行业得到了广泛的应用。

3）Linux 操作系统

Linux 是由芬兰科学家 Linus Torvalds 于 1991 年编写完成的一个操作系统内核。当时，他还是芬兰首都赫尔辛基大学计算机系的学生，在学习操作系统课程时，自己动手编写了一个操作系统原型，然后将其放在互联网上，允许自由下载。许多人对这个系统进行改进、扩充、完善，逐步发展成完整的 Linux 操作系统。

4）Windows 操作系统

Windows 操作系统是由微软公司在 MS – DOS 操作系统的基础上，历经多年的辛勤劳动创建的一个多任务图形用户界面，可以多窗口操作。从 1983 年 11 月微软公司宣布 Windows 1.0 诞生，到今天的 Windows 10，Windows 已成为风靡全球的计算机操作系统。

• Windows 3.0 是在 1990 年 5 月 22 日发布的，它将 Win/286 和 Win/386 结合到同一种产品。Windows 是第一个在家用和办公室市场上取得立足点的版本。

• 在 1993 年 7 月发布的 Windows NT 是第一个支持 Intel 386、Intel 486 和 Pentium CPU 的 32 位保护模式的版本。Windows NT 还可以移植到非 Intel 平台上，并在几种使用 RISC 晶片的工作站上工作。

• Windows 95 是在 1995 年 8 月发布的。虽然缺少了 Windows NT 中的某些功能（如高安全性、对 RISC 机器的可携性等），但是 Windows 95 具有需要较少硬件资源的优点。

• Windows 98 是于 1998 年 6 月发布的，具有许多加强功能，包括执行效能的提高、有更好的硬件支持以及与国际网络和全球资讯网（WWW）更紧密的结合。

• Windows ME 是介于 Windows 98 SE 和 Windows 2000 的一个操作系统，其研发目的是让那些无法符合 Windows 2000 硬件标准的计算机也能享受到类似的功能，但事实上这个版本的 Windows 问题非常多，既失去了 Windows 2000 的稳定性，又无法达到 Windows 98 的低配置要求，因此很快被大众遗弃。

• Windows 2000 是于 2000 年 2 月 17 日发布的，其由 Windows NT 发展而来，被誉为迄今最稳定的操作系统。从 Windows 2000 开始，正式抛弃了 Windows 9 × 系列操作系统的内核。

• Windows XP 是在 2001 年 10 月 25 日发布的，其在 Windows 2000 的基础上，增强了安

全特性，同时加大了验证盗版的技术，"激活"一词成为计算机中最重要的词汇。从某种角度看，Windows XP 是最为易用的操作系统之一。

• 2006 年 11 月，具有划时代意义的 Windows Vista 操作系统发布，它引发了一场硬件革命，使 PC 正式进入双核、大（内存、硬盘）时代。不过，由于该系统的使用习惯与 Windows XP 有一定差异，软硬件的兼容问题导致它的普及率差强人意。

• Windows 7 于 2009 年 10 月 22 日在美国发布，于 2009 年 10 月 23 日下午在中国正式发布。Windows 7 的设计主要围绕 5 个重点：针对笔记本计算机的特有设计；基于应用服务的设计；用户的个性化；视听娱乐的优化；用户易用性的新引擎。这是除了 Windows XP 外的经典 Windows 操作系统。

• 2012 年 10 月 26 日，Windows 8 在美国正式推出。Windows 8 支持来自 Intel、AMD 和 ARM 的芯片架构，被应用于个人计算机上，尤其是移动触控电子设备，如触屏手机、平板计算机等。该系统具有良好的续航能力，且启动速度快、占用内存少，并兼容 Windows 7 所支持的软件和硬件。另外，在界面设计上，Windows 8 采用平面化设计。

• 2015 年 7 月 29 日发布的 Windows 10 是微软公司最新发布的 Windows 操作系统，Windows 10 大幅减少了开发阶段。自 2014 年 10 月 1 日开始公测，Windows 10 经历了 Technical Preview（技术预览版）以及 Insider Preview（内测者预览版），下一代 Windows 将以 Update 形式出现。

5）移动终端常用操作系统

移动终端是指可以在移动中使用的计算机设备，具有小型化、智能化和网络化的特点，广泛应用于人们生产生活的各个领域，如手机、笔记本计算机、POS 机、车载计算机等，主要有以下系列。

• iOS 操作系统：在 Mac OS X 桌面操作系统的基础上，苹果公司为其移动终端设备（iPhone、iPod touch、iPad 等）开发了 iOS 操作系统，于 2007 年 1 月发布，原名为 iPhone OS 系统，2010 年改名为 iOS，是目前最具效率的移动终端操作系统。

• Android 操作系统：美国谷歌公司基于 Linux 平台，开发了针对移动终端的开源操作系统，即 Android（安卓）操作系统。自 2008 年 9 月发布最初的 Android 1.1 版本以来，已历经多次升级，拥有极大的开放性，允许任何移动终端厂商加入系统的开发。应用该系统的主要设备厂商有三星、华为、中兴等。

• COS 操作系统：2014 年 1 月，中国科学院软件研究所和上海联彤网络通信技术有限公司在北京联合发布了具有自主知识产权的国产操作系统 COS（China Operating System）。COS 系统采用 Linux 内核，支持 HTML 5 和 Java 应用，具有符合中国消费者行为习惯的界面设计，支持多终端平台和多类型应用，具有安全快速等特点，可广泛应用于移动终端、智能家电等领域。

4.1.2 Windows 7 操作系统的安装

1. Windows 7 操作系统的基本运行环境

Windows 7 操作系统要求的硬件环境如表 4-1 所示。

表 4 − 1　Windows 7 操作系统要求的硬件环境

硬件要求	基本配置	建议配置
CPU	800 MHz 的 32 位或 64 位处理器	1 GHz 的 32 位或 64 位处理器
内存	512 MB 内存	1 GB 内存或更高
安装硬盘空间	分区容量至少 40 GB，可用空间不少于 16 GB	分区容量至少 80 GB，可用空间不少于 40 GB
显卡	32 位显存并兼容 DirectX 9.0	32 位显存并兼容 DirectX 9.0 与 WDDM 标准
光驱	DVD 光驱	
其他	微软兼容的键盘与鼠标	

2. Windows 7 操作系统的正常安装

正常安装操作系统，一般是指将光盘中的系统程序安装到计算机硬盘中。如果计算机是第一次安装系统程序，首先要设置 BIOS 参数（大部分计算机只要在开机时长按【Delete】键或【F2】键，就可进入 BIOS 参数设置），将第一驱动器设置为光盘。

将安装光盘插入光驱，开机或重新启动计算机，计算机将启动自动安装程序。如果第一次使用硬盘，系统会自动提示硬盘分区。分区是指将一个大的硬盘划分为几个小的逻辑盘。第一逻辑盘自动命名为 "C:"，其他逻辑盘命名为 "D:" "E:" "F:" 等，依英文字母顺序排列。计算机默认 "C:" 分区为激活分区，该分区是当前操作系统的安装分区（用户也可以自选激活分区）。后续操作系统软件将自动安装在该分区中。

分区完成后，计算机将自动提示进行硬盘格式化。硬盘格式化后，操作系统开始安装。Windows 7 操作系统的安装过程基本不需要手动操作，计算机会自动提示用户在安装过程中进行设置或输入，如输入序列号以及设置时间、网络、管理员密码等。

具体过程如下：

1）在新格式化的硬盘上安装 Windows 7 操作系统

（1）运行安装程序：通常，将安装光盘放入光驱后，计算机将自动执行安装程序；否则，运行 Setup. exe。

（2）运行安装向导：在安装向导中，输入姓名、公司等相关信息，设置安装路径以及要安装的组件。

（3）开始安装：收集基本的相关信息后，安装向导就会开始安装文件。

（4）完成安装：这属于安装过程的收尾项，安装开始菜单项目、注册组件、驱动程序等。

2）升级式安装

升级式安装就是对现有的操作系统升级，安装完成后，计算机上只有一种操作系统——Windows 7 操作系统。

在安装界面中选择 "升级" 选项，安装程序将替换现有的 Windows 系统文件，但现有的设置和应用程序将会保留下来。

3）克隆安装

借助第三方软件（著名的有 Norton Ghost 和 Drive Image），将已经安装好的操作系统制作成镜像后保存，需要时只需几分钟就可以恢复。

操作系统安装完成后，可以看到 Windows 7 操作系统的标准桌面。计算机桌面包括桌面上的图标、背景和外观等，用户可以自己设置和定义。

3. Windows 7 操作系统的快速恢复（系统还原）

用户第一次安装完成计算机操作系统后，为了防止在今后的使用过程中病毒破坏计算机操作系统，造成计算机无法正常工作，可以在第一次安装完计算机操作系统后创建还原点或安装"一键还原"程序，如"一键还原精灵（装机版）"程序。该程序运行完成后，将立即对现有的系统进行自动备份。以后，当这台计算机系统被破坏而无法工作时，只要按【F9】键或【F11】键，就可以用备份的计算机操作系统覆盖现在被破坏的系统，使计算机又能正常工作。

备份系统安装好后，每次启动计算机，用户都可以看到"系统自动恢复"的提示信息，只要用户根据提示按功能键【F11】，备份的系统程序将自动覆盖现有的计算机操作系统。

4.1.3 启动和关闭计算机

1. 启动计算机

首先，打开计算机外设电源（如打印机、扫描仪等）；然后，按主机箱上的开关打开计算机。计算机在自检完成后会自动引导并进入 Windows 7 操作系统。系统启动界面消失后，进入 Windows 7 操作系统桌面。所谓桌面，就是在 Windows 7 操作系统启动后，出现在用户面前的整个屏幕区域，如图 4 – 1 所示。

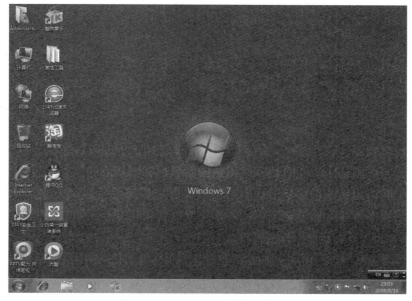

图 4 – 1 Windows 7 操作系统桌面

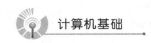

如果在程序运行过程中出现系统停滞（即"死机"）现象，则可以按下组合键【Ctrl + Alt + Delete】，打开"任务管理器"，结束不响应的应用程序。若仍不能奏效，则可以按下主机面板上的【Reset】按钮重新启动计算机。当这两种方法都无效时，可以长按主机电源开关，直到关机，然后开机启动。

2. 关闭计算机

使用完计算机后，应正常关闭系统，绝不能在系统运行的情况下直接切断计算机电源；否则，轻者导致数据丢失，重者可能导致系统程序损坏，无法再启动计算机。

操作方法：单击"开始"菜单按钮，在"开始"菜单中单击"关机"按钮即可正常关闭计算机，如图 4-2 所示。单击"关机"按钮右侧的箭头，会出现 5 个选项——切换用户、注销、锁定、重新启动和睡眠，用户可以进行不同的选择。

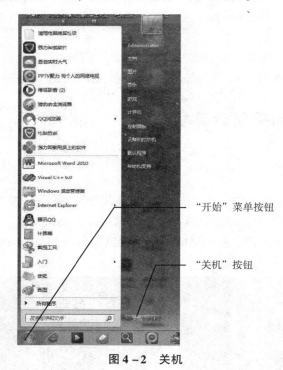

"开始"菜单按钮

"关机"按钮

图 4-2 关机

4.2 Windows 7 操作系统的基本操作

4.2.1 鼠标指针及鼠标操作

在 Windows 7 操作系统中，鼠标是主要输入设备之一。鼠标通常有两个键：左键、右键。通常右手使用鼠标，食指和中指分别放在左键和右键上。

1. 鼠标指针

启动 Windows 7 操作系统后，屏幕上出现一个空心的箭头，称为鼠标指针。当移动鼠标时，鼠标指针会随之移动，且形状随鼠标位置和要进行的操作而改变。指针形状不同，含义也不同，如表 4 – 2 所示。

表 4 – 2　常见的鼠标指针

指针形状	含义	指针形状	含义	指针形状	含义
	正常选择		选定文本		沿对角线调整 1
	帮助选择		手写		沿对角线调整 2
	后台运行		不可用		移动
	忙		垂直调整		候选
	精确定位		水平调整		链接选择

2. 鼠标的基本操作

（1）指向：移动鼠标，使指针形光标落在目标上。

（2）释放：松开按住的左键或右键。

（3）单击：按下左键并立即释放，主要用于选定目标和启动菜单命令。

（4）双击：连续、快速地单击两次，用于启动（或称运行，或称打开）目标。

（5）右击：按下右键并立即释放，主要用于启动快捷菜单。

（6）拖动：在鼠标指针已指向目标的情况下，按下左键不释放并移动鼠标，当目标移到新位置时，再释放左键，于是将目标移到新位置。

有的鼠标带滚轮，滚轮的作用一般是使屏幕上的内容迅速上下移动，起到【Page Up】键和【Page Down】键的作用。

4.2.2　认识桌面

启动 Windows 7 操作系统之后，整个屏幕称为桌面，如图 4 – 1 所示。Windows 7 操作系统的所有操作都可以从桌面开始。桌面上的元素主要有快捷图标、任务栏、"开始"菜单等。

1. 快捷图标

桌面上的图标代表可以运行的应用程序。图标由小图像和文字标题组成。为了图标能体现它所代表的应用程序的功能，通常用非常形象的图形作为图标的小图像，用应用程序的名称作为图标的文字标题。例如，"我的计算机""回收站""网上邻居"等，它们都是功能各异的应用程序的图标。双击图标，即可启动该图标代表的应用程序。因此，称图标为启动应用程序的快捷方式或快捷方式图标。

在桌面上，除了显示系统规定的图标（"我的计算机"等）外，用户还可以在桌面上建立自己的应用程序图标（一个或多个）。当不需要它们时，可以将它们删除。

桌面上常见的图标有：

（1）计算机：该图标总是显示在桌面上，用于查看计算机的各种资源。

（2）Administrator（我的文档）：系统建立的一个文件夹，用来保存用户生成的文档文件。在应用程序（如 Word、Excel 等）中保存文档时，若未指定其他位置，将自动保存在"我的文档"中，即"我的文档"文件夹是保存文档的默认保存位置。

（3）网络：用户可以通过它访问网络上的其他计算机，以实现资源共享。

（4）回收站：一个电子垃圾箱，用于暂时存放硬盘上删除的文件。回收站中的文件可恢复至原位置。

（5）Internet Explorer：在桌面上双击该图标，可以启动 Internet Explorer（简称"IE"）浏览器，进入 Internet。

2. 任务栏

"任务栏"位于屏幕的底部，如图 4 - 3 所示。最左端是"开始"按钮，其次是"快速启动"工具栏、应用程序栏、通知区域栏。

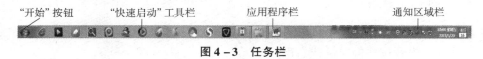

图 4 - 3　任务栏

（1）"开始"按钮：单击"开始"按钮，显示"开始"菜单，如图 4 - 2 所示。用户对计算机的一切操作，均可以从单击"开始"按钮开始，但这不是唯一的操作方式。

（2）"快速启动"工具栏：放置用户频繁使用的程序图标，单击这些图标可启动相应的应用程序。

（3）应用程序栏：显示应用程序图标按钮。每个图标按钮代表一个已打开的应用程序，如 QQ、文件夹、Word 文档等。当打开多个应用程序时，任务栏中的图标按钮将自动缩小，以便显示更多图标按钮。单击图标按钮，可进行应用程序的快速切换。

（4）通知区域栏：显示系统启动后自动执行的任务所对应的按钮，如"声音"按钮、"输入法"按钮及"时间"按钮等，单击这些按钮可进行声音特性的修改、输入法的转换、时间属性的设置等。

3. "开始"菜单

单击"开始"按钮，可以打开"开始"菜单。"开始"菜单中包含了计算机中安装的应用程序，使用该按钮可以快速启动程序。另外，还可以使用"开始"菜单中的"搜索"命令来查找文件或访问"帮助"。

单击"所有程序"按钮，可以展开所有程序供用户选择，如图 4 - 4 所示。可以通过垂直滚动条来查看未显示的程序；单击"返回"按钮，即可返回"开始"菜单的初始状态。

在"开始"菜单中的右侧部分列出了可直接使用的文件夹，如 Administrator、文档、图片、音乐等，单击它们即可打开相应的文件夹，从而进行所需的操作。

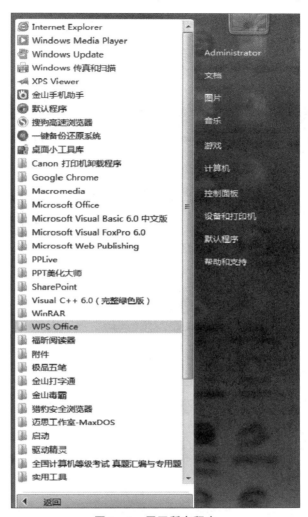

图 4 - 4 展开所有程序

4.2.3 窗口及其操作

窗口是桌面上的一个矩形区域。用户在中文 Windows 7 操作系统上的一切操作，几乎都是在窗口中进行的。

1. 窗口分类

按照窗口结构，可将窗口分为应用程序窗口、文档窗口。

一旦启动某个应用程序，便立即出现一个矩形框，这种矩形框称为应用程序窗口。应用程序窗口中的窗口称为文档窗口，用于显示用户编辑的文字和图形。系统在应用程序窗口中显示文件和文件夹的图标，或者显示文档窗口。例如，在"计算机"应用程序窗口显示文件和文件夹的图标；在 Word 应用程序窗口显示文档窗口。

2. 窗口组成

几乎所有窗口都具有相同的窗口元素，但不是所有窗口都具有组成窗口的全部元素。下面以"文件夹"和"记事本"窗口为例来说明窗口的组成，如图 4-5、图 4-6 所示。

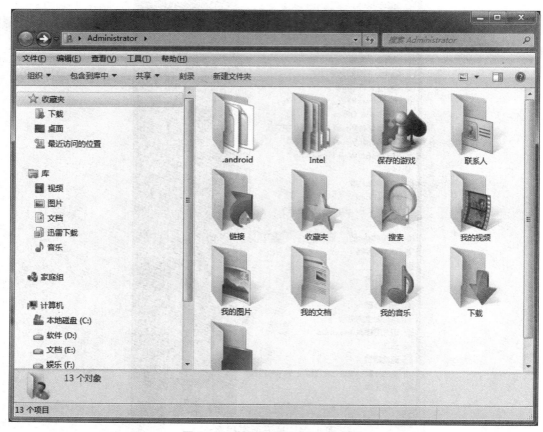

图 4-5　应用程序窗口——文件夹

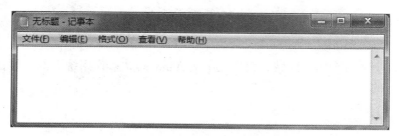

图 4-6　文档窗口——记事本

1）标题栏

标题栏位于窗口的顶端，用于标明窗口的名称（在"回收站"窗口里没有），右侧是"最小化""最大化/还原""关闭"3 个窗口按钮。

2）地址栏

标题栏下面是地址栏（在"我的文档"窗口中没有）。这里有3部分操作：在该栏的左侧有"前进"与"后退"按钮；右侧还有一个"向下"的按钮，可以给出浏览的历史记录或者可能的前进方向；中间的文本框表示现在所处的文件夹中的位置。

3）菜单栏

菜单栏位于标题栏下方。窗口标题栏上主要显示应用程序名称或文件夹名称等信息，标题栏左侧有一个"控制菜单"小图标按钮，单击此按钮可打开窗口控制菜单，其中有用于对窗口进行还原、移动、最小化、最大化和关闭等操作的菜单项，可以改变窗口大小、最小化窗口、最大化窗口、移动窗口和关闭窗口。在不同应用程序的菜单中，命令也不相同。

4）控制区

控制区位于菜单栏的下方，不同的窗口有不同的命令按钮、下拉菜单或选项卡，主要用于完成对窗口中选中的内容进行设置和操作。例如，图4-5中的"组织""包含到库中""共享""新建文件夹"及窗口中的图标设置等。

5）工作区

工作区是窗口的内部区域，用于显示窗口内容，不同应用程序其窗口内容也不同。在Word文档窗口中，显示文本或图片。

6）导航窗格

导航窗格一般出现在文件夹窗口中，位于工作区左侧，显示计算机的资源，如"计算机"、各个驱动器及各级文件夹的树形目录结构，以及"我的文档""控制面板"等。

文件夹前面的三角标记有以下3种情况：

（1）：表示有下属文件夹，且处于展开状态。

（2）：表示有下属文件夹，但处于折叠状态。

（3）若无任何标记，则表示没有下属文件夹。

7）细节窗格

细节窗格位于窗口的底部，主要用于显示选定内容的细节。例如，在文件夹窗口中显示选定文件的细节；在Word窗口中显示光标的细节（光标所在的页、行、列等）。

8）搜索栏

搜索栏一般出现在文件夹中，位于窗口顶部右侧，具有动态搜索功能。当用户输入关键词的一部分时，搜索就已经开始。

3. 窗口基本操作

1）打开窗口

如果应用程序在桌面上有快捷方式图标，则双击图标即可打开窗口。此外，也可以通过"开始"按钮来打开窗口。例如，打开"画图"窗口的具体步骤如下：

（1）单击"开始"按钮，显示"开始"菜单。

（2）单击"开始"菜单中的"所有程序"选项，显示"所有程序"列表。

（3）单击"所有程序"列表中的"附件"选项，显示"附件"列表。

（4）单击"附件"列表中的"画图"命令，打开"画图"应用程序窗口。

2）最小化、最大化/还原、关闭窗口

将窗口充满整个桌面，称为最大化。反之，窗口最小化之后，窗口将缩小成图标按钮显示在任务栏上，此应用程序仍然在内存中运行。从最大化状态还原到原来大小，称为还原。关闭窗口就是关闭应用程序，同时释放应用程序所占据的内存空间。

单击标题栏右侧的"最小化""最大化/还原""关闭"3个窗口按钮，可方便地完成最小化、最大化/还原、关闭窗口的操作。

3）改变窗口尺寸

用户可根据自己的意愿改变窗口的大小。操作方法：将鼠标指针移到窗口的某一边框或窗口角上，当指针变成双箭头时，按下左键拖动鼠标，当窗口的尺寸达到要求时，释放鼠标。

4）移动窗口

如果窗口遮住了某些需要的内容，就应将窗口移到另一个位置。操作方法：将鼠标指针移到窗口的标题栏上，按下左键拖动鼠标，将窗口移到合适的位置。

5）排列窗口

当打开多个窗口时，桌面会显得杂乱无章，这时可以重新排列窗口。排列窗口有三种形式：层叠窗口、堆叠显示窗口、并排显示窗口。

例如，依次打开"计算机""回收站"和"网络"窗口，然后层叠窗口。操作步骤如下：

（1）在任务栏空白处单击右键，弹出任务栏的快捷菜单，如图4-7所示。

图4-7 任务栏的快捷菜单

（2）单击菜单中"层叠窗口"命令后，则这3个窗口将层叠排列，如图4-8所示。

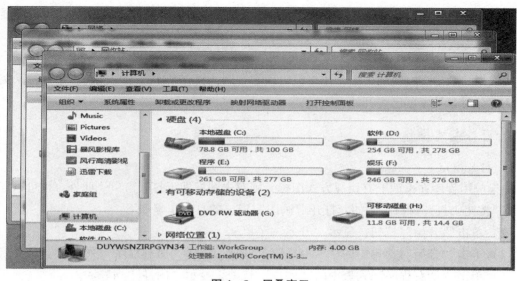

图4-8 层叠窗口

6）窗口切换

Windows 7 操作系统是多任务的操作系统，用户可以同时运行多个应用程序，所以桌面上会有多个窗口。但在某一时刻，用户只能对其中的一个窗口进行操作，这个窗口被称为当前窗口（或前台窗口），其他窗口称为非当前窗口（或后台窗口）。当连续打开多个应用程序窗口时，默认最后打开的应用程序窗口是当前窗口。用户若想对某个非当前窗口进行操作，就必须先将窗口设置为当前窗口。操作方法：单击非当前窗口的任意可见位置，则该窗口成为当前窗口。

当前窗口的关闭按钮为红色，非当前窗口的关闭按钮与窗口其他位置一样为透明色。在任务栏的多个图标按钮中，当前图标的按钮颜色变浅。

4.2.4　菜单及其操作

菜单是一个应用程序的命令集合，用来完成已定义的命令操作。在 Windows 7 操作系统中，几乎所有基本操作命令都可以从菜单中执行。菜单主要分为 3 种："开始"菜单、窗口菜单、快捷菜单（右键菜单）。其中，"开始"菜单相对固定，另两种菜单与各应用程序密切相关。

1. "开始"菜单

单击"开始"按钮，弹出"开始"菜单，然后逐级查找所需的应用程序，单击该应用程序即可打开。

2. 窗口菜单

虽然不同应用程序的窗口菜单不尽相同，但它们的操作方法是相同的，菜单的一些操作约定也相同。

单击窗口中菜单栏上的菜单，显示其下拉菜单，即窗口菜单，如图 4-9 所示。也可采用键盘选择的方式，即按下【Alt】键的同时单击菜单名边上的带有下划线的英文字母，该菜单也可立即打开。例如，在图 4-9 所示的"计算机"窗口中，只需在按下【Alt】键的同时单击【V】键，就可以打开"查看"下拉菜单。

3. 快捷菜单

快捷菜单是 Windows 7 操作系统为用户提供的一个十分实用的操作方式。快捷菜单总是显示与选定对象有关的菜单命令。如果要打开一个对象的快捷菜单，可将鼠标指针移到该对象上，然后单击右键，快捷菜单立即弹出，如图 4-10 所示。

4. 菜单项约定

在这些菜单中，经常会出现一些特殊符号，这些符号是系统约定的，代表某种特定含义，如图 4-11、图 4-12 所示。

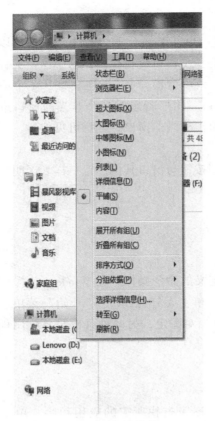

图 4-9　窗口菜单

图 4-10　快捷菜单

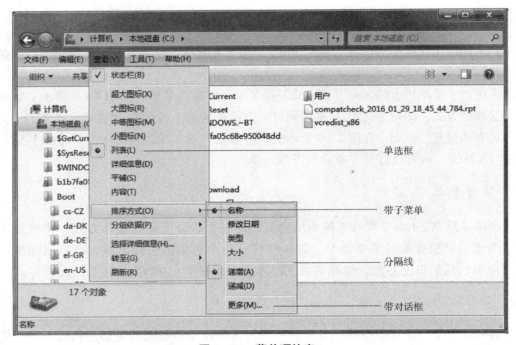

图 4-11　菜单项约定 1

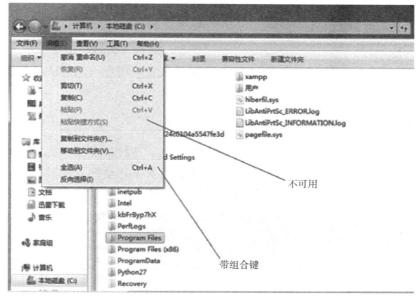

图 4 - 12　菜单项约定 2

1）分隔线

菜单中通常有多个菜单项，各菜单项的功能不尽相同。系统将功能相近的菜单项排列在一起，作为一个菜单组，不同菜单组之间用分隔线分隔。

2）带 √ 的菜单项

√ 是选中标志，带 √ 标记的是被选中的菜单项。单击这种菜单项，是在选中与取消之间进行转换。在同一个菜单（或菜单组）中，允许两个以上的菜单项被选中。因此，这种菜单项称为复选项。

3）带 ● 菜单项

● 是选中标志，带这种标记的是被选中的菜单项。在同一个菜单（或菜单组）中，只能有一个菜单项被选中。选中这一项，便意味着自动取消另一项。因此，这种菜单项称为单选项。

4）带▶菜单项

有些菜单项的右侧带▶符号，表示这个菜单项含有子菜单。

5）带…菜单项

有些菜单项的右侧带…符号，表示单击此菜单项后将打开一个对话框。

6）灰色菜单项

灰色字迹的菜单项，是当前状态下不可使用的菜单项。

7）带组合键菜单项

有些菜单项的右侧带组合键，表示在此菜单项可用的情况下，不管菜单是否已打开，只要在键盘上按对应的组合键，就相当于单击该项菜单。

8）清除菜单

打开菜单后，如果不想从此菜单中执行选项，那么单击菜单以外的任何位置或按【Esc】键，都可取消打开菜单的操作。

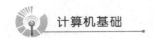

4.2.5 对话框及其操作

对话框是用户与系统进行对话的窗口，有些对话框要求用户输入信息，有些对话框要求用户进行选择。

1. 对话框的组成

在对话框中经常出现的元素有：关闭按钮、列表框、下拉列表框、文本框、选项卡、单选按钮、复选框、命令按钮等，但不是所有对话框都具有上述全部元素。

下面以图 4－13、图 4－14 为例，说明对话框的组成。

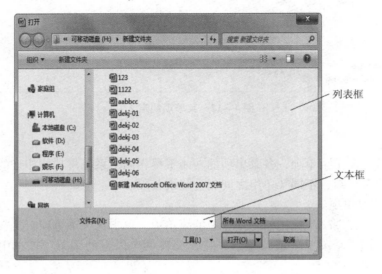

图 4－13　对话框的组成 1

图 4－14　对话框的组成 2

2. 对话框的操作

1）帮助按钮

单击按钮 **?** ，显示帮助信息。

2）关闭按钮

单击按钮 **×** ，关闭对话框。

3）列表框

列表框用于列举多个项目，供用户选择，用户可以单击其中的一个项目。当列表框中不能显示出全部项目时，就会出现滚动条。滚动条分为水平滚动条和垂直滚动条。滚动条的两头有滚动条箭头，中间有一个滚动块。滚动块在整个滚动条中的位置反映了列表框当前显示项目在整个项目中的相对位置。

4）下拉式列表框

下拉式列表框也可以用于列举多个项目。与列表框不同，下拉式列表框平时收缩为一个右侧带有下拉按钮的条形区域。当单击该下拉按钮时，就会打开下拉式列表框；当单击选择某项后，该下拉式列表框将再次收缩。

5）文本框

文本框是用户输入信息的一个矩形框。单击文本框后，就可以输入文字信息。

6）选项卡

排在对话框顶部的按钮就是选项卡。采用选项卡可使对话框容纳更多信息。选项卡相当于页，单击某一选项卡后，有关该选项的内容就会出现在对话框中。

7）数值框

单击数值框右侧的上下箭头，可以改变数值大小，也可在数值框中直接输入数值。

8）单选按钮

单选按钮为圆形。在一组选项中，必须选取其中一个且只能选取一个，被选中的单选按钮内有一个圆点 • 。

9）复选框

复选框是方框选项。在一组选项中，可选中一个或多个，也可一个都不选。单击某复选框，框内有一个 √ ，表示选中该选项；若再次单击该复选框，表示取消选中该选项。

10）滑标

滑标即滑动式按钮，用鼠标左右拖动滑标可以改变数值大小，一般用于调整参数。

11）命令按钮

带文字的矩形按钮是命令按钮。单击某个命令按钮，即可执行相应的命令。如果一个命令按钮呈灰色，表示该命令按钮是不可选的。

4.2.6 任务栏、"开始"菜单和桌面的设置

1. 任务栏的设置

1）调整任务栏的大小和位置

通常情况下，任务栏显示在桌面底部。当打开的应用程序（或窗口）很多时，任务栏

上的按钮就会缩小，按钮上代表应用程序（或窗口）的文字就会被截断。

调整任务栏大小的具体步骤如下：

（1）将鼠标指针移到任务栏的上边界，待鼠标指针变成双向箭头。

（2）按住左键向上或向下拖动，就可以调整任务栏的高度。

调整任务栏位置的具体步骤如下：

（1）将鼠标指针指向任务栏的空白区域。

（2）按住左键向所需的位置拖动鼠标，如拖到屏幕的顶部或两侧。

（3）松开左键，任务栏就会移到相应的位置。

2）设置任务栏的属性

设置任务栏属性的具体步骤如下：

（1）右击"开始"按钮所在任务栏的空白处，在弹出的快捷菜单中选择"属性"命令，弹出"任务栏和「开始」菜单属性"对话框，如图4-15所示。

图4-15 "任务栏和「开始」菜单属性"对话框

（2）在"任务栏"选项卡中，可以设置以下选项：

● 选中"锁定任务栏"复选框：保证任务栏处于屏幕最前端，即使以最大化窗口运行程序，任务栏也总是可见的；而且，任务栏的位置和大小不可调。

● 选中"自动隐藏任务栏"复选框：使任务栏在不使用时自动隐藏。但是当鼠标指针指向隐藏任务栏的屏幕边缘时，任务栏会自动显示。

● 选中"使用小图标"复选框：使任务栏上的各按钮以小图标方式显示。

● 选中"屏幕上的任务栏位置"下拉菜单：可以设置任务栏在屏幕上显示的位置。

● 选中通知区域内"自定义"按钮：可以隐藏通知区域最近不使用的项目，而只显示常用的项目。若要显示被隐藏的图标，则单击通知区域中向下的箭头，即可看到隐藏的图标。

（3）单击"确定"按钮。

2. "开始"菜单的设置

用户既可以把自己工作中经常要运行的应用程序添加到"开始"菜单中，也可以从"开始"菜单中删除不常用的程序。

1）在"开始"菜单中添加项目

在"开始"菜单中添加项目的具体操作步骤如下：

（1）右击"开始"按钮，选择"属性"命令，打开图4-15所示的"任务栏和「开始」菜单属性"对话框的"「开始」菜单"选项卡。

（2）单击"自定义"按钮，出现如图4-16所示的"自定义「开始」菜单"对话框。

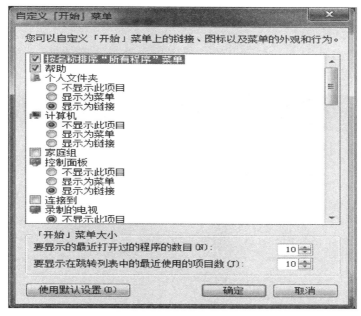

图4-16 "自定义「开始」菜单"对话框

（3）可以在"「开始」菜单大小"区域分别设定想"要显示的最近打开过的程序的数目"和"要显示在跳转列表中的最近使用的项目数"。

（4）在其选择框中滑动滚动条，可以根据呈现的每个功能来设定其显示类型，以及是否在"开始"菜单中显示该功能。例如，在"计算机"下面的单选框中，当前默认选中"不显示此项目"单选框，要将其在"开始"菜单中显示，则需要选中"显示为菜单"单选框。

（5）全部设置完毕，单击"确定"按钮，返回"任务栏和「开始」菜单属性"对话框，然后单击"确定"按钮，完成保存。

单击"开始"按钮，在"开始"菜单中将显示添加的"计算机"项目。

2）删除"开始"菜单中的项目

若要删除"开始"菜单中的项目，则只要在添加项目的（4）中选择要删除的项目，然后选中对应的"不显示此项目"单选框即可。

3. 桌面的设置

1）排列图标

排列图标时，可以用鼠标将图标拖动到目标位置。若要将桌面上的所有图标重新排列，可右击桌面空白处，在弹出的快捷菜单中选择"排序方式"选项。在"排序方式"的子菜单中包括 4 个选项——名称、大小、项目类型、修改日期，即提供 4 种图标排列方式。另外，在快捷菜单中的"查看"选项子菜单中选中"自动排列图标"命令，也可以排列图标。

试一试：

分别用"排序方式"菜单中的 4 个选项将桌面上的图标进行重新排列，观察这些图标的排列情况。

2）桌面上创建快捷方式

具体操作步骤如下：

（1）在桌面空白处右击，在弹出的快捷菜单中选择"新建"→"快捷方式"，打开"创建快捷方式"对话框，如图 4 - 17 所示。

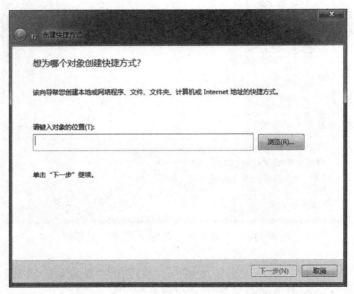

图 4 - 17　"创建快捷方式"对话框

（2）在"请键入对象的位置"文本框中输入要创建快捷方式对象的路径和名称。如果不知道该对象的详细位置，可单击"浏览"按钮，在弹出的"浏览文件夹"对话框中查找。设置完毕，单击"下一步"按钮。

（3）单击"完成"按钮，系统在桌面上创建程序或文件的快捷方式图标。

4. 删除桌面上的图标或快捷方式图标

选中图标后单击右键，在弹出的快捷菜单中选择"删除"命令，也可以在选中对象后按【Delete】键或按【Shift + Delete】组合键，都可以删除选中的图标。

4.3 文件和文件夹的管理

4.3.1 文件和文件夹

在计算机系统中，文件管理采用树形结构，用户根据某方面的特征或属性把文件归类存放，因而文件和文件夹就有一个隶属关系，从而构成有一定规律的组织结构。

1. 文件

计算机中的文件是指一组相关信息的集合，通常指各类软件资源以文件为单位组织存放在某种存储介质上。操作系统对软件资源的管理实际上就是对文件和文件夹的管理。文件指源程序代码、文本文档、声音、图像和视频等。它们一般被存放在外存储介质上，工作需要时被调入内存进行处理。

1）文件名

一个磁盘可以存放许多文件，每个文件必须取一个名字，以便区分不同的文件。文件名由主文件名和扩展名两部分组成，二者之间以圆点分隔。通常所说的文件名一般是指主文件名。操作系统对文件的管理是实行"按名存取"的。

主文件名是文件的主要标记，扩展名用于表示文件的类型。扩展名通常由 1～4 个字符构成。主文件名要遵守以下规则：

（1）主文件名总长不能超过 255 个字符。

（2）为文件命名时，可以使用字母、数字、下划线、汉字、圆点、空格等，但不能使用 ？、＊、"、＜、＞、｜、：、／、＼ 等字符，因为它们有特殊含义。

（3）如果文件名有两个以上圆点（如"资料.Win200.docx"），则最后一个圆点是主文件名与扩展名的分隔符。

（4）不区分大小写。例如，BOOK 和 book 是等价的。

2）文件类型

文件有类型之分，不同类型文件的扩展名不同，图标也不相同。常见的文件扩展名如表 4－3 所示。

表 4－3　常见的文件扩展名

扩展名	含义	扩展名	含义	扩展名	含义
.com	命令文件	.exe	可执行文件	.bat	批处理文件
.txt	纯文本文件	.dat	数据文件	.c	C语言程序文件
.docx	Word 文件	.xlsx	Excel 文件	.dbf	数据库文件
.sys	系统配置文件	.htm	网页文件	.bak	备份文件
.jpg	图像文件	.wav	音频文件	.rar	压缩文件

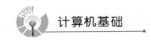

2. 文件夹

操作系统采用目录的方式来分类管理大量的文件。在 Windows 操作系统中，目录称为文件夹，Windows 采用树形目录结构来管理文件，磁盘的驱动器符号通常称为根目录。用户既可以在一个磁盘中建立若干个文件夹，每一个文件夹可以包含若干文件，也可以包含若干子文件夹，将文件都存放于某个文件夹中。

文件夹内可以包含一批文件和子文件夹，同样，子文件夹也可以包含一批文件和下属的文件夹。因此，Windows 操作系统的文件组织结构是分层次的树形结构，如图 4 - 18 所示。

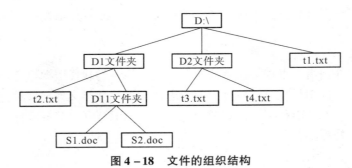

图 4 - 18　文件的组织结构

1）文件夹名称

在众多文件夹中，有的是系统或应用程序建立的，有的是用户根据需要建立的。无论由谁建立，文件夹名称都应遵守以下规则：

（1）文件夹的命名规则与文件命名的规则相同，但文件夹不采用扩展名。

（2）在同一文件夹中，不允许有同名文件或同名子文件夹。不在同一文件夹下的文件或文件夹允许同名。

2）文件路径

文件总是存放在磁盘的某个文件夹之中。为了查找文件，有时需要指出文件在磁盘层次结构中的具体位置，或查找文件需要经过的路程（即文件的路径）。一个完整的路径包括盘符（驱动器号），后面是找到该文件顺序经过的全部文件夹，文件夹之间用"\"隔开。

例如，图 4 - 18 中文件 S1. doc 的路径是 D：\D1\D11。

4.3.2　文件和文件夹操作

1. 打开文件或文件夹

1）打开文件夹

打开一个文件夹后，在内容框中将显示该文件夹中的内容。

2）打开文件

打开一个应用程序文件，将运行该程序。打开一个与某应用程序建立了关联的文档文件，将先启动该应用程序，再把该文档文件显示在应用程序窗口中。

2. 创建文件或文件夹

1）创建文件夹

在 Windows 7 操作系统中，可以在任意磁盘或它的文件夹下建立新的文件夹，而且创建文件夹的数目是没有限制的。

（1）在"文件夹"窗口中创建文件夹。首先选定创建新文件夹的上级文件夹，单击"文件"菜单，在弹出的"文件"下拉菜单中选择"新建"选项，然后在"新建"子菜单中选择"文件夹"命令，如图4-19所示。

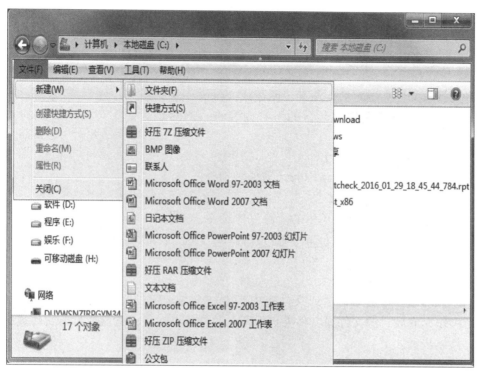

图 4-19　新建文件夹

（2）在桌面上创建文件夹。右击桌面空白处，在弹出的快捷菜单中选择"新建"→"文件夹"。

2）创建文件

当用户要建立一个新文件（如文本文件、图像文件等）时，可在找到目标位置后，单击"文件"→"新建"，然后在"新建"子菜单中选择新建文件的类型，输入文件名，即可完成所需文件的建立。

3. 选取文件或文件夹

1）选取单个文件或文件夹
单击要选择的文件或文件夹。

2）选取多个相邻的文件或文件夹。
如果要选定多个连续的文件或文件夹，则可先单击第一项，再按住【Shift】键，单击最

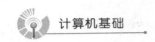

后一个要选定的项。当然，也可以反向操作，即先单击最后一项，再按住【Shift】键，单击第一项。

3）选取多个不相邻的文件或文件夹

如果要选定多个不连续的文件或文件夹，则可按住【Ctrl】键，依次单击要选定的项。注意，如果不按住【Ctrl】键单击，则选定一项的同时将取消其他项的选定。

4）选取所有的文件和文件夹

单击"编辑"菜单，在"编辑"下拉菜单中选择"全部选定"命令。

5）反向选取

若一批文件或文件夹中只有极少数的对象落选，则可以先按【Ctrl + A】组合键选取所有对象，再按住【Ctrl】键逐个单击不想选中的文件。

4. 移动文件或文件夹

可将文件或文件夹选定后，从某个磁盘或文件夹中移到另一个磁盘或文件夹中。注意：在移动文件夹时，连同文件夹包含的所有内容将一起移动。使用菜单来实现的具体步骤如下：

（1）选定要移动的文件或文件夹。

（2）单击"编辑"下拉菜单中的"剪切"命令。

（3）打开目标盘或文件夹。

（4）单击"编辑"下拉菜单中的"粘贴"命令。

此外，也可以通过组合键【Ctrl + X】及【Ctrl + V】来完成剪切及粘贴的过程。

5. 复制文件或文件夹

复制的目的是在指定的磁盘或文件夹中产生一个与选定的文件或文件夹完全相同的副本。复制操作完成后，源文件或文件夹仍保留在原位置，在目标磁盘或目标文件夹中多了一个副本。具体步骤如下：

（1）选定要复制的文件或文件夹。

（2）单击"编辑"下拉菜单中的"复制"命令。

（3）打开目标盘或文件夹。

（4）单击"编辑"下拉菜单中的"粘贴"命令。

也可以通过组合键【Ctrl + C】及【Ctrl + V】来完成复制及粘贴的过程。

6. 删除文件或文件夹

如果用户不再需要某个文件或文件夹，可以将它删除。需要注意的是，当删除一个文件夹时，该文件夹中的所有文件和子文件夹都将被删除，因此在执行此操作时应该确认是否删除该文件夹中的所有内容。具体步骤如下：

（1）选定要删除的文件或文件夹。

（2）单击"文件"下拉菜单中的"删除"命令。

执行删除操作后，弹出确认删除操作的对话框，如图 4 – 20 所示。如果确认要删除，就单击"是"按钮，则文件或文件夹将被删除；否则，单击"否"按钮，放弃删除操作。

以上操作只是将删除的文件或文件夹放在回收站，并没有彻底删除。

图4-20 删除文件夹

7. 恢复被删除的文件或文件夹——"回收站"操作

"回收站"图标是一个纸篓，被删除的文件、文件夹等均放在回收站中。"回收站"的初始状态为空，图标形状为一个空纸篓；一旦"回收站"中放置了对象，图标变为装满东西的纸篓。

1）恢复被删除的文件或文件夹

打开"回收站"窗口，若要还原所有项到原位置，则单击"还原所有项目"按钮；若要还原某些项目，则选定这些项目后，单击右键，在弹出的快捷菜单中选择"还原"命令。

2）清空回收站

若要彻底删除"回收站"中的全部文件或文件夹，则单击"清空回收站"按钮，会出现"删除文件"确认对话框，如图4-21所示，单击"是"按钮即可。

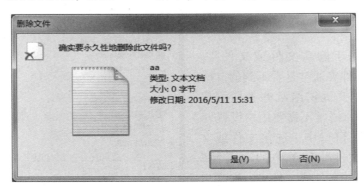

图4-21 "删除文件"确认对话框

3）设置"回收站"的属性

回收站实际上是系统在硬盘中开辟的专门存放被删除文件和文件夹的区域，容量一般为硬盘空间的10%，一旦回收站的空间不够，被删除的文件就可能无法恢复。因此，应根据需要调整回收站的空间。右击"回收站"图标，在弹出的快捷菜单中选择"属性"命令，弹出"回收站属性"对话框，可在其中修改回收站的容量。用户还可根据自己的需要修改或设置其他属性。

在删除文件或文件夹操作时，若同时按住【Shift】键，则文件或文件夹将被彻底删除，不再保存到回收站。此外，可移动磁盘中被删除的文件不放入回收站。

8. 重命名文件或文件夹

对一个文件或文件夹重新命名的方法有以下两种：

方法1：右键单击需要重命名的文件或文件夹，在弹出的快捷菜单中选择"重命名"命令，则文件名切换到选定状态，输入新的文件名后，按【Enter】键。

方法2：先单击要重命名的文件或文件夹，再单击文件名框，则文件名被选定，输入新的文件名后，按【Enter】键。

9. 查找文件或文件夹

查找文件或文件夹的操作步骤如下：

单击"开始"按钮，在"开始"菜单下方的文本框中输入想要搜索的文件或文件夹名称，然后在计算机中查找对应的文件或文件夹。显示"搜索结果"窗口可根据单一条件或组合条件搜索文件或文件夹，例如，输入"计算机"，搜索结果将直接显示在上面菜单中，如图4-22所示。

10. 设置文件或文件夹属性

在Windows 7操作系统中，文件或文件夹的常用属性有只读、隐藏和存档三种。

（1）只读：只能进行读操作，不能修改。

（2）隐藏：用于隐藏文件或文件夹。被隐藏的文件或文件夹通常是看不到的。

（3）存档：主要提供给某些备份程序（如Backup）使用，通常不需要用户设置。

在"文件夹"窗口中，选定文件或文件夹后，选择"文件"菜单中的"属性"命令，或右击选定的文件或文件夹，在弹出的快捷菜单中选择"属性"命令，弹出"属性"对话框，在"常规"选项卡中可设置文件或文件夹的属性。

图4-22 文件搜索

不同文件或文件夹的特性不同，可能对应的选项卡有所不同。例如，图4-23所示的Word文档对应的文件属性对话框包含"常规""安全""详细信息""以前的版本"4个选项卡；如图4-24所示，文件夹的属性对话框包含"常规""共享""安全""以前的版本""自定义"5个选项卡。

图4-23　文件的属性对话框

图4-24　文件夹的属性对话框

4.3.3　资源共享

1. 共享的建立

共享的建立具体可包括文件夹的共享、文件的共享、本地硬盘的共享、打印机共享的建立。一旦共享建立，就可以通过网络进行访问。

1）文件夹的共享

具体操作步骤如下：

（1）在当前目录下创建一个文件夹。在此，以一个名为"文件共享"的文件夹为例。

（2）右键单击"文件共享"文件夹，在弹出的快捷菜单中选择"属性"命令，打开"文件共享 属性"对话框，选择"共享"选项卡，如图 4－25 所示。

图 4－25　"共享"选项卡

（3）如果想要和本地计算机上的所有用户共享这个文件夹下的所有数据，就单击"网络文件和文件夹共享"区下的"共享"按钮。

（4）如果想要在网络上共享这个文件夹下的所有数据，可单击"高级共享"区下的"高级共享"按钮，打开"高级共享"对话框，如图 4－26 所示。

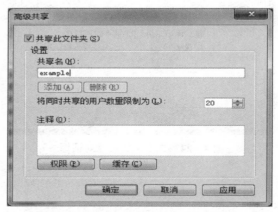

图 4－26　"高级共享"对话框

（5）选中"共享此文件夹"复选框，然后在设置区进行设置：在"共享名"文本框中输入名称；在"将同时共享的用户数量限制为"后的数值框中输入数值；单击"权限"按钮，设置访问权限。单击"确定"按钮，返回"文件共享 属性"对话框的"共享"选项卡。

（6）单击"确定"按钮即可。

通过上述操作，已经对"文件共享"文件夹设置共享名为 example，可以通过网络进行访问。如图4-27所示，用户双击图标就可以看到"文件共享"文件夹里的数据。

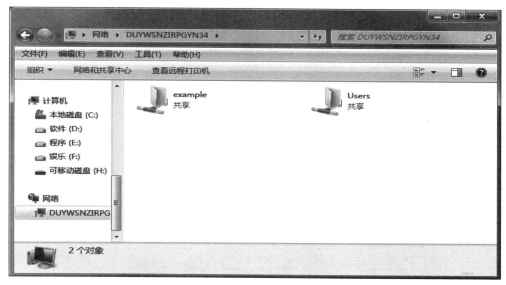

图4-27   网络上共享

2）文件的共享

对文件进行共享的最简单操作是将其放入已设置共享的文件夹，就可允许用户对其进行访问。

3）本地硬盘的共享

本地硬盘的共享操作与文件夹的共享操作相同。注意：针对本地硬盘的共享需谨慎，因为一旦共享，用户将能使用本地硬盘里的所有数据，如果某些用户将文件删除了，那么造成的损失会很大。

2. 共享的取消

如果想把已经建立共享的文件夹（或本地硬盘）取消共享，则在"高级共享"对话框中将"共享此文件夹"复选框取消选择即可。

4.3.4   磁盘管理

1. 查看磁盘空间

使用计算机的过程中，掌握计算机的磁盘空间信息是非常必要的。例如，在安装比较大的软件时，首先就要检查各磁盘空间的使用情况。一般将系统软件安装在 C 盘上，将其他软件安装在 D 盘、E 盘或 F 盘上。

查看磁盘空间的具体操作如下：

（1）双击"计算机"图标，打开"计算机"窗口。

（2）单击各磁盘驱动器图标，将分别显示各磁盘驱动器的存储空间及使用情况。如单击 C 盘图标，在窗口底部细节窗格中显示 C 盘的总大小、已用空间、可用空间等，如图 4－28 所示。

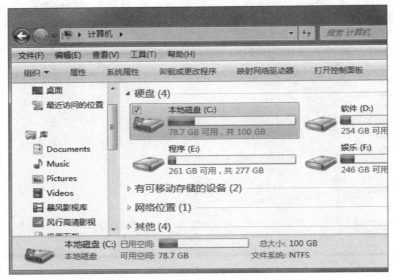

图 4－28　查看 C 盘的磁盘空间

2. 格式化磁盘

新的磁盘在使用之前一定要进行格式化（除非出厂时已经格式化了），而用过的磁盘也可以进行格式化。格式化的过程就是对磁盘划分磁道、扇区、创建文件系统的过程。如果要对已用过的磁盘进行重新格式化，必须小心，因为格式化磁盘将清除磁盘上所有的信息。

下面以格式化 U 盘为例进行介绍，具体步骤如下：

（1）将 U 盘插入 USB 接口。注意：U 盘不应处于写保护状态。

（2）在"计算机"窗口中，选中要格式化的 U 盘图标，单击"文件"菜单下的"格式化"命令，或右击要格式化的可移动磁盘图标，在弹出的快捷菜单中选择"格式化"命令，显示格式化可移动磁盘的对话框，如图 4－29 所示。

图 4－29　格式化可移动磁盘的对话框

"格式化"对话框中部分选项的含义：

- 容量：磁盘总容量。
- 文件系统：包括 exFAT、FAT32、NTFS 等文件系统类型，软盘格式只有 FAT

类型。

● 分配单元大小：指定分配单元的大小或簇的大小。Windows 7 操作系统的文件系统根据簇的大小组织磁盘，表示容纳一个文件所需分配的最小磁盘空间。簇越小，磁盘存储信息的效率越高。如果在格式化过程中没有指定簇的大小，Windows 7 操作系统将根据卷的大小选取默认值。用户一般选择默认设置即可。

● 卷标：卷的名称，以便标识该盘的归属，也可以不填写。exFAT 和 FAT32 卷的卷标最多可包含 11 个字符，NTFS 卷的卷标最多可包含 32 个字符。

● 快速格式化：此项只能用于已格式化过的磁盘。格式化时，只删除磁盘上的所有文件，不检查磁盘的损坏情况，格式化速度较快，通常用于大批量格式化磁盘。

4.4　控制面板选项的设置

计算机中的设备配置和运行参数，都可以通过控制面板来进行。控制面板中的内容很多，这里只介绍最常见的部分。

单击"开始"按钮，在"开始"菜单中，将鼠标指针移动至右侧菜单中，选择"控制面板"命令，打开"控制面板"窗口，在查看方式中选择"小图标"，可查看所有控制面板选项，如图 4－30 所示。

图 4－30　"控制面板"窗口

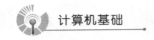

4.4.1　日期／时间

在"控制面板"窗口中，单击"日期和时间"图标，即可打开"日期和时间"对话框，再单击"更改日期和时间"按钮，打开"日期和时间设置"对话框，如图4-31所示。

图4-31　"日期和时间设置"对话框

1. 修改日期

在对话框左侧的"日历"区域选择年份、月份和日期。

2. 修改时间

在对话框右侧的"时间"区域可以设置时间。在"时间"框中，既可以按住左键选择前两位数字"小时"，然后单击数值框右边的上下箭头来增减小时数，也可以在选中两位数字之后直接输入当前的小时数。同理，可以完成"分钟"和"秒"的设置。单击"确定"按钮，返回"日期和时间"对话框，单击"确定"按钮即可。

4.4.2　鼠标

在"控制面板"窗口中，单击"鼠标"图标，可打开"鼠标 属性"对话框。其中，常用到3个选项卡，可分别设置鼠标键、指针、指针选项。

1. 设置鼠标

（1）打开"鼠标键"选项卡，如图4-32所示。
（2）在"鼠标键配置"选项区域中可以选择是否切换主要和次要的按钮。
（3）在"单击锁定"选项区域中可以选择是否启用单击锁定。
（4）在"双击速度"框中调整滑标，以确定双击速度的快慢。
（5）全部设置完成后，单击"确定"按钮。

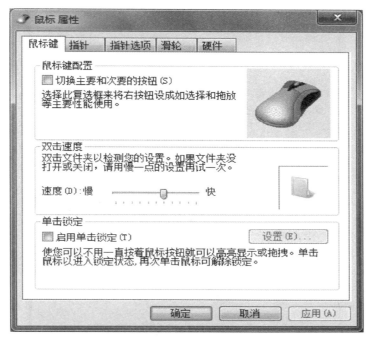

图4-32 "鼠标键"选项卡

2. 设置鼠标指针

（1）打开"指针"选项卡，如图4-33所示。
（2）在"方案"下拉列表框中选择一种方案。
（3）在"自定义"列表中选择要改变的指针。
（4）如果需要指针带阴影，就选中"启用指针阴影"复选框。
（5）全部设置完成后，单击"确定"按钮。

3. 设置鼠标的移动方式

（1）打开"指针选项"选项卡，如图4-34所示。
（2）在"移动"区调整滑标，设置鼠标指针的移动速度。
（3）在"可见性"区可以设置是否显示鼠标指针移动时的轨迹等操作。
（4）全部设置完成后，单击"确定"按钮。

图 4-33 "指针"选项卡

图 4-34 "指针选项"选项卡

4.4.3 个性化

在"控制面板"窗口中单击"外观和个性化"图标，或在桌面空白处单击右键，在弹出的快捷菜单中选择"个性化"命令，将打开"个性化"窗口，如图 4-35 所示。

图4-35 "个性化"窗口

1. 设置桌面背景

安装 Windows 7 操作系统时，已经设置了默认的桌面背景。用户也可以使用桌面背景选项，将自己喜欢的图片设置为桌面背景。具体的操作步骤如下：

（1）在"个性化"窗口中单击"桌面背景"选项，打开"桌面背景"窗口，如图4-36所示。

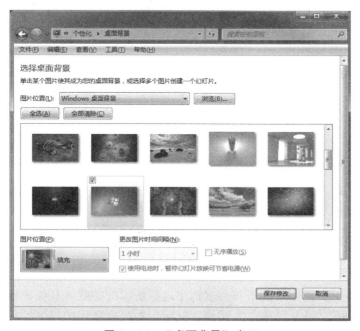

图4-36 "桌面背景"窗口

（2）在列表里选择要作为背景的图片。

（3）如果列表框中没有所需的图片，单击"浏览"按钮，通过弹出的对话框在文件夹中查找。

（4）选择图片的显示方式，有填充、平铺、拉伸三种。

（5）所有设置完成后，单击"保存修改"按钮即可。

2. 设置屏幕保护程序

该设置用于选择系统的屏幕保护程序。屏幕保护程序是指当用户在一段时间内没有进行任何操作后，系统自动启动屏幕保护画面。最初的屏幕保护只是为了保护显示器，节省用电量，由于屏幕保护画面可以设置得极具个性化，因此现在设置屏幕保护更多的是为了欣赏。用户也可以设置屏幕保护密码，保证用户不在时不知道密码的人无法解开屏幕保护，从而也就无法使用这台计算机。

设置屏幕保护程序的操作步骤如下：

（1）在"个性化"窗口中单击"屏幕保护程序"选项，打开"屏幕保护程序设置"对话框，如图 4 – 37 所示。

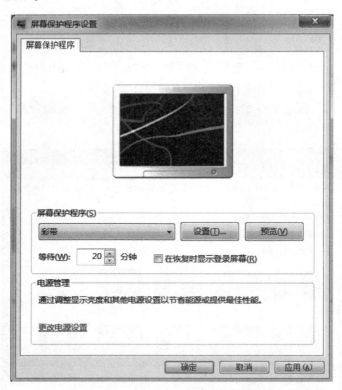

图 4 – 37　"屏幕保护程序设置"对话框

（2）在"屏幕保护程序"的下拉列表框里选择所需的一款屏幕保护程序。

（3）设置完成后，单击"预览"按钮，就可以对该屏幕保护程序的实际效果进行预览。

（4）若需设置等待时间，则在"等待"数值框里输入想要设置的时间即可。

（5）单击"确定"按钮，即可完成设置。

3. 设置窗口颜色和外观

在该设置中，可以控制 Windows 7 操作系统的字体、字号以及颜色等。若修改选项卡对话框里的字体和颜色，并将其保存，即成为用户自己指定的界面方案。

设置窗口颜色和外观的步骤如下：

（1）在"个性化"窗口中单击"窗口颜色"选项，选择"高级设置"命令，打开"窗口颜色和外观"对话框，如图 4 – 38 所示。

图 4 – 38　"窗口颜色和外观"对话框

（2）在"项目"下拉列表框中选择要修改元素的名称，如滚动条、按钮、工具等。

（3）在"大小"数值框里，可通过微调按钮选择适当的数字。

（4）在"颜色"框中，单击下拉箭头可打开调色板，选择合适的颜色。

（5）在"字体"下拉列表框里选择合适的字体。

（6）设置完成后，单击"确定"按钮。

4. 设置显示效果

在该设置中，可以设置显示器的颜色、分辨率等。设置显示效果的步骤如下：

（1）在"个性化"窗口中单击左侧的"显示"选项，切换到如图 4 – 39 所示的"显示"窗口。

（2）选择"校准颜色"选项，可设置显示的色彩。色彩种类包括 16 色、256 色、增强色（16 位）和真彩色（24 位）。色彩的丰富程度需要显示器驱动程序的支持，色彩的位数越高，表现力就越丰富，但所占的内存也越多。

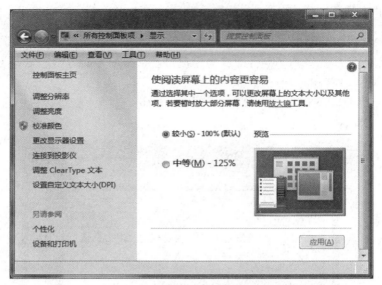

图 4 – 39 "显示"窗口

(3) 选择"调整分辨率"选项，可设置显示器的分辨率。高分辨率需要高性能显卡的支持。

(4) 在"更改显示器设置"选项中，可以进行更高级的设置，单击"高级"按钮，可以查看和更改所用的显卡和显示器，或者安装新的显卡驱动程序等。

(5) 设置完成后，单击"应用"按钮。

4.4.4　卸载/更改程序

Windows 7 操作系统提供了安装或删除应用程序的工具，使用这个工具的优点是保持系统对安装、删除的控制，不会因为错误操作而造成对系统的破坏。如果要安装或删除应用程序，可以在"控制面板"窗口中双击"添加或删除程序"图标，则弹出"添加/删除程序"对话框。

在 Windows 7 操作系统中，应用程序一般包括自己的安装程序（Setup 程序），因此只要执行该程序就可以把相应的应用程序安装到计算机上。程序安装后，系统还往往生成一个卸载本系统的卸载命令（Uninstall 命令），该命令在相应的程序组菜单中，执行该命令后，将把该应用程序从计算机中卸载，包括系统文件、有关库、临时文件、文件夹及注册信息等。另外，如果在系统中希望安装有关的 Windows 7 操作系统组件、删除没有卸载命令的用户程序等，则需要通过 Windows 7 操作系统提供的"卸载/更改程序"来完成。

在"控制面板"窗口中单击"程序和功能"图标，打开"卸载或更改程序"窗口，如图 4 – 40 所示。在"卸载或更改程序"窗口中，右边区域显示目前已安装的程序列表。单击想要更改或删除的程序，然后右击程序，选择"卸载"命令，即可根据提示删除该程序。

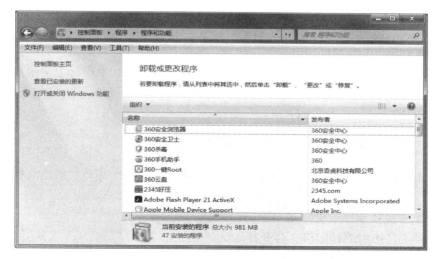

图4-40 "卸载或更改程序"窗口

4.4.5 设备和打印机

要想使用打印机，必须在系统中添加相应的打印机驱动程序。在"控制面板"中单击"设备和打印机"图标，打开"设备和打印机"窗口，如图4-41所示。

图4-41 "设备和打印机"窗口

1. 添加打印机

在窗口中的空白处单击右键，在弹出的快捷菜单中选择"添加打印机"命令，将执行"添加打印机向导"，安装向导将逐步提示用户选择本地还是网络打印机、进行打印机的检测等选项，最后复制Windows 7操作系统下的打印机驱动程序。

2. 设置默认打印机

如果系统中安装了多台打印机，则在执行具体的打印任务时可以选择打印机，或者将某台打印机设置为默认打印机。要设置默认打印机，则在某台打印机图标上单击右键，在弹出的快捷菜单中选择"设为默认打印机"命令即可。默认打印机的图标在左上角有一个 √ 标志。

3. 取消文档打印

在打印过程中，用户可以取消正在打印或打印队列中的打印作业。取消文档打印的具体步骤如下：

（1）打开"设备和打印机"窗口。

（2）双击正在使用的打印机，打开打印队列。

（3）右键单击要停止打印的文档，然后选择"取消"命令。

若要取消所有文档的打印，则右键单击欲取消打印的打印机图标，在弹出的快捷菜单中选择"取消所有文档"命令即可。

4.5　附　　件

Windows 7 操作系统提供了若干免费的小型工具软件，它们虽然功能简单，但十分实用。这些工具软件大多集中在"附件"中。

4.5.1　画图

"画图"是 Windows 7 操作系统"附件"中的一个图像处理应用程序，既可以建立、编辑、打印各种图形，也可以将设计好的图像插入其他应用程序的文档，还可以将其他应用程序中的图形复制、粘贴到"画图"窗口。"画图"程序支持的图片文件格式有 BMP 格式、JPG 格式和 GIF 格式等，但它的默认格式或最早支持的格式为 BMP 格式。

按第 2 章介绍的打开方式即可打开"画图"窗口，如图 4-42 所示。

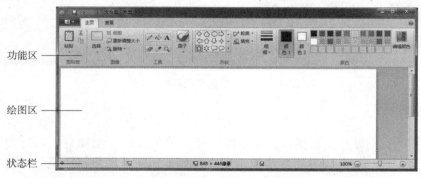

图 4-42　"画图"窗口

1. 窗口的组成

"画图"窗口除了具有与其他窗口相同的部分外，还有绘图专用的部分，包括功能区（"剪贴板"区、"图像"区、"工具"区、"形状"区、"颜色"区）、绘图区和状态栏。绘图区为画图的区域，相当于作画的画布。

1）"工具"区

"工具"功能区位于"主页"选项卡中，下面介绍工具箱中的各工具。

- ✏ ：铅笔，画线工具，可随意画出各种形状的线条。
- ⬜ ：橡皮擦，擦除线条或颜色。
- 🖌 ：刷子，画线工具，可随意画出各种形状的线条，刷子的形状可以调整。
- 🪣 ：用当前所选颜色填充一个封闭区域。
- 💧 ：颜色选取器，在绘制的画面上取一种颜色，作为当前使用颜色。
- 🔍 ：放大镜，将画面的某一部分放大来观察或修改图的像素点。
- ⬜ ：选择一个矩形的区域。
- **A** ：向图中添加文字。

2）"形状"区

"形状"区位于"工具"区的右侧，其中的每个形状即一种绘图工具。绘图方法：选择一种形状，在工作区中拖动鼠标，在拖动过程中即可画出相应的图形。当用户选择一种形状后，其不同的规格便显示在粗细区，在图4-42所示的"粗细"区显示了直线的4种粗细规格。

3）"颜色"区

"颜色"区位于"粗细"区的右侧，用它可以设置图片的颜色。"颜色"区预置了一些颜色，如果这些颜色不能满足用户的需要，还可以通过画图窗口的"编辑颜色"菜单进行自定义，自定义的颜色即被添加到颜色区。

4）绘图区

绘图区即画图的工作区域，绘图区域的画布尺寸可根据需要进行调整。调整时，既可以通过鼠标拖动画布的边缘进行调整，也可通过单击"图像"区中的"重新调整大小"选项，在弹出的"调整大小和扭曲"对话框中进行精确设置。

2. 图画的绘制

1）图形的绘制

（1）画直线。

使用"直线"工具画直线的操作非常简单，只需在绘图工具箱中单击"直线"工具，然后在绘图区中画直线的起点处按住左键中拖动至终点放开即可。若在拖动鼠标的同时按住

【Shift】键，则可画出水平直线、垂直直线或45°斜直线。

（2）画曲线。

在绘图工具箱中单击"曲线"工具，在绘图区中画线的起点处按住左键并拖动至终点放开，然后用单击选中线段的某一部分并拖动，得到所需的曲度后松开鼠标即可，或单击线段中部附件区域，形成曲线。

（3）画椭圆和圆。

单击"形状"区形状列表中的椭圆形形状 ，在画布指定位置拖动鼠标，随鼠标指针出现了椭圆，调整椭圆的大小、形状合适后就释放鼠标。若画圆形，则按住【Shift】键拖动即可。

注意：在绘制封闭图形时，不能直接选择线条的粗细规格，可先在粗细区选择线条粗细再绘图。在形状区中，可选择填充方式，填充方式有多种，如图4-43所示。

图4-43 形状填充方式

（4）画矩形和正方形。

单击"形状"区形状列表中的矩形形状 ，其余操作与画椭圆和圆类似。

（5）画多边形。

单击"形状"区形状列表中的多边形形状 ，在选择区中选择填充方式。在画布指定位置拖动鼠标，先画出一条直线，在多边形的每一个顶点处单击再画出下一条直线，直到返回初始顶点。

"形状"区的形状列表中还包括很多常见形状，使用方法大致相同，在此不一一说明。

除了用以上的各种标准图形外，还可利用铅笔或刷子随意绘制各种图形。无论使用何种绘图工具画图，当在画布上拖动鼠标时，若发现起点定位不准确，就不要释放左键，同时单击右键，即可撤销此次操作，重新定位。

2）图画的编辑

（1）用橡皮擦擦除部分画面。

用户可以利用橡皮擦擦除画面上的部分线条或颜色，擦除的部分会露出背景色。单击"工具"区的"橡皮擦"工具 ，在指定位置拖动或单击鼠标即可。

（2）编辑图画。

用户可以利用"选择"工具 选定某图画的一部分，单击右键，可通过弹出的快捷菜单中进行剪切、移动、复制和粘贴等各种编辑操作。

（3）填充颜色。

单击"用颜色填充"工具 ，选择一种前景颜色，将光标移到欲填色的区域（此区域一定要封闭，否则颜色将会"流出"），单击即可。用户还可以用"颜色选取器"工具 "拾取"画面中的某种颜色。单击 ，将鼠标指针移至画面的某一区域后单击，即"拾取"了一种颜色，再移至欲填色区域单击，则将"拾取"的颜色填充目标区域。

（4）添加文字。

单击"文本"工具 **A**，在画面欲添加文字的位置拖动鼠标，拖出一个文本框，同时出现一个"文本工具"的"文本"选项卡，如图4-44所示。利用这些工具可在文本框中编辑文字，文字的颜色也可在"颜色"区中选择。

图4-44 "文本"选项卡

在"背景"区中选择透明或不透明处理。上面的选项图标表示不透明，即文本框将遮盖画面；下面的选项图标表示透明，即文本框不遮盖画面。

文本编辑完成后，在文本框外单击鼠标，即完成文字的添加操作。

3. 图画的保存与打开

图画绘制完后，可以用文件的形式保存在磁盘上，单击"文件"选项卡中的"保存"命令或"另存为"命令即可。其中，"保存"是以窗口标题栏中显示的当前文件名储存图画文件，"另存为"可以重新命名来保存图画文件。

用户可以将图画全部选中或者利用区域选定来选中画面的一部分，然后将其复制、粘贴到其他文档。

用户还可以将图画用作桌面的墙纸，单击"文件"选项卡中的"设置为桌面背景"选项即可。

4. 抓图

为了设计出图文并茂的版面，需要各种各样的图形。图形的来源有很多，其中使用得较多的一种方法是直接在屏幕上抓取。

能进行抓图的软件有很多种，但直接按【Print Scr】键也能很好地抓图。单独按下【Print Scr】键可抓取整个屏幕，按下【Alt + Print Scr】组合键则可以抓取活动窗口。抓取的图像，可以粘贴入"画图"窗口，进行下一步编辑，然后保存成图形文件，也可以直接粘贴入 Word 文档，与文字进行图文混排。

以抓取桌面上的"回收站"图标为例，具体操作步骤如下：

（1）显示桌面，然后按下【Print Scr】键。

（2）打开"画图"窗口，单击"剪贴板"区中的"粘贴"按钮，则整个屏幕被粘贴到绘图区中，如图4-45所示。

（3）用选定工具拖动鼠标，选中"回收站"图标，再单击"图像"区的"裁剪"按钮，即可获得"回收站"图标，如图4-46所示。

图 4 – 45 整个桌面已粘贴入"画图"窗口中

4.5.2 记事本

记事本是 Windows 操作系统提供的用来创建和编辑小型文本文件的应用程序。用记事本编辑的文件只包含 ASCII 字符，而不包含特殊格式或控制指令，该文件可以被 Windows 操作系统的大部分应用程序调用和处理。因此，记事本可以用来编写文字材料、编辑高级语言的源程序、制作网页 HTML 文档等，记事本编辑的文件扩展名为 . txt。

图 4 – 46 裁剪下的"回收站"图标

在"附件"列表中单击"记事本"选项，可以打开"记事本"窗口，如图 4 – 6 所示。在"记事本"窗口输入时，无论一段文本有多长，都会在同一行显示。单击"格式"菜单栏下的"自动换行"命令，可以使文本以当前窗口的宽度自动换行。

记事本的其他功能和操作方法与文字处理软件 Word 相近，可参考第 5 章文字处理软件 Word 2010。

4.5.3 计算器

为帮助用户完成一些基本的计算工作，Windows 7 操作系统提供了一个小巧易用的计算器。

在"附件"列表中单击"计算器"命令,可以打开"计算器"工具,如图4-47所示。

"计算器"有两种常用界面。在图4-47所示的"计算器"界面中单击"查看"菜单,在下拉菜单中选中"科学型",可变为科学型计算器,如图4-48所示,用它可以进行复杂的科学计算。

图4-47 标准型计算器

图4-48 科学型计算器

4.5.4 DOS常用命令

1. MS-DOS概述

MS-DOS是Microsoft的磁盘操作系统,它是一种在个人计算机上使用的命令型界面操作系统。MS-DOS方式是在32位系统中(如Windows 98、Windows NT和Windows XP)仿真MS-DOS环境的一种外壳。MS-DOS将用户通过键盘输入的命令翻译为计算机能够执行的操作,监督诸如磁盘输入输出、视频支持、键盘控制和与程序执行及文件维护有关的一些内部功能等操作。

2. MS-DOS操作

打开命令提示符窗口的操作步骤是:"开始"→"所有程序"→"附件"→"命令提示符",即打开如图4-49所示的"命令提示符"窗口。在该窗口输入MS-DOS命令,即可执行相应的任务。若要结束MS-DOS会话,则在命令提示符窗口MS-DOS提示符后光标闪烁的位置输入"exit",或单击窗口右上角的关闭窗口按钮即可。

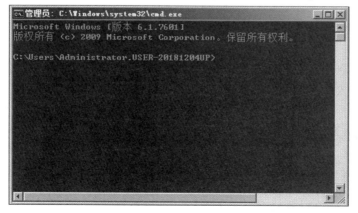

图4-49 "命令提示符"窗口

若要更改命令提示符显示选项的设置，可在命令提示符窗口标题栏单击右键，在弹出的快捷菜单中选择"属性"，打开"命令提示符"属性对话框，在"选项"选项卡的"显示选项"下，单击"窗口"或"全屏"即可切换显示方式。

3. 显示 MS – DOS 命令的帮助

操作方法：在命令提示符下，输入想获得帮助的命令名，后接"/？"。例如，输入"dir /？"，可得到关于"dir"命令的帮助。

若要显示详细帮助，则在输入的命令后再加上"│more"。例如，输入"dir/？│more"，可得到关于"dir"命令的显示详细帮助。

4.6　中文输入方式

Windows 7 操作系统支持多种中文输入方式。用户在输入中文文本之前，应选择一种中文输入方式。本节以"搜狗输入法"为例介绍中文输入方式。

4.6.1　选择"搜狗输入法"

方法1：单击屏幕右下角的图标 S ，选择"搜狗输入法"。

方法2：多次按【Ctrl + Shift】组合键，各种汉字输入法会轮换出现，直到"搜狗输入法"出现。

此时，图标 S 变成图标 S ，同时屏幕右下角将出现"搜狗输入法"状态栏，如图 4 – 50 所示。

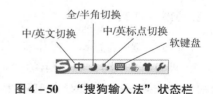

图 4 – 50　"搜狗输入法"状态栏

4.6.2　中/英文输入方式切换

方法1：单击输入方式图标，在输入方式菜单中选择某输入法。

方法2：在已经选中一种中文输入方式的前提下，组合键【Ctrl + 空格】便是此种中文输入方式与英文输入方式间的转换开关。

4.6.3　输入法状态栏

在汉字输入过程中，必须弄懂每个按钮的含义，如图 4 – 50 所示。

1. 中/英文切换按钮

中/英文切换按钮是中文输入方式与英文输入方式间的转换开关。单击该按钮，即可实现切换。当按钮上显示"英"字样时，表示键盘处于英文输入方式状态。当按钮上显示"S"图标时，表示键盘处于中文输入方式状态。

2. 中文输入方式切换按钮

单击此按钮，实现中文方式转换。Windows 7 操作系统某些中文输入方式中还包含着自身携带的其他方式。例如，"智能 ABC 输入法"中有两种输入方式，若选中"智能 ABC 输入法"后，则在按钮上显示"标准"字样。若单击此按钮，则在此按钮上显示"双打"字样，一般采用"标准"方式。

3. 全/半角切换按钮

单击此按钮，实现全/半角切换。显示 ● 图标表示全角状态，在全角状态下输入一个字母或符号，其大小与一个汉字相同。显示 ◗ 图标表示半角状态，在半角状态下输入一个字母或符号，其大小是半个汉字。

注意：
仅有英文字符和数字有全角/半角之分。

4. 中/英文标点切换按钮

单击此按钮，可实现中/英文标点的切换。当按钮上显示空心符号时，键盘上的标点符号是中文标点符号。当按钮上显示实心符号时，键盘上的标点符号是英文标点符号。

5. 软键盘按钮

要输入一些特殊的字符，可以使用软键盘。右击输入法状态栏上的软键盘按钮，弹出如图 4-51 所示的"软键盘"菜单。在菜单中显示了 13 种布局不同的软键盘，其中的"PC 键盘"是系统默认的软键盘，它与硬键盘一模一样。当需要不同符号或数字序号时，打开相应的软键盘即可输入。在软键盘状态下，单击软键盘按钮即可关闭软键盘。

1	PC 键盘	asdfghjkl;
2	希腊字母	αβγδε
3	俄文字母	абвгд
4	注音符号	ㄆㄊㄍㄐㄟ
5	拼音字母	āáěèó
6	日文平假名	あいうえお
7	日文片假名	アイウヴェ
8	标点符号	『‖々·』
9	数字序号	ⅠⅡⅢ㈠①
0	数学符号	±×÷∑√
A	制表符	┐├┬┤
B	中文数字	壹贰千万兆
C	特殊符号	▲☆◆□→

关闭软键盘 (L)

图 4-51 "软键盘"菜单

● 习 题

一、单项选择题

1. 在下列有关回收站的说法中，正确的是（　　　）。

A. 无法恢复进入回收站的单个文件

B. 放入回收站中的文件，仍可以再恢复

C. 如果删除的是文件夹，则只能恢复文件夹，而不能恢复文件夹中的内容

D. 无法恢复进入回收站的多个文件

2. 在 Windows 7 操作系统中，下列操作可运行一个应用程序的是（　　　）。

A. 按【Alt + F4】键   B. 右键单击该应用程序名

C. 双击该应用程序名   D. 右键双击该应用程序名

3. 在 Windows 7 操作系统中，要删除一个应用程序，正确的操作应该是（　　　）。

A. 打开"资源管理器"窗口，对该程序进行"删除"操作

B. 打开"命令提示符"窗口，使用【Del】或【Esc】键

C. 打开"控制面板"窗口，使用"添加/删除程序"命令

D. 打开"开始"菜单，选中"运行"项，在对话框中使用"Del"或"Esc"命令

4. 下列操作能在各种中文输入法间进行切换的是（　　　）。

A. 【Ctrl + Shift】组合键   B. 【Ctrl + 空格】组合键

C. 【Alt + Shift】组合键   D. 【Shift + 空格】组合键

5. 在 Windows 7 操作系统的"资源管理器"中，要想显示文件的"大小"与"修改时间"，应选择的查看方式是（　　　）。

A. 大图标   B. 小图标   C. 列表   D. 详细资料

6. 在 Windows 7 操作系统中，下列说法正确的是（　　　）。

A. 只能打开一个应用程序窗口

B. 可以同时打开多个应用程序窗口，但其中只有一个是活动窗口

C. 可以同时打开多个应用程序窗口，被打开的窗口都是活动窗口

D. 可以同时打开多个应用程序窗口，但是在屏幕上只能见到一个应用程序窗口

7. 在 Windows 7 操作系统中，当按住【Ctrl】键，再用左键将选定的文件从源文件夹拖放到目标文件夹时，下面的叙述中正确的是（　　　）。

A. 无论源文件夹和目标文件夹是否在同一磁盘内，均实现复制

B. 若源文件夹和目标文件夹在同一磁盘内，将实现移动

C. 无论源文件夹和目标文件夹是否在同一磁盘内，均实现移动

D. 若源文件夹和目标文件夹不在同一磁盘内，将实现移动

8. 在 Windows 7 操作系统的桌面上，可以移动某个已选定的图标的操作为（　　　）。

A. 用左键将该图标拖放到适当位置

B. 右键单击该图标，在弹出的快捷菜单中选择"创建快捷方式"命令

C. 右键单击桌面空白处，在弹出的快捷菜单中选择"粘贴"命令

D. 右键单击该图标，在弹出的快捷菜单中选择"复制"命令

9. 默认情况下，在 Windows 7 操作系统的"资源管理器"窗口中，当选定文件夹后，下列操作中不能删除文件夹的是（　　　）。

A. 在"文件"菜单中选择"删除"命令

B. 右键单击该文件夹，在弹出的快捷菜单中选择"删除"命令

C. 在键盘上按【Delete】键

D. 双击该文件夹

10. 在资源管理器中不能对所选定的文件或文件夹进行改名的操作是（　　　）。

A. 右键单击该文件或文件夹，从弹出的快捷菜单中选择"重命名"命令

B. 从窗口上方的菜单中选择"编辑"中的"重命名"命令

C. 从窗口上方的菜单中选择"文件"中的"重命名"命令

D. 再次单击所选定的文件或文件夹图标处，重新输入新名称

11. 能切换同时打开的几个程序窗口的操作方法是（　　　）。

A. 单击任务栏上的程序图标 　　　　　B. 按【Ctrl + Tab】组合键

C. 按【Ctrl + Esc】组合键 　　　　　D. 按【Shift + Tab】组合键

12. 在"资源管理器"窗口中，如果要一次选择多个不相邻的文件或文件夹，应进行的操作是（　　　）。

A. 用左键依次单击各个文件

B. 按住【Ctrl】键，并用左键依次单击各个文件

C. 按住【Shift】键，并用左键依次单击第一个和最后一个文件

D. 用左键单击第一个文件，然后用右键单击最后一个文件

13. 扩展名为 .sys 的文件称为（　　　）。

A. 文本文件 　　　　B. 批处理文件 　　　　C. 系统文件 　　　　D. 备份文件

二、操作题

1. 建立一个文件夹 MYDISK，并将"图片"文件夹中的所有文件复制到该文件夹中。

2. 将系统日期设置成你的生日。

3. 使用"附件"的"画图"工具制作一幅简图。

4. 使用"附件"的"计算器"工具计算任意 10 个数的和，并求其平均值。

扫描二维码观看习题操作

第 5 章

文字处理软件 Word 2010

Word 2010 是微软公司开发的 Office 2010 办公组件之一，并成为 Microsoft Office 系列办公软件的一部分。Word 的主要版本有：1989 年推出的 Word 1.0、1992 年推出的 Word 2.0、1994 年推出的 Word 6.0、1995 年推出的 Word 95、1997 年推出的 Word 97、2000 年推出的 Word 2000、2002 年推出的 Word XP、2003 年推出的 Word 2003、2007 年推出的 Word 2007、2010 年推出的 Word 2010。Word 2010 较以前版本的性能更优越，可以满足用户高效处理文档的需求。

5.1 文字处理软件 Word 2010 简介

5.1.1 Word 2010 概述

Word 2010 是文档格式设置工具，方便用户制作书籍、信函、传真、公文、报刊、表格、图表、图形、简历等，其增强后的功能可创建专业水准的文档，且增加了在线实时写作功能，能满足用户协同工作的需求，并可在任何地点访问用户文件。

5.1.2 Word 2010 改进功能

1. 查找与导航功能提升

在 Word 2010 中，用户可以更加迅速、轻松地查找所需的信息。当用户在 Word 2010 中进行搜索查找时，会出现单独窗格来显示搜索结果的相关信息（包括标题、页面、结果信息），该窗格可以为用户提供较以往版本更直观的大纲视图，从而满足用户对所需内容快速浏览、排序和查找的需求。

2. 协同工作与文件共享

利用 Word 2010 提供的共同创作功能，用户不仅可以在编辑文档的同时与他人分享个人观点，还可以查看与用户同时编辑文档的他人的状态，在不退出文档的状态下轻松发起会话。将编辑后的文档在线发布，便可实现其他计算机或智能手机对文档进行访问、查看和编辑的功能。

3. 提升文本视觉效果

利用 Word 2010，用户可以轻松地根据个人需求为文本增加阴影、凹凸效果、发光、映像等格式效果。Word 2010 还为用户提供了 SmartArt，其中包括组织结构图、循环图、射线图、棱锥图、维恩图和目标图，便于用户将文本转为具有冲击力的视觉画面，更好地阐述个人观点。

4. 轻松插入屏幕截图

以往用户要向文档中加入屏幕截图，需要借助其他截图软件来完成。Word 2010 内置了屏幕截图功能，用户无须依赖截图软件便可在文档中加入屏幕截图。

5. 解决不同语言沟通障碍

Word 2010 为帮助用户实现跨不同语言工作、交流，提供了在线翻译功能，可以比以往更轻松地翻译某个单词、词组或文档。

5.2　Word 2010 工作环境

文字处理软件 Word 2010 的功能强大，用户要想利用其处理文档，完成工作、学习需要，要先熟悉正确地启动和退出 Word 2010，掌握 Word 2010 的工作环境。

5.2.1　Word 2010 的启动和退出

1. 启动 Word 2010

Word 2010 的启动方式主要有以下几种：

1）通过 Windows "开始"菜单启动

首先，单击"开始"菜单中的"所有程序"选项，显示"所有程序"列表；然后，单击"MicrosoftOffice"选项，在列表中单击"Microsoft Office Word 2010"命令即可。

2）通过 Word 2010 桌面快捷方式启动

（1）创建 Word 2010 桌面快捷方式。

方法1：单击"开始"菜单中的"所有程序"选项，显示"所有程序"列表，然后单击"Microsoft Office"选项，在列表中找到"Microsoft Office Word 2010"单击后选中，按住不放拖到桌面就可以建立快捷方式。

方法2：找到 Word 2010 后，右击 Word 2010 图标，在弹出的快捷菜单中选择"发送到"→"桌面快捷方式"。

（2）双击已建立的 Word 2010 的快捷方式即可启动 Word 2010。若桌面已存在 Word 2010 的快捷方式，可以省略（1），直接执行（2）。

3）通过桌面新建方式启动 Word 2010

（1）在桌面空白处单击右键，在弹出的快捷菜单中选择"新建"→"Microsoft Word 文档"，此时桌面出现"新建 Microsoft Word 文档"图标。

（2）双击"新建 Microsoft Word 文档"图标即可。

4）通过已有文档启动 Word 2010

若已有 Word 2010 文档，则直接双击该文档便可启动 Word 2010，同时打开该文档。

2. 退出 Word 2010

Word 2010 的退出方式主要有以下几种：

（1）单击 Word 标题栏最右侧按钮 ![按钮]。

（2）单击"文件"按钮，在切换的窗口中选择"退出"命令。

（3）单击 Word 标题栏最左侧的 Word 图标，执行"关闭"命令。

（4）双击 Word 标题栏最左侧的 Word 图标。

（5）使用【Alt + F4】组合键。

若在退出 Word 2010 的过程中出现对话框（图5-1），提示某些文档从未保存或在原有基础上经过编辑后未保存，Word 将会出现咨询用户是否保存文档内容，此时用户应根据需要来单击"保存"或"不保存"按钮，然后退出 Word 2010 程序。若单击"取消"按钮，将取消退出程序操作，继续停留在该 Word 2010 文档。

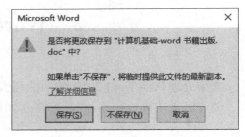

图5-1　保存提示对话框

5.2.2　Word 2010 的窗口界面

成功启动 Word 2010 后，便可打开 Word 2010 用户窗口界面，如图5-2所示。

Word 2010 窗口界面具备 Windows 7 操作系统窗口的标题栏和最小化、最大化、关闭按钮，还包括了快速访问工具栏、菜单栏、功能区、标尺、状态栏等内容，用户可以根据个人需要进行调整。

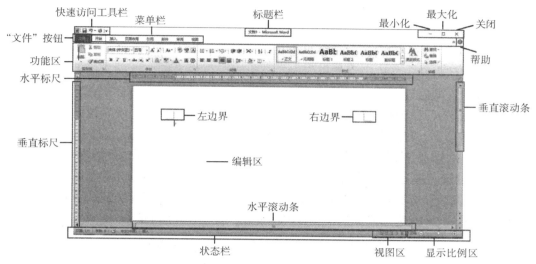

图 5 – 2　Word 2010 窗口界面

（1）标题栏：主要用于显示正在编辑的文档文件名和当前使用的软件名称。

（2）快速访问工具栏：主要包括一些常用命令，如 Word、保存、撤销和恢复按钮。单击快速访问工具栏最右端的下拉按钮，可以添加其他常用命令。

（3）"文件"按钮：位于 Word 2010 窗口左上角。单击"文件"按钮，在切换的窗口中包含"信息""最近所用文件""新建""打印""打开""关闭""保存"等常用命令。

（4）菜单栏和功能区：菜单栏主要包含"开始""插入""页面布局""引用""邮件""审阅""视图"等选项卡，每个选项卡内包含多个组，每个组中陈列多个细化命令，这些组和细化命令将在功能区显示。例如，"页面布局"选项卡包含"主题""页面设置""稿纸""页面背景""段落""排列"6 个组，其中"页面设置"组包含"文字方向""页边距""纸张方向"等命令按钮，如图 5 – 3 所示。

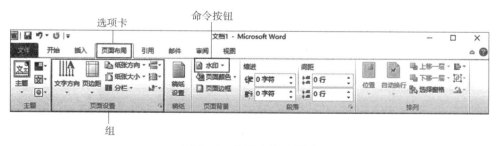

图 5 – 3　选项卡和功能区

（5）"帮助"按钮：单击"帮助"按钮，将直接打开 Word 2010 帮助文件。

（6）水平标尺、垂直标尺：带有尺度，主要用于显示页面大小，即窗口中字符的位置，同时可以用标尺进行段落缩进和边界调整。标尺是可选项，在 Word 2010 中，默认是不显示标尺。显示标尺的方法：在"视图"选项卡的"显示"组中选中"标尺"复选框。选中后，水平标尺和垂直标尺将同时显示。

（7）水平滚动条、垂直滚动条：使用水平滚动条，可沿左右方向调整文档显示位置；使用垂直滚动条，可沿上下方向调整文档显示位置。

（8）编辑区：文档编辑区位于窗口中央的空白处，占据窗口大部分区域，该区域显示正在编辑的文档内容，当进行文档编辑时，会出现闪烁的光标，指示文档中当前字符、图片、表格等插入的位置。

（9）状态栏：用于显示正在编辑的文档基本信息。主要包括：该文档的页码位置、总页数、字数信息等，右侧为视图区和显示比例区。

（10）显示比例区：用于显示当前文档的显示比例和调节页面显示比例的滑动条。用户也可以按住【Ctrl】键，向上滚动鼠标滚轮来增大显示比例，或向下滚动鼠标滚轮来缩小显示比例。

（11）视图区：有 5 种视图按钮，用于切换对应的页面视图显示方式，方便用户对文档进行查看。Word 2010 为用户提供了 5 种视图模式，如图 5 - 4 所示。

图 5 - 4 视图模式

①页面视图：可以显示 Word 2010 文档的打印结果外观，主要包括页眉、页脚、图形对象、分栏设置、页面边距等元素，是最接近打印结果的页面视图，如图 5 - 5 所示。

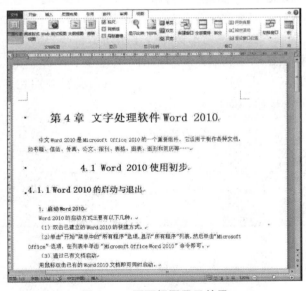

图 5 - 5 页面视图显示效果

②阅读版式视图：以图书的分栏样式显示 Word 2010 文档，将菜单栏、功能区等窗口元素隐藏，如图 5 - 6 所示。

③Web 版式视图：以网页的形式显示 Word 2010 文档，如图 5 - 7 所示。Web 版式视图适用于发送电子邮件和创建网页。

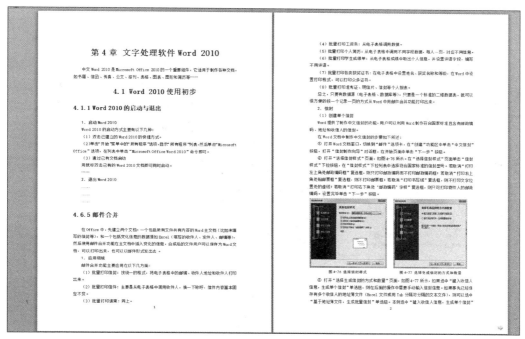

图 5-6　阅读版式视图显示效果

图 5-7　Web 版式视图显示效果

④大纲视图：主要用于 Word 2010 文档的设置和显示标题的层级结构，并可以方便地折叠和展开各种层级的文档，如图 5-8 所示。大纲视图广泛应用于 Word 2010 长文档的快速浏览和设置中。

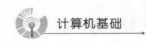

⑤草稿视图：取消了页面边距、分栏、页眉页脚和图片等元素，仅显示标题和正文，如图 5-9 所示。草稿视图是最节省计算机系统硬件资源的视图方式.

图 5-8　大纲视图显示效果

图 5-9　草稿视图显示效果

5.3　使用 Word 2010 进行基本文档操作

使用 Word 2010，用户可以对文档进行创建、打开与关闭、编辑、保存与保护等基本操作。

5.3.1　创建文档

使用 Word 2010，用户可以创建新文档，Word 2010 为用户提供了创建空白文档和使用模板新建文档两种方式。

1. 创建空白文档

（1）打开 Word 2010，按【Ctrl + N】组合键，此时会出现一个空白文档。

（2）打开 Word 2010，单击"文件"→"新建"，可打开新建文档窗口，选择"空白文档"，如图 5-10 所示。

2. 使用模板新建文档

打开 Word 2010，单击"文件"→"新建"，可打开新建文档窗口，既可在"Office.com 模板"窗格里进行选择，也可通过右上角的搜索框进行搜索。如图 5-11 所示，选择"商业新闻稿"模板。

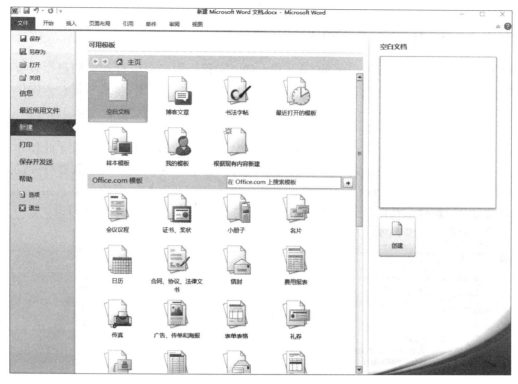

图 5 – 10　新建空白文档窗口

图 5 – 11　使用模板新建文档窗口

5.3.2 打开与关闭文档

对于已经保存在外部存储器上的 .doc 或 .docx 文档，用户可以打开文档进行查看或编辑。此时，需要将文件调入内存并在 Word 2010 窗口中显示，使用完毕后可进行关闭操作。

1. 打开文档

（1）单击"文件"→"打开"，弹出"打开"对话框，如图 5 - 12 所示（此操作也可以通过【Ctrl + O】组合键完成，可提高办公效率）。通过该对话框来选定需要打开的文档后，单击"打开"按钮即可打开该文档。注意：单击"打开"按钮旁边的下三角按钮，在弹出的列表中可选择文档的打开方式，如"以只读方式打开""以副本方式打开""打开并修复"等，如图 5 - 13 所示。

图 5 - 12　"打开"对话框

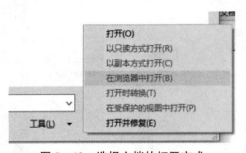

图 5 - 13　选择文档的打开方式

（2）单击"文件"→"最近所用文件"，此时会列出最近打开过的文件及其所在的位置，如图 5 - 14 所示。若在"最近使用的文档"列表中找到需要的文档，则单击文件名即可打开该文档。也可以在"最近的位置"列表中寻找,单击某个预打开的"文件夹",弹出"打开"对话框,选择需要打开的文件即可。

图 5 − 14　"最近所用文件"窗口

2. 关闭文档

当文档完成编辑或临时需要关闭文档时,单击"文件"→"关闭"即可完成(此操作也可以通过【Ctrl + W】组合键完成)。注意:此操作只是实现了关闭文档,而非关闭 Word 2010 程序。执行该操作后,Word 2010 程序仍在运行,如图 5 – 15 所示。该操作的好处在于可以加快下次打开文档的速度。

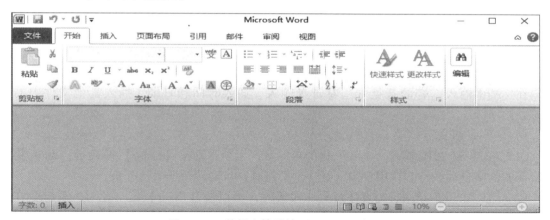

图 5 − 15　关闭文档后的 Word 2010 窗口

5.3.3　输入文档

创建空白文档或模板文档后,用户就可以使用 Word 2010 来编辑文档了。文档的编辑从输入字符开始。

1. 找准待输入内容的插入点

在 Word 2010 窗口的编辑区有一个闪烁的插入点(即光标),该位置就是待输入内容在文档中的位置。用户可以根据需要通过鼠标或键盘来移动光标,进而调整待输入内容在文档中的位置。通过鼠标来调整的方法：将鼠标指针移到所需的插入点位置后，单击鼠标即可；或者单击滚动条内的上、下箭头，或拖动滚动条，实现在文档中快速移动插入点。键盘移动文档插入点的常见操作如表 5 – 1 所示。

表 5 – 1　键盘移动文档插入点的常见操作

键盘快捷方式	实现功能
←/→	向左/右移动一个字符
Ctrl + ←/→	向左/右移动一个词组
↑/↓	向上/下移动一行
Ctrl + ↑/↓	移动至当前/下一段落段首
Home/End	移动至插入点所在行的行首/行尾
Ctrl + Home/End	移动至文档首部/尾部
Page Up/Page Down	向上/向下翻页
Shift + Page Up/Page Down	上移一屏/下移一屏

2. 选择输入法

用户可以根据个人喜好自行选择某输入法，使用【Ctrl + Shift】组合键可实现不同输入法之间的逐个切换。

3. 输入内容

在文档中输入内容的常见方法有键盘输入、插入时间和日期、插入其他文件中的内容等。

1）输入普通文字

（1）在 Word 2010 输入文本到一行的末尾时，无须手动按【Enter】键换行，Word 将根据页面的大小自动换行。在用户输入下一个字符时，自动转至下一行开头。

（2）当一个段落结束，需要生成另一段落时，可以按【Enter】键。此时，系统会在行尾自动插入一个↵符号，称为"段落标记"符或"硬回车"符。同时，插入点将移至下一段落的首行。

（3）若想要在同一段落内换行，则可以按【Shift + Enter】组合键实现，此时系统会在行尾插入↓符号，称为"软回车"符。

在 Word 2010 中编辑文档时，默认显示段落标记符号，如图 5 – 16 所示。若想隐藏段落标记符号，可以通过以下方法实现：单击"开始"选项卡中"段落"组功能区右下角的小箭头，在弹出的"段落"对话框中选择"中文版式"选项卡，单击中部位置的"选项"按钮，在弹出的"Word 选项"对话框中单击左侧的"显示"选项，在右侧窗格中取消选中"段落标记"复选框，单击"确定"按钮退出"Word 选项"对话框，再次按"确定"按钮退出"段落"对话框，即可隐藏段落标记符号，效果如图 5 – 17 所示。

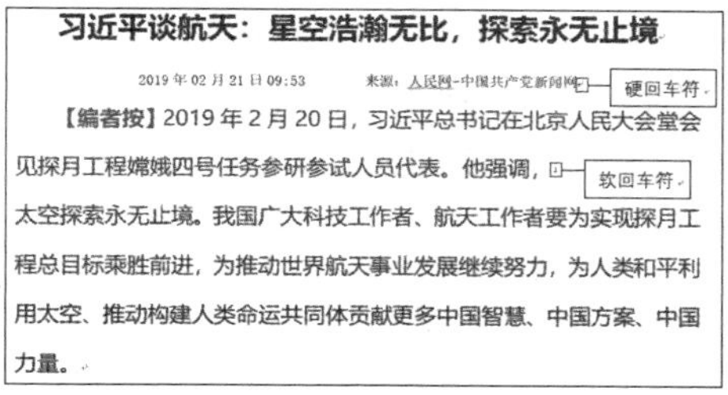

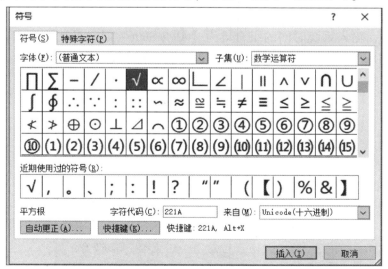

习近平谈航天：星空浩瀚无比，探索永无止境

2019年02月21日09:53　来源：人民网-中国共产党新闻网

【编者按】2019年2月20日，习近平总书记在北京人民大会堂会见探月工程嫦娥四号任务参研参试人员代表。他强调，

太空探索永无止境。我国广大科技工作者、航天工作者要为实现探月工程总目标乘胜前进，为推动世界航天事业发展继续努力，为人类和平利用太空、推动构建人类命运共同体贡献更多中国智慧、中国方案、中国力量。

图5－16　显示段落标记符号的文档

习近平谈航天：星空浩瀚无比，探索永无止境

2019年02月21日09:53　来源：人民网-中国共产党新闻网

【编者按】2019年2月20日，习近平总书记在北京人民大会堂会见探月工程嫦娥四号任务参研参试人员代表。他强调，

太空探索永无止境。我国广大科技工作者、航天工作者要为实现探月工程总目标乘胜前进，为推动世界航天事业发展继续努力，为人类和平利用太空、推动构建人类命运共同体贡献更多中国智慧、中国方案、中国力量。

图5－17　隐藏段落标记符号的文档

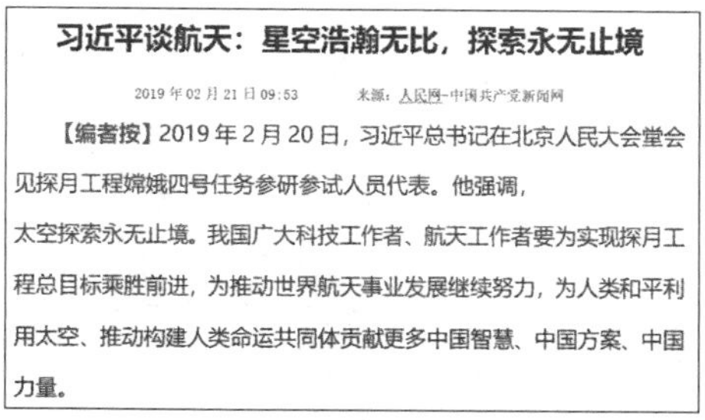

（4）若需要将两个段落合成一个段落，则可以通过删除分段处的段落标记来实现。操作方法：将插入点移动至分段处的段落标记前，然后按【Delete】键；或将插入点移动至分段处的段落标记后，然后按【←＋Backspace】组合键。段落标记删除后，即完成段落的合并。

2）输入符号

在文档编辑过程中，除了各种语言文字的输入外，有时可能需要输入符号，如标点符号、特殊符号。

（1）标点符号的输入。

常见标点符号可通过键盘直接输入，键盘上会明确地标记出常用标点符号的位置。需要特别注意的是，有些符号在中文状态下和英文状态下呈现不同的样式。例如，常见的书名号“《》”是中文状态下的符号，若在英文状态下则呈现 < >；我们常见的顿号“、”是在中文状态下按【\】键实现的，省略号“……”是在中文状态下按【Shift＋6】组合键实现的；破折号“——”是在中文状态下按【Shift＋ －】组合键实现的。

（2）特殊符号的输入。

在“插入”选项卡的“符号”选项组中，单击“符号”下拉列表，执行“其他符号”命令，会弹出“符号”对话框，如图5－18所示。选择“符号”选项卡，单击“子集”右侧下三角按钮，在下拉列表中找到所需的符号，单击“插入”按钮即可。

图5－18　“符号”对话框

（3）公式的输入。

在"插入"选项卡的"符号"选项组中，单击"公式"下拉按钮，在弹出的下拉列表中选择所需的公式，如图 5 - 19 所示。也可以在"插入"选项卡下"符号"选项组中的"公式"下拉列表中，单击"插入新公式"按钮，手动输入所需的公式。

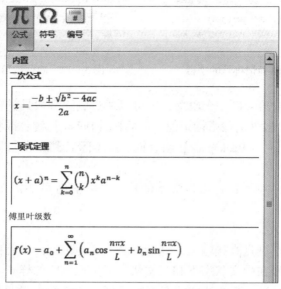

图 5 - 19 "公式"下拉列表

3）插入日期和时间

有时在文档编辑过程中或编辑完成后，需要在文档中输入系统当前的日期和时间，除了手动输入外，还可以在"插入"选项卡下"文本"选项组中单击"时间和日期"按钮，在弹出的"日期和时间"对话框中设置，如图 5 - 20 所示。在弹出的对话框中，我们可以根据需要选择合适的日期和时间显示格式，若插入的日期和时间需要随时间的变化而变化，则选中"自动更新"复选框。以上操作也可通过快捷方式完成，输入系统日期的组合键为【Alt + Shift + D】，输入系统时间的组合键为【Alt + Shift + T】。虽然快捷方式输入很方便，但是快捷方式输入的日期和时间格式比较简单，有时可能无法满足用户要求。

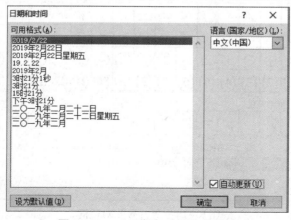

图 5 - 20 "日期和时间"对话框

4）插入其他文件中的文字

若需要将另一文件中的文字插入当前文件，则可以在"插入"选项卡的"文本"选项组中单击"对象"按钮，在弹出的下拉列表中单击"文件中的文字"命令，此时将出现"插入文件"对话框，如图5-21所示，选择要插入的文件，单击"插入"按钮即可。

图 5-21 "插入文件"对话框

5.3.4 编辑文档

1. 选定文本

在使用 Word 进行文档编辑的过程中，有时为了提高文档处理速度，需要先选定待处理的文本内容，用户可以利用鼠标或键盘来完成该操作。在 Word 中，为区分已选定文本部分和未选定文本部分，会将选中部分加灰底，与未选中的白底形成对比，便于用户对其进行后续操作处理。

（1）光标选定文本。光标选定文本是常见的选定文本操作方法，具体操作如表5-2所示。

表 5-2 光标选定文本的操作方法

选定内容区域	操作方法
连续任意数量的内容	方法1：按住左键不放往下拉，可以选择任意数量内容； 方法2：在文本块开始位置单击，按住【Shift】键不放，在文本块结尾单击
不连续的文本	先选中一个文本，按住【Ctrl】键不放，再选中另一个文本
一个单词	将插入点移动至该单词，双击左键
一行文本	将鼠标指针移至该行左侧选定区域，待指针变成指向右侧箭头时，单击即可
多行文本	将鼠标指针移至该行左侧选定区域，待指针变成指向右侧箭头时，向上或向下拖动鼠标

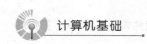

选定内容区域	操作方法
一个句子	按住【Ctrl】键，单击某句中间任意位置（以"。""！"等符号为边界）
一个段落	将鼠标指针移到该段落的左侧，直到指针变为指向右侧箭头时双击；或在该段落中的任意位置三连击左键
多个段落	将鼠标指针移到该段落的左侧，直到指针变为指向右侧箭头时双击，并向上或向下拖动鼠标
纵向文本块	按住【Alt】键不放，按住左键向下拖动鼠标
整篇文本	将鼠标指针移到该文本任意位置的左侧，直到指针变为指向右侧箭头时，三连击左键

（2）键盘选定文本。利用键盘选定文本时，需要借助【Shift】键，其常见操作如表 5 – 3 所示。

表 5 – 3　键盘选定文本的常见操作

键盘快捷方式	实现功能
Shift + ←/→	向左/右选定一个字符（若按住【Shift + ←/→】组合键不放，则以字符为单位依次向左/右连续选定多个字符）
Shift + Ctrl + ←/→	选定内容向前/后扩展至汉语词组或英语单词（含单字符但不含空格）的开头/结尾
Shift + ↑/↓	向上/下选定一行（若按住【Shift + ↑/↓】组合键不放，则以行为单位依次向上/F连续选定多行）
Shift + Ctrl + ↑/↓	选定内容扩展至插入点所在的段首/段尾
Shift + Home/End	选定内容扩展至插入点所在的行首/行尾
Shift + Page Up/Page Down	向上/下移一屏
Ctrl + A	整个文段

2. 复制与剪切文本

复制文本是将选定的文本内容复制，以便在新的位置重新使用。常见的文本复制方式有以下几种：

（1）选定要复制使用的文本内容，在"开始"选项卡的"剪贴板"选项组中，单击"复制"按钮。

（2）选定要复制使用的文本内容，单击右键，在弹出的对话框中选择"复制"命令。

（3）按住【Ctrl】键，按住鼠标左键用鼠标拖动选中的文本到目标处。

（4）选定要复制使用的文本内容，按【Ctrl + C】组合键。

注意：剪切文本的操作与复制文本相似。剪切文本是将选定文本放置到剪贴板中，用户需要时可将其移动至文本所需的位置。

剪切文本的方式有以下几种：

（1）选定要复制使用的文本内容，在"开始"选项卡的"剪贴板"选项组中，单击"剪切"按钮。

（2）选定要复制使用的文本内容，单击右键，在弹出的对话框中选择"剪切"命令。

（3）按住左键，用鼠标拖动选中的文本到目标处（未按住【Ctrl】键，实现的是移动文本操作）。

（4）选定要复制使用的文本内容，按【Ctrl + X】组合键。

3. 粘贴文本

在 Word 2010 中，剪贴或复制文本之后，若需要执行粘贴操作，用户可以将文本全部粘贴或选择性粘贴。

1）全部粘贴

全部粘贴有以下几种方式：

（1）对文本执行了复制或剪切操作之后，在文本所需的放置位置，单击右键，在弹出的快捷菜单中单击"粘贴选项"组合的"保留源格式"按钮。

（2）选定需要移动或复制的文本后，按住左键对内容进行拖动。

（3）对文本执行复制或剪切操作之后，将鼠标指针移动至文本所需放置的位置后，按【Ctrl + V】组合键。

（4）对文本执行复制或剪切操作之后，在"开始"选项卡的"剪贴板"选项组中，单击"粘贴"按钮。

（5）对文本执行复制或剪切操作之后，单击"开始"选项卡的"剪贴板"选项组右下角的按钮 $\boxed{}$ ，打开"剪贴板"对话框，如图 5 – 22 所示。单击需要粘贴的内容，即可将其粘贴到文本光标所在的位置。

图 5 – 22 "剪贴板"对话框

2）选择性粘贴

对文本进行复制或剪切后，用户也可以选择对复制或剪切的内容进行选择性粘贴。例如，对带有格式设置的文本，只要文本内容，而不要文本格式。

（1）对文本执行了复制或剪切操作之后，将鼠标指针移动至文本所需的位置，按【Ctrl + Alt + V】组合键，弹出"选择性粘贴"对话框，如图 5 – 23 所示。

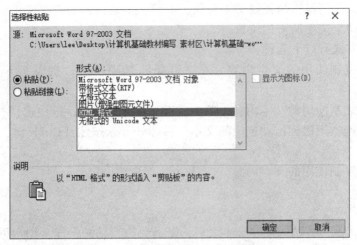

图 5 – 23   "选择性粘贴" 对话框

（2）选定需要移动或复制的文本后，在"开始"选项卡中的"剪贴板"选项组中，单击"粘贴"按钮下的下三角按钮，在弹出的下拉列表中选择"选择性粘贴"命令，此时会弹出如图 5 – 23 所示的"选择性粘贴"对话框。

4. 删除文本

当输入过程中出现错误输入需要删除错误内容时，可采用的方法有以下几种：
（1）将光标移动至需要删除的内容之前，按【Delete】键删除。
（2）将光标移动至需要删除的内容之后，按【Backspace】键删除。
（3）一次性选定要删除的全部内容，按【Delete】键或【Backspace】键，可将其一次性删除。

5. 撤销与恢复文本

编辑文本过程中，若操作不当，需要回到之前编辑的文本状态，那么用户可以使用撤销、恢复文本功能。"撤销"操作保存了用户最近对文档的操作；"恢复"操作的功能与其相反，可以将文本恢复到最新状态。
1）撤销功能
（1）单击快速访问工具栏中的 按钮，每单击一次，将按照从后向前的顺序撤销之前对文本的一次操作。
（2）按【Ctrl + Z】组合键，每按一次，将按照从后向前的顺序撤销之前对文本的一次操作。
2）恢复功能
按【Ctrl + Y】组合键执行对文本的恢复操作。

6. 文档内容定位、查找与替换

当对一篇长文档进行审核或编辑时，可以通过滚动滑轮或拖动滚动条来查看。为了提高办公效率，也可以通过定位、查找或替换来对文档内容进行编辑处理。

1）定位

定位是指根据选定的定位操作将插入点光标移动至指定位置。定位的具体操作如下：

（1）在"开始"选项卡的"编辑"选项组中，单击"查找"按钮右侧的下三角按钮，在弹出的下拉列表中选择"转到"命令，弹出"查找和替换"对话框的"定位"选项卡，如图5-24所示；或单击位于垂直滚动条下端的"选择浏览对象"按钮 ，单击"定位"按钮→，也同样会弹出"查找和替换"对话框的"定位"选项卡；或按【Ctrl + G】组合键，也同样会弹出"查找和替换"对话框的"定位"选项卡。

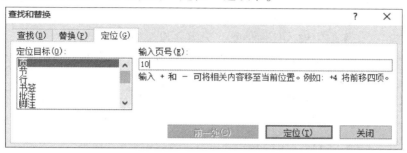

图5-24 "定位"选项卡

（2）在"定位目标"列表框中，选择所需的定位类型，如页、节、行等。

（3）选定定位目标后，再输入相应内容。例如，选择定位目标为"页"，输入页号"10"。

（4）单击"定位"按钮，此时将会转至该文档的第10页。

如果需要定位到下一个或前一个同类项目，则不需要在"输入页号"框中输入任何内容，直接单击"下一处"或"前一处"按钮即可。

2）查找

对Word文档中内容的查找，可分为查找无格式文字和查找具有特定格式的文字。

（1）查找无格式文字，常用的方法有以下4种。

方法1：在"开始"选项卡的"编辑"选项组中，单击"查找"按钮，此时会在编辑区的左侧出现"导航"窗格，在搜索框中输入要查找的内容，就可在"导航"窗格中看到搜索结果摘要。如果需要查看具体信息，则单击某个访问结果即可。

方法2：按【Ctrl + F】组合键，在编辑区的左侧将出现"导航"窗格，如图5-25所示。

方法3：在"开始"选项卡的"编辑"选项组中，单击"查找"按钮右侧的下三角按钮，在弹出的下拉列表下单击"高级查找"命令，此时会弹出"查找和替换"对话框的"查找"选项卡，在"查找内容"文本框内输入要查找的文字，单击"查找下

图5-25 "导航"窗格

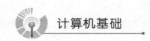

一处"按钮。

方法4：单击位于垂直滚动条下端的"选择浏览对象"按钮 ⊙，单击"查找"按钮 🔍，弹出"查找和替换"对话框的"查找"选项卡。

利用上述4种方式，均可实现查找无格式字符的功能，在此查找过程中，如果需取消正在进行的查找操作，按【Esc】键即可。

（2）查找具有特定格式的文字。

如果需要查找具有特定格式的文字，则在"查找和替换"文本框中的"查找"选项卡的"查找内容"文本框中输入文字；如果只需要查找特定格式，不包含文字内容，则不需要在"查找内容"文本框中输入任何信息，只需要设置格式。

单击"查找和替换"对话框中的"更多"按钮，展开对话框，如图5－26所示。单击"格式"按钮，然后选择所需格式。若此时需要清除已指定的格式，则单击"不限定格式"按钮。如果仅需要查找特殊格式，则单击"特殊格式"按钮。

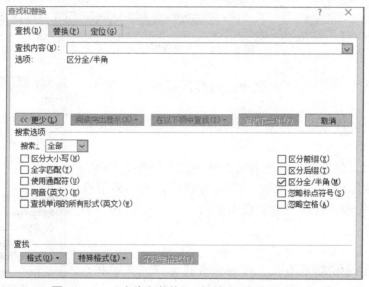

图5－26 "查找和替换"对话框"查找"选项卡

3）替换

替换功能是指将查找到的文档中的文本替换为新的内容或格式。替换的具体操作如下：

（1）在"开始"选项卡的"编辑"选项组中，单击"替换"按钮，此时会弹出"查找和替换"对话框的"替换"选项卡；或者单击位于垂直滚动条下端的"选择浏览对象"按钮 ⊙，单击"查找"按钮 🔍，弹出"查找和替换"对话框"查找"选项卡，可切换至"替换"选项卡；按住【Ctrl＋G】组合键，弹出"查找和替换"对话框"定位"选项卡，可切换至"替换"选项卡。

（2）在"查找内容"文本框内输入将要被替换的文本内容，在"替换为"文本框内输入替换后的文本内容。

（3）根据需要，单击"查找一下处""替换"或"全部替换"按钮，可实现不同目的的操作。

如果需要替换指定格式，则单击右下角的"更多"按钮，对"查找内容"和"替换为"的格式分别进行设置。

7. 自动更正和拼写检查

1）拼写检查

在某种情况下，Word 会对输入内容自动进行拼写检查。文档里的拼写检查是指在出现文字错误或语法错误时，其下方会出现波浪下划线进行提示，如图 5-27 所示。其中，红色波浪下划线表示可能存在的拼写问题、输入错误或不可识别的单词；蓝色波浪下划线表示可能存在语法问题。

在使用 Word 编辑处理文档的过程中，若要利用该功能对文档进行检查，则可以在"审阅"选项卡的"校对"选项组中单击"拼写和语法"选项，此时会弹出"拼写和语法"对话框，如图 5-28 所示。

图 5-27　错误提示　　　　　　图 5-28　"拼写和语法"对话框

2）自动更正

自动更正是 Word 的一个非常自动化的功能。它能自动修正文档中的一些错误，按照规则来规范文档的格式等，如自动检测错误拼写的单词和成语以及不正确的大小写等。其使用方法如下：

（1）在"文件"选项卡中，单击"选项"按钮，弹出"Word 选项"对话框，如图 5-29 所示。

（2）在弹出的"Word 选项"对话框中单击"校对"选项，在右侧窗格中单击"自动更正选项"按钮，弹出"自动更正"对话框，如图 5-30 所示。

（3）在弹出的"自动更正"对话框中，可以看到 Word 为用户已定义的替换选项，如将"abouta"替换为"about a"。

【提示】

在输入字符时，用户经常会遇到又长又容易出错的单词或词组，如果将这些单词或词组定义为自动更正词条，就会极大地提高办公效率；如果不需要 Word 自动更正某一词条，则用户可以在"自动更正"对话框中选中要删除的词条，单击"删除"按钮，随后单击"确定"按钮即可。

图 5 - 29   "Word 选项"对话框的"校对"选项卡

图 5 - 30   "自动更正"对话框

5.3.5 保存文档

用户利用 Word 程序在窗口中处理文档时，仅仅是将其保存在计算机内存中并在显示器上进行显示，如果希望将文档保存以备后续处理，就需要对文档进行命名并保存到相应磁盘（如硬盘、移动硬盘、U 盘、光盘、网络磁盘等）。在文档的编辑过程中，为防止文件丢失，应养成经常保存文档的好习惯。同时，重要文件应在不同设备上进行备份处理。

1. 创建后首次保存文档

创建文档后，首次对其进行保存的操作步骤如下：

（1）单击"快速访问工具栏"中的"保存"按钮，此时会弹出"另存为"对话框，如图 5 – 31 所示；或按快捷键【F12】或【Ctrl + S】组合键，弹出"另存为"对话框；或在"文件"选项卡中单击"另存为"按钮，弹出"另存为"对话框。

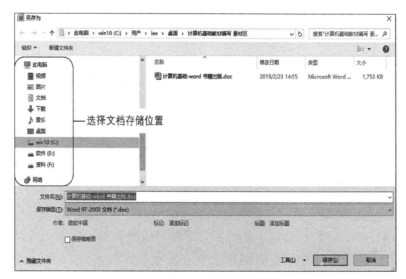

图 5 – 31　"另存为"对话框

（2）单击"另存为"对话框的左侧区域，选择文档保存位置。Word 2010 保存文档的默认位置是"我的文档"，若需要更改，可以执行以下操作：在"文件"选项卡中单击"选项"按钮，打开"Word 选项"对话框，单击该对话框中左侧的"保存"选项，在右侧的窗格中单击"默认文件位置"右侧"浏览"按钮，如图 5 – 32 所示。在弹出的对话框中逐步选择文件默认保存位置，设置完成后，单击"确定"按钮。

（3）在"另存为"对话框中的"文件名"文本框中，输入要保存文档的文件名；在"保存类型"下拉列表框中，选择所需的文件类型。Word 2010 默认的文件类型为 .docx，该类型文件使用 Word 2003 及 Word 的早期版本是无法打开的。若需要使用 Word 2003 及早期版本打开文件，则应将文件类型选为"Word 97 – 2003 文档（ * . doc）"。

图 5 – 32   "Word 选项"对话框"保存"选项卡

（4）上述设置完成后，单击"保存"按钮。

2. 对原有文档进行保存

对原有文档进行编辑后，若需要重新保存，可以单击"快速访问工具栏"中的"保存"按钮![保存按钮]，或利用【Ctrl + S】组合键，此时不会出现对话框和提示信息，所以只能以原文件名和原文件存储位置进行保存。若需要更改原有文档的文件名或存储位置，则需要打开"另存为"对话框。

3. 设置文档自动保存

在编辑 Word 文档时，有时忘记保存或未来得及及时保存，此时若突遇断电或者计算机不正常关闭，就会前功尽弃，所以需要利用 Word 提供的文档自动保存功能。在默认状态下，Word 2010 每隔 10 分钟为用户自动保存文档一次，用户可以根据需要自行修改自动保存间隔时间。具体操作如下：在图 5 – 32 所示的"保存"选项卡中设置"保存自动恢复信息时间间隔"，单击"确定"按钮。

4. 设置自动恢复文件位置

自动恢复文件位置指的是当非正常退出 Word 程序时，Word 会自动保留一个最新文档，用户可以根据需要自行设置该文档存在的位置。具体操作如下：在图 5 - 32 所示的"保存"选项卡中，设置"自动恢复文件位置"，单击"确定"按钮。

5.3.6 保护文档

在日常办公过程中，可能需要对重要的 Word 文档进行保护，以防止被修改。可以采用的方法是对 Word 文档实施保护措施，防止文件被轻易打开，以及保护或禁止修改 Word 文档。

1. 设置密码

为了保证文档的保密性，可以为文档添加和设置 Word 密码，密码分为打开密码和修改密码。

1）设置打开密码

对于已经设置打开密码的文档，用户想要进入文档时，只有输入已设置的准确密码，才能打开 Word 文档，否则无法打开该 Word 文档。具体设置方法如下：

方法 1：打开需要进行加密处理的 Word 文档，在"文件"选项卡的"信息"组中选择"权限"，单击"保护文档"按钮下的下三角按钮，在弹出的下拉列表中单击"用密码进行加密"按钮，弹出"加密文档"对话框，如图 5 - 33 所示，重复输入密码即可实现对文档的打开加密。加密完成后，"权限"会变成"必须提供密码才能打开此文档"，如图 5 - 34 所示。

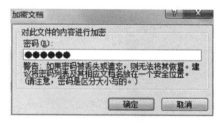

图 5 - 33 "加密文档"对话框

图 5 - 34 被加密文档的权限显示结果

方法 2：按【F12】键，弹出"另存为"对话框，单击右下角的"工具"按钮，在弹出的下拉列表中选择"常规选项"，弹出"常规选项"对话框，如图 5 - 35 所示。在"打开文件时的密码"文本框中输入密码，单击"确定"按钮，在弹出的"确认密码"对话框中再次输入密码，单击"确定"按钮。

2）设置修改密码

对于已经设置修改密码的文档，只有输入已设置的准确密码，才能对打开的 Word 文档进行编辑处理，否则将以"只读"方式打开该 Word 文档，仅可阅读查看文档，但不可对其进行编辑处理。具体设置方法如下：

在图 5 - 35 所示的"常规选项"对话框中，在"修改文件时的密码"文本框中输入密码，单击"确定"按钮，在弹出的"确认密码"对话框中再次输入密码，单击"确定"按钮。

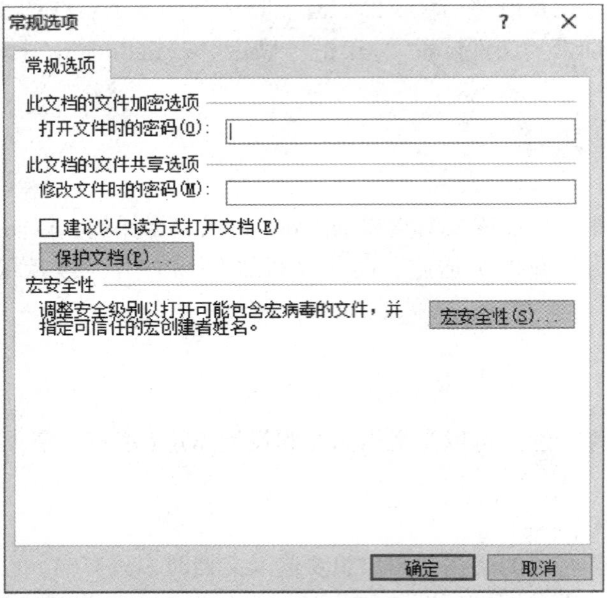

图 5-35　"常规选项"对话框

2. 限制格式和编辑

1）格式设置限制

通过对选定的样式限制格式，可以防止样式被修改，也可以防止对文档直接应用样式。

2）编辑限制

对文档进行编辑限制是指仅允许用户在文档中进行此类型编辑操作，类型分为"修改""批注""填写窗体""不允许任何更改（只读）"4 种。

3）启动强制保护

在设置"限制格式和编辑"后，用户需要单击"是，启动强制保护"按钮，此时会弹出对话框，用户需两次输入密码以启动对文档的强制保护。

实现上述设置对文档进行保护的具体设置方法如下：

方法 1：打开需要进行加密处理的 Word 文档，在"文件"选项卡的"信息"组中选择"权限"，单击"保护文档"按钮下的下三角按钮，在弹出的下拉列表中单击"限制编辑"按钮，此时会在窗口右侧弹出"限制格式和编辑"对话框。如图 5-36 所示。

方法 2：在"审阅"选项卡的"保护"选项组中，单击"限制编辑"按钮，此时会在窗口右侧弹出

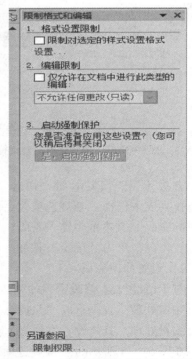

图 5-36　"限制格式和编辑"对话框

"限制格式和编辑"对话框。

方法3：按【F12】键弹出"另存为"对话框，单击右下角"工具"按钮，在弹出的下拉列表中单击"常规选项"，弹出"常规选项"对话框，单击"保护文档"按钮，会在窗口右侧弹出"限制格式和编辑"对话框。

5.4　Word 2010 文档格式设置

文档排版指的是将文字原稿依照设计要求组成规定版式的工艺。书籍、杂志等印刷物是以文字排版为基础的。目前，文字排版的常见方式是利用计算机进行排版操作，而计算机实现文字排版即可选择利用 Word 办公软件实现。

5.4.1　字符格式设置

字符是文本的基本单位，单个数字、字母、汉字、标点符号、控制符等都是字符，多个字符组成字符串。Word 2010 为用户提供了强大的字符格式设置功能，可以帮助用户依据需要设置字符格式。用户可以选择利用"开始"选项卡的"字体"组对字符格式进行设置，或是利用"字体"对话框进行设置。

1. 利用"开始"选项卡的"字体"组进行设置

单击"开始"选项卡的"字体"组中的按钮，即可快速对字符进行设置，如图 5-37 所示。

图 5-37　"字体"组

（1）宋体 五号：用于设置字体和字号，更改字体的快捷方式为【Ctrl + Shift + F】组合键，更改字号的快捷方式为【Ctrl + Shift + P】组合键。

（2）A˄ A˅：增大/缩减字号快捷按钮，增大字号的快捷方式为【Ctrl + >】组合键，缩减字号的快捷方式为【Ctrl + <】组合键。

（3）Aa▾：将所选文字更改为全部大写、全部小写或其他常见大小写形式。

（4）：清除所选内容的所有格式，只保留纯文本。

（5）：显示拼音字符以便明确发音。

（6）A：在一组字符或句子周围应用边框。

（7）B：将所选文字加粗，也可使用【Ctrl + B】组合键。

（8）*I*：将所选文字设置为倾斜，也可使用【Ctrl + I】组合键。

（9）**U** ▾：为所选文字加下划线，单击右侧向下箭头可以选择下划线样式，也可使用【Ctrl + U】组合键。

（10）**abc**：在所选文字中间加一条线。

（11）**x₂ x²**：在文字基线下方/上方创建小字符。

（12）**A** ▾：对所选文本应用外观效果（如阴影、发光或映像）。

（13）**ab** ▾：以不同颜色突出显示文本，使文字看上去像是用荧光笔做了标记一样，单击右侧向下箭头可以选择颜色。

（14）**A** ▾：更改字体颜色，单击右侧向下箭头，可以选择颜色。

（15）**A**：字符底纹，为整行添加底纹背景。

（16）**字**：在字符周围放置圆圈或边框加以强调。

2. 利用"字体"对话框进行设置

利用"字体"对话框也可以对字符格式进行设置。若使用该方法，首先需要启动"字体"对话框。启动方法：在"开始"选项卡的"字体"组中，单右下角的按钮 ⌐，弹出"字体"对话框，如图 5 – 38 所示；或按【Ctrl + D】组合键，也可弹出"字体"对话框。该对话框分为"字体"和"高级"两个选项卡。

图 5 –38 "字体"对话框的"字体"选项卡

1）"字体"选项卡

在"字体"选项卡内，用户可以根据需要设置字符的字体、字号、字形、字体颜色、有无下划线和有无着重号等基本设置，如设置着重号后的显示效果"着重号"；还可以在

"效果"区域设置字符的显示效果,如双删除线的显示效果"~~对话框~~"、空心的显示效果"对话框"、阳文的显示效果"**对话框**"、上标的显示效果"x^2"、下标的显示效果"SO_2"等。

对话框下侧的"预览"可以便于用户查看字体设置后的显示效果,若用户满意设置效果,单击"确定"按钮即可。

2)"字体"对话框"高级"选项卡

在"字体"对话框"高级"选项卡中,可以设置字符间距,可以进行字符位置的提升或下降等操作,如图 5-39 所示。

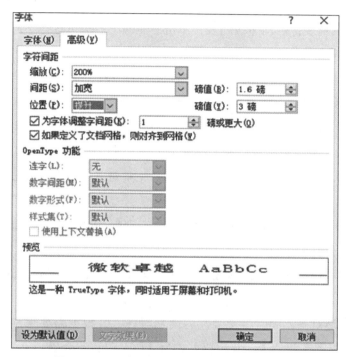

图 5-39　"字体"对话框的"高级"选项卡

5.4.2　段落格式设置

段落是排版的最基本单位。它不仅承载着字符意义,而且通过不同的段落让文字聚合在一起,可以对不同的文字内容进行分层次的表达,通过对不同段落之间距离的控制,可以让阅读者更容易地辨读文档。利用 Word 可以进行段落格式设置,包括对齐方式的选择、缩进、段间距、行距、添加项目符号等操作。

常见的段落格式设置方法有以下 4 种:

1. 利用"开始"选项卡的"段落"组进行设置

单击"开始"选项卡的"段落"组的各按钮,如图 5-40 所示,即可对段落进行设置。

图 5 - 40　"段落"组

（1）：项目符号，开始创建项目符号列表，单击右侧向下箭头可选择不同的项目符号样式。

（2）：编号，开始创建编号列表，单击右侧向下箭头可选择不同的编号样式。

（3）：多级列表，启动多级列表，单击右侧向下箭头可选择不同的多级列表样式。

（4）：减少/增加缩进，减少/增加段落的缩进量。

（5）：中文版式，自定义中文或混合文字的版式，单击右侧向下箭头可选择纵横混排、合并字符、双行合一、调整宽度、字符缩放等操作。

（6）：排序，按字母顺序排列所选文字或对数值数据排序。

（7）：显示/隐藏编辑标记，显示段落标记和其他隐藏的格式符号。

（8）：文本左对齐，将所选定的文本实现左对齐，其快捷方式为【Ctrl + L】组合键。

（9）：文本居中对齐，将所选定的文本实现居中，其快捷方式为【Ctrl + E】组合键。

（10）：文本右对齐，将所选定的文本实现右对齐，其快捷方式为【Ctrl + R】组合键。

（11）：两端对齐，同时将文字左右两端对齐，并根据需要增加字间距，以便可以在页面左右两侧形成整齐的外观，其快捷方式为【Ctrl + J】组合键。

（12）：分散对齐，使段落两端同时对齐，并根据需要增加字间距，这样可以创建外观整齐的文档，其快捷方式为【Ctrl + Shift + J】组合键。

（13）：行和段落间距，更改文本行的行间距，还可以通过单击右侧向下箭头，实现自定义行距，增加段前间距或增加段后间距。

（14）：底纹，设置所选文字或段落的背景色。

（15）：下框线，自定义所选单元格或文字的边框。

2. 利用"段落"对话框进行设置

利用"段落"对话框也可以对段落格式进行设置。若使用该方法，则需要启动"段落"对话框，其方法是：单击"开始"选项卡"段落"组右下角的按钮，弹出"段落"对话框，该对话框分为"缩进和间距""换行和分页""中文版式"三个选项卡。

1）"缩进和间距"选项卡（图5-41）

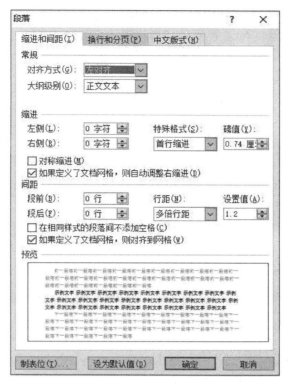

图5-41 "缩进和间距"选项卡

（1）对齐方式：在"对齐方式"下拉列表框中，包含5种水平对齐方式，分别是：左对齐、右对齐、居中、两端对齐、分散对齐。

（2）大纲级别：就是段落所处层次的级别编号，Word中提供了1级~9级段落格式。如果文档被设置了各级大纲级别，那么用户在左侧的文档结构图中可以看到已分级别的目录，此时用户在左侧文档结构图中单击一个条目，在右侧的文档光标就会自动定位到相应位置。利用文档结构图的这一功能查阅文档（特别是长文档）非常方便。

打开文档结构图的方法：在"视图"选项卡的"显示"组中，选中"导航窗格"复选框，此时会在窗口左侧弹出"导航"窗口，在打开的导航窗口中，单击按钮，即可查看文档结构图。

（3）缩进：用于调整文本与页面边缘的距离，缩进分为左缩进和右缩进。特殊格式包含首行缩进和悬挂缩进。首行缩进是指所选段落只有第一行向右侧缩进若干字符；悬挂缩进指的是所选段落除了第一行，其余行全部向右侧缩进若干字符。

（4）间距：分为段间距和行间距。段间距指的是不同段落之间的垂直距离，其中通过调整段前和段后间距，可以调整选定段落与其上一段落（段前间距）/下一段落（段后间距）之间的距离；行距指的是一行文字底部到另一行文字底部的距离，为方便用户使用，在行距的下拉列表中提供了"单倍行距""1.5倍行距""2倍行距""最小值""固定值""多倍行距"的选项。

（5）制表位：是指水平标尺上的位置，它指定了文字缩进的距离或一栏文字开始的位置，使用户能够向左、向右或居中对齐文本行；或者将文本与小数字符或竖线字符对齐。用户可以在制表符前自动插入特定字符，如句号、划线等。默认情况下，按一次【Tab】键，Word 将在文档中插入一个制表符，其间隔为 0.74 厘米。制表位的类型包括左对齐、居中、右对齐、小数点对齐、竖线对齐等。

使用方法：在弹出的"段落"对话框"缩进和间距"组中，单击"制表位"按钮，弹出如图 5－42 所示的"制表位"对话框。

2）"换行和分页"选项卡（图 5－43）

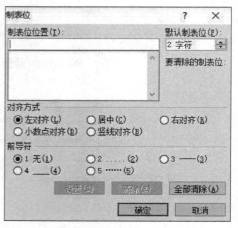

图 5－42　"制表位"对话框

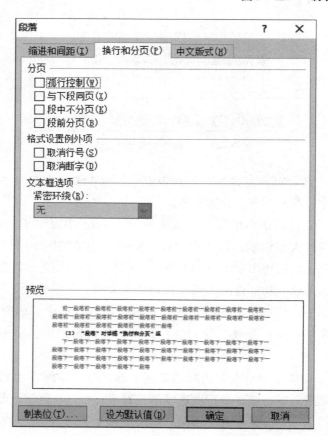

图 5－43　"换行和分页"选项卡

（1）孤行控制：是指避免一个段落在 Word 某个页面中单独一行出现在页面的底部或者下一页的顶部。若选择了"孤行控制"，则程序会自动将该段落调整到至少两行在同一页。

（2）与下段同页：在 Word 文档编辑过程中，有时可能会遇到这样的情况，标题和该标题下的段落内容分页显示，如图 5－44 所示。此时可以选中"与下段同页"复选框，使标题和段落内容在同一页显示，如图 5－45 所示。

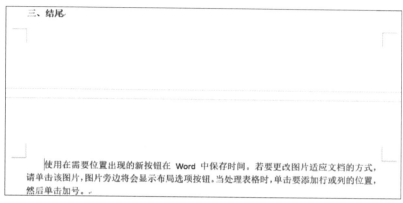

图 5－44　未设置"与下一段同页"

图 5－45　设置"与下一段同页"

（3）段中不分页：在 Word 文档编辑过程中，有时可能会遇到这样的情况——同一段落的内容显示在相邻两页，如图 5－46 所示。此时可以选中"段中不分页"复选框，使该段落的全部内容显示在同一页，如图 5－47 所示。

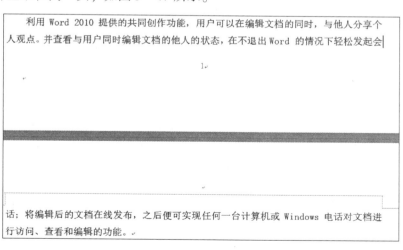

图 5－46　未设置"段中不分页"

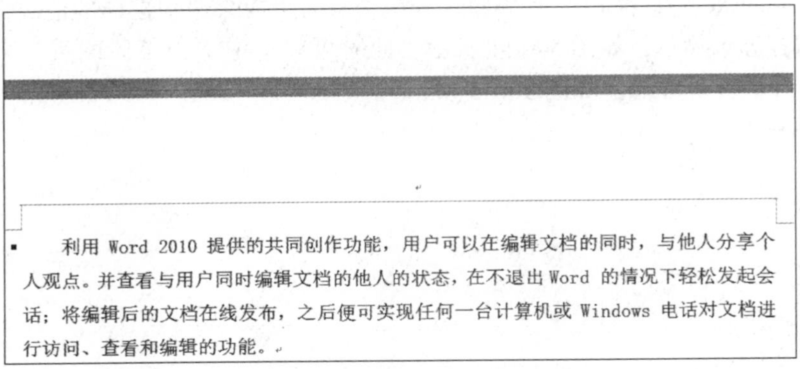

图5-47　设置"段中不分页"

（4）段前分页：直接从当前页跳至下页，选中该复选框后，分段时按【Enter】键会跳到下页。

（5）取消行号：页面设置中，可以对正文的每一行加上行号（即每一行按1、2、3…标上序号）。如果对于某些段落不需要加行号，可选中这些段落，并选中"取消行号"复选框，就可以跳过这些段落进行编号。

（6）取消断字：在使用Word 2010编辑英文文档时，经常需要该功能将位于行尾的单词取消断开，以保持文档的美观。

3）"中文版式"选项卡

（1）按中文习惯控制首尾字符：如果一行只能写20个字，但是第21个字是一个标点符号，如"，"，若不选择这个选项，这个"，"就会出现在下一行的开头，而这样的写法是不符合中文习惯的。此时需要选中"按中文习惯控制首尾字符"复选框，这个"，"就会被安排在这一行的最后。

（2）允许西文在单词中间换行，在Word 2010中输入英文时，每到行末时如果单词过长，就会换行到下一行，上一行的单词就会出现间距过大。为了不影响排版效果，可以选中该复选框，这样就可以在西文单词中间换行。

（3）允许标点溢出边界：允许标点符号比段落中其他行的边界超出一个字符。如果不选中该复选框，则所有的行和标点符号都必须严格对齐，不过这里的标点只限于半角英文标点。

（4）允许行首标点压缩：当在段落行首输入符号时，会发现输入的符号与正文的内容不对齐（中间有一点间隔）。要让行首符号与正文内容对齐，可选中该复选框。

（5）自动调整中文与西文间距/数字间距：Word中的汉字与英文字母，或汉字与数字之间一般有一定的间隔，这个间隔有一个空格的大小，看起来有点不协调，若不需要这段间隔，可以选中"自动调整中文与西文间距/自动调整中文与数字间距"复选框。

3. 利用"标尺"进行设置

标尺分为水平标尺和垂直标尺，标尺可以用来设置或查看段落缩进、制表位、页面边界和栏宽等信息。若需要在Word窗口中显示标尺，则在"视图"选项卡的"显示"选项组中，选中"标尺"复选框即可打开水平标尺。如果要显示垂直标尺，则在"文件"选项卡中单击"选项"按钮，在弹出的"Word 选项"对话框中选择"高级"选项，在"显示"组中选中"在页面视图中显示垂直标尺"复选框。

Word 中显示的水平标尺如图 5 – 48 所示，若需要使用标尺调整左/右缩进、首行缩进、悬挂缩进，只需将相应滑块拖动至所需的位置即可。

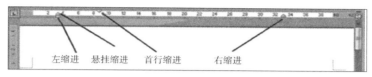

左缩进　　悬挂缩进　　首行缩进　　　右缩进

图 5 – 48　水平标尺

4. 利用"格式刷"进行设置

格式刷是 Word 中非常强大的功能之一，有了格式刷功能，用户便可以更加简单、便捷地处理编辑文档。格式刷的作用是为文档中大量的内容重复添加相同的格式（包括文字格式、段落格式等）。

在"开始"选项卡的"剪贴板"组中单击 格式刷按钮，即可使用格式刷。使用方法有以下两种。

方法 1：选中具有特定文字格式/段落格式的文本，单击 格式刷按钮，此时光标变成刷子样式，将刷子移动至需要使用该格式的文本处，按住左键拖动鼠标，此时用户会发现途经的文本格式变成了被复制的文字格式/段落格式，此时光标样式的刷子形状也消失了。

方法 2：选中具有特定文字格式/段落格式的文本，按【Ctrl + Shift + C】组合键，将光标移动至所需处理文本处，按左键拖动组合键，选中需要更改格式的文本，按【Ctrl + Shift + V】组合键即可。

5.4.3　页面版式设置

使用 Word 可以快速将文字进行排版或编辑。Word 处理的文档一般是需要打印出来的。为了让打印出来的文档更加美观，需要对文档进行页面设置。页面是比段落更高一级的操作对象，页面设置主要包括文字方向、页边距、纸张大小等。

1. "插入"选项卡的"页眉和页脚"组

页眉和页脚指的是页面顶部和页面底部的信息，通过对页眉和页脚的有效设置，可以提升文档的显示效果。在"插入"选项卡的"页眉和页脚"组中，包括了页眉、页脚和页码三个按钮，单击按钮下的下三角按钮即可打开下拉列表，用户可根据个人需要，选择所需的页眉、页脚和页码样式。

2. "页面布局"选项卡的"主题"组

"主题"组为用户提供了包括字体、颜色、风格的可用模板。用户既可以直接套用已有模板，也可以根据个人特殊要求单独设置。在"页面布局"选项卡的"主题"组中，包括

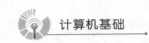

了主题、字体、颜色和效果 4 个按钮，单击按钮下的下三角按钮即可打开下拉列表，用户可根据个人需要选择所需的样式。

3. "页面布局"选项卡的"页面设置"组

在"页面布局"选项卡的"页面设置"组中，Word 2010 为用户提供了文字、纸张、页边距等相关内容的设置功能。

（1） ：文字方向，自定义文档或所选文本框中的文字方向。在 Word 2010 默认情况下，文字方向是水平的，用户可以通过该按钮实现文字方向的调整，如垂直方向。

（2） ：页边距，选择整个文档或当前节的边距大小。

（3） ：纸张方向，切换页面的纵向布局和横向布局。

（4） ：纸张大小，选择当前节的页面大小，若要将特定页面大小应用到文档中的所有节，则单击该按钮下的下三角按钮，在弹出的下拉列表中单击"其他页面大小"，然后进行设置。

（5） ：分栏，将文字拆成两栏或更多栏。

（6） 分隔符：分隔符，用于插入分页符、分节符。其中，分页符分为分页符、分栏符和自动换行符；分节符分为下一页、连续、偶数页和奇数页。

①分页符：标记一页终止并开始下一页的点。

②分栏符：指示分栏符后面的文字将从下一栏开始。

③自动换行：分割网页上的对象周围的文字，如分割题注文字和正文。

④下一页：插入分节符并在下一页开始新节。

⑤连续：插入分节符并在同一页开始新节。

⑥偶数页/奇数页：插入分节符并在下一偶数页/奇数页上开始新节。

（7） 行号 ：行号，在文档每一行旁边的边距中添加行号。

（8） 断字 ：断字，启动断字功能，以便 Word 能在单词音节间添加断字符。为了提高单词间隔的一致性，需要对文字进行断字。

4. "页面布局"选项卡的"页面背景"组

（1） ：水印，在页面内容后面插入虚影文字。这通常用于表示要将文档特殊对待，如"机密""紧急"等。

（2） ：页面颜色，用于修改选定页面的背景色。

（3） ：页面边框，添加或更改页面的边框。

5. "页面布局"选项卡的"稿纸"组

有时打印文档时需要显示方格稿纸样式，如图 5 - 49 所示。在"页面布局"选项卡的"稿纸"组中，单击"稿纸设置"按钮，弹出"稿纸设置"对话框，用户可在此对话框中设置页面的稿纸样式。

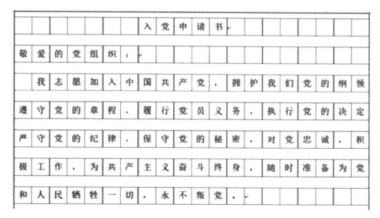

图5-49　方格稿纸样式

6. "引用"选项卡的"目录"组

用户在使用Word编辑书籍、论文等常见文档时，往往需要生成文档目录，Word 2010在"引用"选项卡的"目录"组中提供了该功能。

（1）：目录，在文档中添加目录。添加目录后，可单击"添加文字"按钮，在表中添加条目。

（2）添加文字▼：添加文字，将当前段落添加为目录的条目。

（3）更新目录：更新目录，若生成目录后对源文档进行过修改编辑，导致部分页码有所改变，则可以通过单击此按钮来使所有条目均指向正确页码。

7. "引用"选项卡的"脚注"组

脚注和尾注用于在打印文档中为文档中的文本提供解释、批注以及相关的参考资料。可用脚注对文档内容进行注释说明，用尾注说明引用的文献。脚注和尾注都由互相链接的两部分组成：注释引用标记、与其对应的注释文本。

（1）插入脚注：插入脚注，用于在文档中添加脚注。如果在文档中移动了文本，则将自动对脚注重新编号，也可以通过组合键【Ctrl + Alt + F】插入脚注。

（2）插入尾注：插入尾注，用于在文档中添加尾注。尾注位于文档的结尾，往往用于说明引用的文献。也可以通过组合键【Ctrl + Alt + D】插入尾注。

（3）下一条脚注▼：下一条脚注，用于定位到文档中的下一条脚注。单击右侧的下三角按钮，根据弹出的下拉列表还可定位到文档中的上一条脚注，或定位到下一条/上一条尾注。

8. 文档打印

Word文档编辑无误需要打印变成纸质文档时，需要进行打印处理。要想实现打印处理，需要将计算机通过数据线、网络来与打印机或虚拟打印机连接。

具体使用方法：在"文件"选项卡中，单击"打印"按钮，弹出"打印"和"打印预览"窗口，如图 5-50 所示。

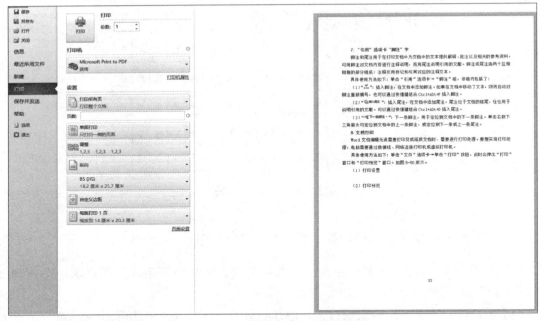

图 5-50 "打印"和"打印预览"窗口

1）打印设置

在左侧的"打印"窗口，用户可以设置相关打印参数。

（1）"打印机"项：用来设置打印机的相关参数。

（2）"设置"项：用来设置打印范围，如打印所有页、打印所选内容、打印当前页或打印自定义范围。

（3）"页数"项：有时一篇文档很长，而用户需要打印的只是其中某几页，这几页或者连续，或者不连续。此时可以通过该文本框，来设置所需打印的页码或页码范围。页码范围用逗号隔开。

（4）"单面打印"项：该项有单面打印和手动双面打印两个选择。其中"单面打印"指的是只打印一侧的页面；"手动双面打印"指的是在提示打印第二面时重新加载纸张。

（5）"纸张方向"项：选择打印纸张方向为纵向或横向。

（6）"每版打印页数"项：可以选择每版可以打印的页数。

如果想要实现打印设置，也可以通过使用组合键【Ctrl + P】，打开"打印"窗口进行设置。

2）打印预览

通过"打印预览"窗口可以看到的版面效果，就是打印输出后的实际效果。因此，通过预览，可以从总体上检查版面是否符合要求，如果不够理想，就返回文档重新编辑调整，直到满意才正式打印，这样可以避免纸张的浪费。

在"打印预览"窗口右下侧有缩放滑块，可用于调整打印预览的显示比例，拖动"打印预览"窗口右侧的垂直滚动条，可以对预览页面进行翻页，方便用户查看不同页面的打印效果。

5.5 Word 2010 文档表格应用

表格是由不同行和列单元格组成的，表格功能强大，可以在表格的单元格中插入文字或图片，可以对单元格中的数字进行排序和计算等。在使用 Word 文档进行数据统计、文献分析、论文写作等操作时，适当插入表格可以提高办公效率和文档的显示效果。

5.5.1 创建表格

在 Word 2010 中，创建表格的常见方法有以下几种：

1. 通过"插入"选项卡"表格"组创建表格

将插入点移动至需要插入表格的空白处，在"插入"选项卡的"表格"组中，单击"表格"按钮，此时会弹出如图 5-51 所示的下拉列表；在表格示意图中拖动鼠标，就可以随意选择表格的行数和列数，但是通过该方法创建的表格，最多只有 8 行、10 列，有局限性。

2. 通过"开始"选项卡"段落"组创建表格

将插入点移动至需要插入表格的空白处，在"开始"选项卡的"段落"组中，单击按钮 ▦ ▼，此时会弹出下拉列表，在该下拉列表中单击"绘制表格"命令。单击"绘制表格"命令后，光标就变成了笔的形状，此时拖动鼠标可以绘制表格。横向移动鼠标可以为表格添加行，竖向移动鼠标可以为表格添加列。

图 5-51 "插入表格"下拉列表

3. 通过"插入表格"对话框创建表格

将插入点移动至需要插入表格的空白处，在"插入"选项卡的"表格"组中，单击"表格"选项卡，此时会弹出如图 5-51 所示的下拉列表，单击下拉列表中的"插入表格"命令，此时会弹出如图 5-52 所示的"插入表格"对话框。通过该方法实现插入表格，列数最大值可达 63 列。

在该对话框中，用户还可以根据需要选择"自动调整"操作：

（1）固定列宽：可以对插入表格的列宽进行设置。默认情况下系统会"自动"设置，用户也可以根据个人需要进行调整，列宽的单位为"cm"。

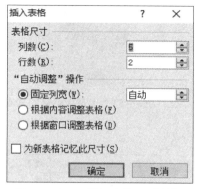

图 5-52 "插入表格"对话框

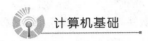

（2）根据内容调整表格：用户选择该单选按钮后，插入的表格列宽会随着表格中某一单元格内容的输入而调整。

（3）根据窗口调整表格：用户选择该单选按钮后，插入的表格列宽不会随着表格中某一单元格内容的输入而调整，会插入一个列宽最大的表格。

（4）为新表格记忆此尺寸：用户单击选择该复选框后，插入的表格都会使用初始插入表格时设置的列宽尺寸。

4．将文本转换为表格

按照一定规律进行分割（如空格、英文状态下逗号等），此时可以使用 Word 提供的"文本转换为表格"功能，快速实现生成表格。

如用户输入如下员工统计信息：

姓名,性别,年龄,学历

张三,男,30,研究生

王红,女,28,本科

李玲,女,21,本科

现在需要将上述员工信息转换成表格形式进行显示，具体操作如下：

选中需要转换为表格的文本内容，如图 5 - 53 所示。在"插入"选项卡的"表格"组中，单击"表格"按钮，此时在弹出的下拉列表中会有"文本转换成表格"选项，单击"文本转换成表格"按钮，会弹出"将文字转换成表格"对话框，如图 5 - 54 所示，用户按照对话框提示设置将要生成的表格基本信息，注意该例子中的分隔符是英文状态下的逗号，所以对话框中"文字分隔位置"应该选择"逗号"单选按钮，随后即可生成如图 5 - 55 所示的表格。

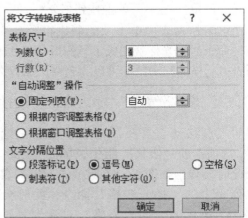

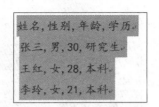

图 5 - 53　选定待转化的文本内容　　　　图 5 - 54　"将文字转换成表格"对话框

姓名	性别	年龄	学历
张三	男	30	研究生
王红	女	28	本科

图 5 - 55　文字转换成表格效果图

5.5.2 编辑表格

在 Word 2010 中，对于已创建好的表格，用户可以根据需要进行行和列的设置、合并操作、单元格大小设置、对齐方式选择等处理。具体操作如下：

将鼠标光标移动至已创建好的表格上方，此时在表格的左上角会出现"⊕"按钮，单击此按钮即可选中该表格，此时在选项卡区域内会出现"布局"选项卡，单击"布局"选项卡，如图 5－56 所示。

图 5－56　"布局"选项卡

1. "布局"选项卡的"表"组

（1）：选择表格，可以用来选择当前单元格、行、列或整个表格。要想实现表格功能，也可以通过鼠标或键盘实现，这样更加方便快捷。使用鼠标和键盘选定表格单元格、行、列或整个表格的操作方法如表 5－4 所示。

表 5－4　利用鼠标和键盘选定表格

选定内容区域	操作方法
一个单元格	利用鼠标：将光标移动至待选中单元格内文本内容的左侧，双击左键即可；或将光标移动至待选中单元格，单击右键，在弹出的快捷菜单中选择"选择"→单击"单元格"命令
	利用键盘：将光标移动至待选中单元格内文本内容的左侧，按住【Shift】键，同时单击【→】键，每单击一次移动一个文本位置，连续单击【→】键，直至该单元格内的内容被全部选中
一行	利用鼠标：将光标移动至待选中行的左边框外侧空白处，单击左键即可；或将光标移动至待选中单元格，单击右键，在弹出的快捷菜单中选择"选择"→单击"行"
	利用键盘：将光标移动至待选行最左侧单元格，按住【Shift】键，同时连续单击【→】键，直至该行的内容被全部选中
一列	利用鼠标：将光标移动至待选中列的上边框外侧空白处，单击左键即可；或将光标移动至待选中单元格，单击右键，在弹出的快捷菜单中选择"选择"→单击"列"
	利用键盘：将光标移动至待选列最顶端单元格，按住【Shift】键，同时连续单击【↓】键，直至该列的内容被全部选中

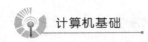

选定内容区域	操作方法
多个连续单元格、行、列	在要选定的单元格、行、列上拖动鼠标；或者选定某单元格、行、列，然后按住【Shift】键的同时单击其他单元格、行、列
下一个单元格中的文本	若需要选中当前光标所在单元格的下一个单元格，按【Tab】键即可
上一个单元格中的文本	若需要选中当前光标所在单元格的上一个单元格，按【Shift + Tab】组合键
表格中全部单元格	将鼠标指针移至已创建好的表格上方，此时在表格的左上角会出现"⊞"按钮，单击此按钮即可选中该表格；或将鼠标指针移至待选中单元格，单击右键，在弹出的快捷菜单中选择"选择"→单击"表格"

（2）▦：查看表格虚框，显示或隐藏表格内的虚框。

（3）▦：表格属性，显示"表格属性"对话框，更改高级表格属性，如缩进和文字环绕选项。

2. "布局"选项卡的"行和列"组

（1）▨：删除表格，可以用来删除选中的行、列、单元格或整个表格。

要想实现删除行的操作，也可以通过以下方法实现：选中想要删除的行、列、单元格或整个表格→单击右键→在弹出的快捷菜单中单击"删除行/列/单元格/表格"命令即可。

（2）▦▦：在上方/下方插入行，直接在所选择上方/下方添加新行。

要想实现添加行的操作，也可以通过以下方法实现：选中想要添加行的位置→单击右键→在弹出的快捷菜单中单击"插入"命令→在弹出的快捷菜单中单击"在上方插入行/在下方插入行"命令即可。

（3）▦▦：在左侧/右侧插入列，直接在所选列左侧/右侧添加新列。

要想实现添加列的操作，也可以通过以下方法实现：选中想要添加列的位置→单击右键→在弹出的快捷菜单中单击"插入"命令→在弹出的快捷菜单中单击"在左侧插入列/在右侧插入列"命令即可。

3. "布局"选项卡的"合并"组

（1）▦：合并单元格，将所选单元格合并为一个单元格。

（2）▦：拆分单元格，将所选单元格拆分为多个新单元格。

（3）▦：拆分表格，将表格拆分为两个表格，选中的行将成为新表格的首行。

4. "布局"选项卡的"单元格大小"组

（1）▦：自动调整，根据列中文字的大小自动调整列宽，可以根据窗口大小设置表格宽度，或者将其恢复为使用固定列宽。

（2）▦ 高度:0.55 厘米 ▦ 宽度:1.84 厘米：表格行高/表格列宽，设置所选单元格的高度/宽度。

（3）▦ 分布行：分布行，在所选行之间平均分布高度。

（4）▦ 分布列：分布列，在所选列之间平均分布宽度。

5. "布局"选项卡的"对齐方式"组

（1）⊟：靠上两端对齐，文字靠单元格左上角对齐。

（2）⊟：靠上居中对齐，文字居中，并靠单元格顶部对齐。

（3）⊟：靠上右对齐，文字靠单元格右上角对齐。

（4）⊟：中部两端对齐，文字垂直居中，并靠单元格左侧对齐。

（5）⊟：水平居中，文字在单元格内水平和垂直都居中。

（6）⊟：中部右对齐，文字垂直居中，并靠单元格右侧对齐。

（7）⊟：靠下两端对齐，文字靠单元格左下角对齐。

（8）⊟：靠下居中对齐，文字居中，并靠单元格底部对齐。

（9）⊟：靠下右对齐，文字靠单元格右下角对齐。

（10）⊟：文字方向，更改所选单元格内文字的方向，多次单击按钮可切换各个可用的方向。

（11）⊟：单元格边距，自定义单元格边距和间距。

5.5.3　设计表格样式

在 Word 2010 中，对于已创建好的表格，用户可以根据需要对表格的样式进行设计。具体操作如下：

将鼠标光标移动至已创建好的表格上方，此时在表格的左上角会出现 ⊞ 按钮，单击此按钮即可选中该表格，此时在选项卡区域内会出现"设计"选项卡，单击"设计"选项卡，如图 5-57 所示。

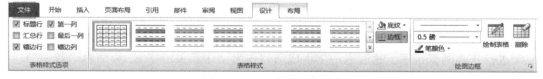

图 5-57　"设计"选项卡

1. "设计"选项卡的"表格样式选项"组

"设计"选项卡的"表格样式选项"组内提供了 6 个复选框，通过勾选不同的复选框，设计表格显示样式。

（1）"标题行"复选框：选中该复选框，使表格的第一行显示特殊格式。

（2）"第一列"复选框：选中该复选框，显示表格中第一列的特殊格式。

（3）"汇总行"复选框：选中该复选框，显示表格中最后一行的特殊格式。

（4）"最后一列"复选框：选中该复选框，显示表格中最后一列的特殊格式。

（5）"镶边行"复选框：选中该复选框，显示镶边行，这些行上的偶数行和奇数行的格式互不相同，这种镶边方式使表格的可读性更强。

（6）"镶边列"复选框：选中该复选框，显示镶边列，这些列上的偶数列和奇数列的格式互不相同，这种镶边方式使表格的可读性更强。

2. "设计"选项卡的"表格样式"组

（1）▦▦▦▦▦▦：选择表格的外观样式。

（2）▧ 底纹 ▾：设置所选文字或段落的背景色。

（3）▦ 边框 ▾：通过该按钮设计表格或单元格显示样式，如下框线、上框线、内部横框线、斜下框线或斜上框线等。

3. "设计"选项卡的"绘图边框"组

（1）▭▭▭ ▾：笔样式，更改用户绘制边框的线型。

（2）0.5磅 ▭▭▭ ▾：笔画粗细，更改用于绘制边框的线条宽度。

（3）✎ 笔颜色 ▾：笔颜色，更改画笔画出的线条颜色。

（4）▦：绘制表格，绘制表格边框。

（5）▦：表格擦除器，擦除表格边框。

5.5.4　表格计算与排序

用户如果需要对表格中的文本进行排序，或者对表格中的数据进行计算，可以利用 Word 提供的表格计算和排序功能。具体操作如下：

将鼠标光标移动至已创建好的表格上方，此时在表格的左上角会出现"✛"按钮，单击此按钮即可选中该表格，此时在选项卡区域内会出现"布局"选项卡，单击"布局"选项卡。

"设计"选项卡的"数据"组：

（1）↓：排序，按字母顺序排列所选文字或对数值数据排序。用户选中需要排序的内容，单击此按钮，会弹出如图 5–58 所示的"排序"对话框。通过该对话框，用户要选择此次排序处理的"主要关键字"和"类型"，"升序"或"降序"操作。比如，若需要对学生成绩进行从高到低排序，这时选中学生成绩列作为"主要关键字"，类型为"数字"，"升序"即可。

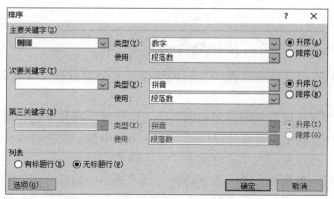

图 5–58　"排序"对话框

（2）：重复标题行，在每一页上重复标题行，此选项仅对跨页表格有效。

（3）：将表格转换成文本，可以选择用于分隔列的文字字符。

（4）*fx*：公式，在单元格中添加一个公式，用于执行简单的计算，如 AVERAGE、SUM、COUNT。

5.6　Word 2010 图文混合排版

在排版过程中，为文档配图是一项十分重要的工作。日常办公排版中，为了让 Word 文档达到一目了然或者美观的效果，通常还会在文档中插入与之匹配的图片。这样不仅能够直观地表达出需要表达的内容，美化文档页面，还可以让读者在阅读文档的过程中轻松愉悦。配图主要包括两方面的工作：一方面是将图片或图表插入文档；另一方面是编辑插入文档中的图片或图表。

5.6.1　插入和编辑图片

1. 插入图片

图片是指由图形、图像等构成的平面媒体。图片的格式有很多，但总体上可以分为点阵图和矢量图两大类，我们常用的 .bmp 和 .jpg 等格式都是点阵图形，而 SWF、CDR、AI 等格式的图形属于矢量图形。用户如需要在 Word 中插入图片，可以通过 Word 自带的图片剪辑库获得，也可从互联网上获取图片资源，或通过扫描仪等外接设备获得。

插入图片的常见方法如下：将光标移动至待插入图片的位置，在"插入"选项卡中的"插入"组，单击"图片"按钮，此时会弹出"插入图片"对话框，如图 5-59 所示。通过该对话框左侧的导航栏，可以选择要插入图片的所在位置，找到图片后，选中图片，单击"插入"按钮即可。

2. 编辑图片

当图片成功插入 Word 文档后，用户可以根据个人需要，编辑处理图片。编辑图片包括调整图片样式、修改图片大小、调整图片排列方式等。具体操作如下：单击图片，选中要处理的图片，此时在选项卡区域内会出现"格式"选项卡，单击"格式"选项卡，如图 5-60 所示。

1）"格式"选项卡的"调整"组

（1）：删除背景，自动删除不需要的部分图片。如果需要，用户可以使用标记表示图片中要保留或删除的区域。

（2）：更改，可以用来改善图片的亮度和对比度或清晰度。

（3）：颜色，更改图片颜色以提高质量或匹配文档内容。

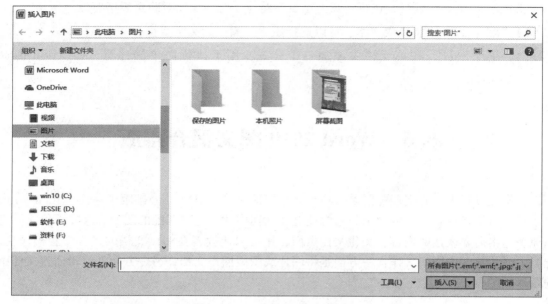

图 5 – 59　"插入图片"对话框

图 5 – 60　"格式"选项卡

（4）:艺术效果，将艺术效果添加到图片，以使其更像草图或油画。

（5）压缩图片:压缩图片，压缩文档中的图片以减小其尺寸。

（6）更改图片:更改图片，更改为其他图片，但保存当前图片的格式和大小。

（7）重设图片:重设图片，放弃对此图片所做的全部格式更改。

2）"格式"选项卡的"图片样式"组

（1）图片边框:图片边框，制定选定形状轮廓的颜色、宽度和线型。

（2）图片效果:图片效果，对图片应用某种视觉效果，例如阴影、发光、映像或三维旋转。

（3）图片版式:转换为 SmartArt 图形，将所选的图片转换为 SmartArt 图形，可以轻松地排列、添加标题并调整图片的大小。

也可以通过单击"格式"选项卡"图片样式"组右下角的""按钮，此时会弹出如图 5 –61 所示的"设置图片格式"对话框。通过该对话框，也可以实现图片样式的更改。

3）"格式"选项卡的"排列"组

（1）:位置，将所选对象放到页面上，文字将自动设置为环绕对象。

（2）:自动换行，更改所选对象周围的文字环绕方式。若要配置对象，使之能与环绕文字一起移动，用户需选择"嵌入式"。

（3）上移一层:上移一层，将所选对象上移，使其不被前面的对象遮盖。

（4）下移一层:下移一层，将所选对象下移，使其被前面的对象遮盖。

图 5-61 "设置图片格式"对话框

（5）选择窗格：显示选择窗格，帮助选择单个对象，并更改其顺序和可见性。

（6）对齐 ▾：对齐，将所选多个对象的边缘对齐。也可以将这些对象居中对齐，或在页面中均匀地分散对齐。

（7）组合 ▾：组合，将对象组合到一起，以便将其作为单个对象处理。

（8）旋转 ▾：旋转或翻转所选对象。

4）"格式"选项卡的"大小"组

（1）裁剪：裁剪，裁剪图片或应用不同的裁剪行为。

（2）高度：8.28 厘米　宽度：14.65 厘米：更改图片的高度和宽度。

也可以通过单击"格式"选项卡"大小"组右下角的"▫"按钮，此时会弹出如图 5-62 所示的"布局"对话框的"大小"组。通过该对话框，也可以实现图片大小的更改。

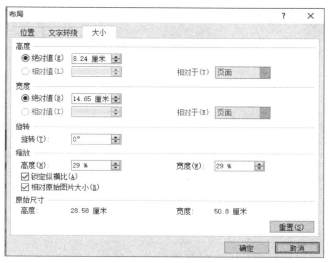

图 5-62 "布局"对话框的"大小"组

3. 插入和编辑剪贴画

1）插入剪贴画

在 Word 文档中，插入剪贴画的具体方法如下：

打开 Word 文档，将光标移动至待插入剪贴画的位置，在"插入"选项卡的"插图"组中，单击"剪贴画"按钮，此时会在窗口右侧弹出"剪贴画"窗格，如图 5-63 所示。

用户可以在"搜索文字"文本框中输入关键词，如"日落"；在"结果类型"中，可以通过下拉列表选择媒体类型，包括：插入、照片、视频或音频，搜索结果会出现在"剪贴画"窗格；单击所需图例，即可插入 Word 文档。

2）编辑剪贴画

编辑剪贴画的方法与编辑图片的方法相似，读者可参见图片编辑方法。

4. 插入和编辑屏幕截图

1）插入屏幕截图

用户使用 Word 文档时，若需要插入屏幕截图，可以通过 Word 2010 提供的屏幕截图功能，快速实现，不需要依靠其他截图软件，十分便捷高效。

插入屏幕截图的具体做法如下：将光标移动至待插入图片的位置，在"插入"选项卡中的"插图"组，单击"屏幕截图"按钮，此时会弹出"可用视窗"选项，在可用视窗的下面就可以看到此时 Word 2010 自动将用户使用的视窗截取下来了，单击下面的图片可以将图片自动添加到 Word 文档中。

图 5-63　"剪贴画"窗格

2）编辑屏幕截图

编辑屏幕截图的方法与编辑图片的方法相似，读者可参见图片编辑方法。

5.6.2　插入和编辑形状

1. 插入形状

在 Word 文档中，插入形状的具体方法如下：

打开 Word 文档，将光标移动至待插入形状的位置，在"插入"选项卡的"插图"组中，单击"形状"按钮，此时会出现如图 5-64 所示的下拉窗格，鼠标单击选择所需形状，拖动鼠标绘制形状。

2. 编辑形状

对于插入 Word 文档的形状，可以对其进行修改形状、调整排列方式、调整大小、添加文字等处理。编辑形状的常见方法如下：

方法1：单击形状后，在该形状四周出现句柄，通过拖动可以缩放、调整或旋转该形状。

方法2：双击形状后，在功能区选项卡会出现"格式"选项卡，如图5-65所示。该选项卡包含"插入形状""形状样式""艺术字样式""文本""排列""大小"6个组。

1）"格式"选项卡的"插入形状"组

（1）插入现成形状，如矩形和圆、箭头、线条、流程图符号和标注等。

（2）编辑形状：编辑形状，更改此绘图的形状，将其转换为任意多边形，或编辑环绕点以确定文字环绕绘图的方式。

（3）文本框：绘制横排文本框，在文档中插入文本框。

2）"格式"选项卡的"形状样式"组

（1）形状填充：形状填充，使用纯色、渐变、图片或纹理填充选定形状。

（2）形状轮廓：形状轮廓，制定选定形状轮廓的颜色、宽度和线型。

（3）形状效果：形状效果，对选定形状应用外观效果（如阴影、发光、映像或三维旋转）。

图5-64　"形状"下拉窗格

也可以通过单击"格式"选项卡的"形状样式"组右下角的"　　"按钮，通过弹出的"设置形状格式"对话框完成形状格式的修改。

图5-65　"格式"选项卡

3）"格式"选项卡的"排列"组

此功能可以调整图片和文字的环绕方式；可以将多个形状组合在一起，成为一个整体；当各个形状有上下堆叠关系时，可以通过"上移一层"或"下移一层"改变上下堆叠位置；当多个形状交叉混合在一起，用户无法准确选择某一形状时，可以通过"选择窗格"来选择当前页的形状。

4）"格式"选项卡的"大小"组

此功能可以通过填写高度和宽度来修改形状大小。

方法3：选中形状，单击右键，在弹出的快捷菜单中选择"添加文字""编辑顶点""组合""置于顶层""置于底层"等相关操作。

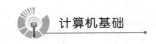

3. 插入和编辑艺术字

在 Word 文档插入艺术字的方法如下：

1）插入艺术字

打开 Word 文档，将光标移动至待插入艺术字的位置，在"插入"选项卡的"文本"组中，单击"艺术字"按钮，在弹出的下拉列表中选择一种艺术字形式。

2）编辑艺术字

对已经插入 Word 文档中的艺术字可以进行编辑操作。具体操作方法如下：

方法1：单击待处理的艺术字，此时该艺术字周围会出现8个句柄，通过拖动句柄可以缩放、调整或旋转该艺术字。

方法2：单击待处理的艺术字，此时功能区会出现"格式"选项卡，通过该选项卡中的各组可以对艺术字进行修改设计。

4. 插入和编辑文本框

1）插入文本框

文本框是一种可以移动、编辑的容器，里面可以放置文字、图片等内容。在 Word 中插入文本框的方法如下：在"插入"选项卡的"文本"组中，单击"文本框"按钮，此时会弹出"文本框"下拉列表，用户根据需要选择一种文本框格式（该格式后期可以进行修改）。

也可以单击下拉列表中的"绘制文本框"／"绘制竖排文本框"命令，此时鼠标会变成十字形，按住左键拖动，即可画出文本框。

2）编辑文本框

对已经插入 Word 文档中的文本框可以进行编辑操作。具体操作方法如下：

方法1：单击待处理的文本框，此时该文本框周围会出现8个句柄，通过拖动句柄可以缩放、调整或旋转该文本框。

方法2：单击待处理的文本框，此时功能区会出现"格式"选项卡，通过该选项卡中的各组可以对文本框进行修改设计。

5.6.3　插入和编辑 SmartArt 图形

1. 插入 SmartArt 图形

在 Word 文档中，插入 SmartArt 图形的具体方法如下：

打开 Word 文档，将光标移动至待插入形状的位置，在"插入"选项卡的"插图"组中，单击"SmartArt"按钮，此时会出现如图 5 – 66 所示的对话框。在此对话框中对 Smart-Art 进行了基本分类，用户可以按照分类进行快速查找，选中所需图形，单击即可实现将 SmartArt 图形插入文档。

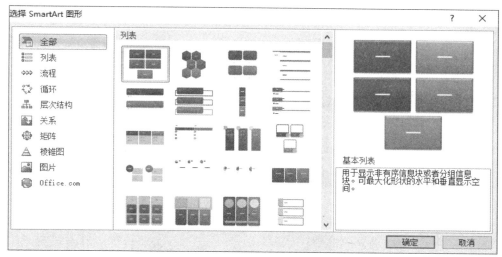

图 5 – 66   "选择 SmartArt 图形"对话框

2. 编辑 SmartArt 图形

单击选中已插入的 SmartArt 图形，此时在功能区选项卡处会出现"设计"选项卡，如图 5 – 67 所示。该选项卡下包括创建图形、布局、SmartArt 样式和重置 4 个组。

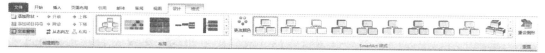

图 5 – 67   SmartArt 图形"设计"选项卡

1）"设计"选项卡的"创建图形"组

通过该组可以选中图形的上方、下方、前面或后面添加形状；可以对选中的图形升级或降级；可以将选中的图形上移或下移；可以将图形左右颠倒顺序；可以修改文本框内的内容。

2）"设计"选项卡的"布局"组

通过该组更改应用于 SmartArt 图形的布局。

3）"设计"选项卡的"SmartArt 样式"组

通过该组更改应用于 SmartArt 图形的颜色变体，选择 SmartArt 图形的总体外观样式。

4）"设计"选项卡的"重置"组

通过该组放弃对 SmartArt 图形所做的全部格式更改。

5.6.4   插入和编辑图表

有时可能需要在 Word 中添加 Excel 的图表，这时需要使用 Word 提供的插入和编辑图表功能。

1. 插入图表

在 Word 2010 中用户可以插入多种数据图表，如柱形图、折线图、饼图、条形图、面积

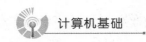

图、散点图、股价图和曲面图等。

具体操作：

在"插入"选项卡的"插图"组中，单击"图表"按钮，此时会弹出如图 5 – 68 所示的"插入图表"对话框。用户可以根据需要从模板中选择一种图表。

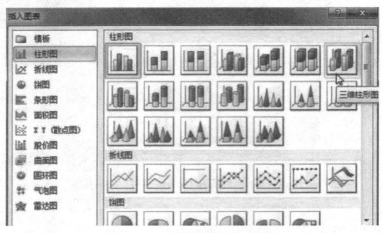

图 5 – 68 "插入图表"对话框

2. 编辑图表

单击选中已插入的图表，功能区会出现"设计""布局""格式"3 个选项卡。通过"设计"选项卡可以更改图表类型、编辑数据、概念图表布局、更改图表样式。通过"布局"选项卡可以在图表中插入图片、形状、文本框等，可以修改图表的各种标签，可以修改坐标轴和网格线，可以修改图表背景，可以对图表进行数据分析等。通过"格式"选项卡，可以修改图表的形状样式、排列方式、大小等。

5.7 Word 2010 高级排版

1. "邮件"选项卡的"创建"组

我们都知道写信时需要一定的格式，否则就不规范了，在 Word 2010 中为用户提供了创建信封和标签的功能。

1）生成一个信封

具体操作：

打开 Word 文档，在"邮件"选项卡的"创建"组中单击"中文信封"按钮，此时会弹出如图 5 – 69 所示的"信封制作向导"对话框，通过该对话框的提示，依次设计信封样式、信封数量，选择"输入收信人信息，生成单个信封"选项，输入收信人信息、输入寄信人信息，单击"完成"按钮，即可生成一个信封，如图 5 – 70 所示。

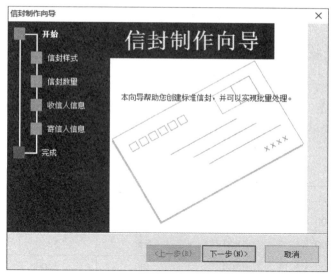

图5-69 "信封制作向导"对话框

图5-70 生成中文信封

2）生成多个信封

具体操作：

想要利用 Word 批量生成信封，前提是有存放收件人信息的 Excel 文件，如图5-71所示。打开 Word 文档，在"邮件"选项卡的"创建"组中单击"中文信封"按钮，此时会弹出如图5-69所示"信封制作向导"对话框，通过该对话框的提示，依次设计信封样式、信封数量，选择"基于地址簿文件，生成批量信封"选项，单击"下一步"按钮，单击"选择地址簿"按钮，在打开的"打开"对话框中，选择包含收件人信息的地址簿文件，单击"打开"按钮，在"地址簿中的对应项"各个下拉框中选择对应的字段，并单击"下一步"按钮，输入寄信人信息，单击"完成"按钮，即可生成多个信封，如图5-72所示。

	A	B	C	D	E
1	姓名	称谓	公司	地址	邮编
2	张三	男	XXXXX	辽宁省锦州市	121000
3	李四	男	YYYYYY	河北省石家庄市	050000
4	王红	女	ZZZZZ	北京市	100000

图5-71 存放收件人信息的 Excel 文件

图5-72 批量生成中文信封

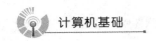
2. 邮件合并

借用 Word 所提供的"邮件合并"功能实现批量制作名片卡、学生成绩单、信件封面以及请帖等内容相同的功能。

具体操作：

若想要为公司员工批量创建工资条，利用 Word 的"邮件合并"功能，需要利用 Word 表格或 Excel 表格将制作工资条所需要的信息以二维表格的形式全部输入其中，如表 5 – 5 所示。

表 5 – 5　存放员工工资信息的表格

员工编号	姓名	岗位工资	绩效工资	全勤奖	总计
001	张三	3000	2000	500	5500
002	李四	3500	1800	500	5800
003	王五	3500	1500	400	5400

（1）创建主文档。新建一个 Word 文档，具体格式如图 5 – 73 所示。

同志，您的本月工资如下：

员工编号	姓名	岗位工资	绩效工资	全勤奖	总计

图 5 – 73　文档格式

（2）找到已经创建好的数据源，本例数据源用 Word 文档中的表格存放，该表格为表 5 – 5。

（3）进行邮件合并处理。打开第一步建立的主文档，在"邮件"选项卡的"开始邮件合并"组中，单击"选择收件人"选项，此时会弹出下拉列表，单击"使用现有列表"命令，此时会弹出"选取数据源"对话框，通过该对话框选中存放数据源的 Word 文档，将光标移动至"同志"前方，单击"编写和插入域"组，在"插入合并域"下拉列表中，选择"姓名"选项，移动光标至"员工编号"下面的单元格，插入"员工编号"；其他项内容操作如上所述。全部处理完成后，单击"预览结果"组中的"预览结果"按钮会显示出处理后的效果；最后单击"完成"组中的"完成并合并"，在下拉列表中选择"编辑单个文档"，此时会弹出"合并到新文档"对话框，单击"全部"后，单击"确定"按钮，会出现一个文件名为"信函 1"的新 Word 文档，该文档有 3 页，第一页显示张三工资信息，如图 5 – 74 所示；第二页和第三页分别显示李四和王五的工资信息。

张三同志，您的本月工资如下：

员工编号	姓名	岗位工资	绩效工资	全勤奖	总计
001	张三	3000	2000	500	5500

图 5 – 74　使用"邮件合并"功能生成员工工资表

习 题

一、单项选择题

1. Word 2010 软件的功能是（　　）。

　A. 文字处理　　　　　　　　　　B. 幻灯片制作

　C. 表格处理　　　　　　　　　　D. 数据统计

2. Word 2010 文档默认使用的扩展名是（　　）。

　A. DOC　　　　　　B. TXT　　　　　　C. DOCX　　　　　　D. DOTX

3. 在 Word 2010 中，默认的视图方式是（　　）。

　A. 页面视图　　　　　　　　　　B. Web 版式视图

　C. 大纲视图　　　　　　　　　　D. 普通视图

4. 　　　按钮的功能是（　　）。

　A. 复制　　　　　　　　　　　　B. 粘贴

　C. 重复输入　　　　　　　　　　D. 撤销输入

5. 在使用 Word 2010 编辑文档的过程中，要将选定区域的内容放到剪贴板上，可单击工具栏中的（　　）。

　A. 复制或替换　　　　　　　　　B. 剪切或复制

　C. 剪切或替换　　　　　　　　　D. 剪切或粘贴

6. 对于选中的文字，想要实现加粗操作，可以利用组合键（　　）。

　A.【Ctrl + C】　　　　　　　　B.【Ctrl + B】

　C.【Ctrl + D】　　　　　　　　D.【Shift + B】

7. 以下不是 Word 窗口组成部分的是（　　）。

　A. 标题栏　　　　　　　　　　　B. 功能区

　C. 快速访问工具栏　　　　　　　D. 任务栏

8. 以下不属于段落格式化操作的是（　　）。

　A. 对齐方式　　　　　　　　　　B. 缩进方式

　C. 行或段落间距　　　　　　　　D. 简繁体转换

9. 下列关于格式化的说法错误的是（　　）。

　A. 在复制格式前需事先选中原格式所在文本

　B. 单击格式刷只能复制一次，双击格式刷可多次复制，直到按【Esc】键为止

　C. 格式刷既可复制格式，也可复制文本

　D. 格式刷在"开始"选项卡的"剪贴板"组中

10. 使图片按比例缩放应选用（　　）。

　A. 拖动四角的句柄　　　　　　　B. 拖动中间的句柄

　C. 拖动图片边框线　　　　　　　D. 拖动边框线的句柄

11. 在 Word 中，如果要使图片周围环绕文字，应该选择（　　）操作。

　A. 绘图"工具栏"中，"文字环绕"列表中的"四周环绕"

　B. 图片"工具栏"中，"文字环绕"列表中的"四周环绕"

C. 常用"工具栏"中，"文字环绕"列表中的"四周环绕"

D. 格式"工具栏"中，"文字环绕"列表中的"四周环绕"

12. 将光标插入点定位于句子"桃花依旧笑春风"中的"旧"与"笑"之间，按一下【Delete】键，则该句子变为（   ）。

A. "桃花依笑春风"   B. "桃花依旧春风"

C. 整句被删除   D. 不发生任何改变

13. Word 在编辑一个文档完毕后，要想知道它打印后的结果，可使用（   ）功能。

A. 打印预览   B. 模拟打印

C. 提前打印   D. 屏幕打印

14. 在 Word 2010 中，输入的文字默认的对齐方式是（   ）。

A. 左对齐   B. 右对齐

C. 居中对齐   D. 两端对齐

15. 在 Word 2010 中，"拼音指南"的功能是（   ）。

A. 给选中的汉字添加汉语拼音

B. 将汉字转化成汉语拼音

C. 把文中出现的拼音用汉字显示

D. 把所有的汉字都转换成汉语拼音

16. 在 Word 2010 编辑状态中，对已经输入的文档设置"首字下沉"，需要使用（   ）。

A. "开始"选项卡的"字体"组

B. "设计"选项卡的"文档格式"组

C. "插入"选项卡的"文本"组

D. "视图"选项卡的"视图"组

17. 在 Word 文档中，插入表格操作时，以下说法正确的是（   ）。

A. 可以调整每列的宽度，但不能调整行高

B. 可以调整每行和列的宽度与高度，但不能随意修改表格线样式

C. 不能画斜线

D. 以上说法都不对

18. 在 Word 编辑窗口中，要将光标移动至文档尾部，可用的组合键是（   ）。

A.【Ctrl + Home】   B.【Ctrl + End】

C.【Ctrl + ↑】   D.【Ctrl + ↓】

19. 新建一个 Word 文档，可用的组合键是（   ）。

A.【Ctrl + N】   B.【Ctrl + O】

C.【Ctrl + S】   D.【Ctrl + C】

20. 下面关于 Word 的叙述错误的是（   ）。

A. Word 可将正编辑的文档另存为一个纯文本（.txt）文件

B. 使用"文件"中的"打开"可以打开一个本机已存在的 Word 文档

C. 打印预览时，打印机必须是已经开启的

D. Word 允许同时打开多个文档

二、操作题

对"操作练习1. doc"文件，实现以下操作，完成如图5－75所示的排版。

人与自然和谐共生：新时代自然文明建设的旨归

自然文明是人与自然和谐共生的反映，体现一个国家的发展程度和文明程度。党的十九大把"坚持人与自然和谐共生"纳入新时代坚持和发展中国特色社会主义的基本方略，标志着社会主义自然文明建设进入新境界。自然文明建设是中国发展史上一场深刻变革，自然文明建设绝不是单纯就环境来解决环境问题，而是在新文明观指导下的生产生活方式和社会发展方式的系统性革命。

实现人与自然和谐共生要保持对自然的敬畏

人类社会发展，需要从自然界摄取物质、能量和信息，这是人类生命活动的前提。人类离不开自然，自然环境不仅满足人的基本生存需要，而且也是重要的精神享受，能陶冶人的情操，发展人的体力智力，促进人的身心健康和全面发展。

大自然是人类生存的前提和基础。人是自然界长期发展的产物，是自然界的一部分，然而工业文明往往会过分突出人的主体性，与自然的关系渐渐走向疏离。在实用主义的 指导下，人把自然作为索取对象和工具手段，不断地对自然提出各种要求，逐渐发生了人与自然的分化。以至于发生了人与自然关系的异化，人错误地认为人可以主宰自然。

图5－75　处理后文档样式

扫描二维码观看习题操作

（1）将文中所有的"财产"更换为"产物"。

（2）将文中的"实现人与自然和谐共生要保持对自然的敬畏"移动至"人类社会发展，需要从自然界摄取物质、能量和信息……"该段之前，并独立成段。

（3）将全文段落设为段前0.5行，段后0.5行，段中行间距为固定值20磅。

（4）对"自然文明是人与自然和谐共生的反映"设置"首字下沉"两行，首字用绿色黑体。

（5）将"大自然是人类生存的前提和基础……"一段分为两栏，两栏之间加分割线。

（6）将"人与自然和谐共生：新时代自然文明建设的旨归"和"实现人与自然和谐共生要保持对自然的敬畏"设置成黑体、加粗、三号字，并居中对齐。

第6章

电子表格处理软件 Excel 2010

本章介绍微软公司 Office 办公软件中的 Excel 2010。Excel 不仅具有整齐漂亮的外观，还可以对数据进行复杂的计算，是表格与数据的完美结合。利用它可以对表格中的数据进行分析和管理，并以图表或图形的形式表现出来。Excel 不但可以用于个人、办公等有关的日常事务处理，而且被广泛应用于金融、经济、财会、审计和统计等领域。

6.1　电子表格处理软件概述

6.1.1　电子表格处理软件发展史

1982 年微软推出了第一款电子制表软件 Multiplan，并在 CP/M 系统上大获成功。但在 MS – DOS 系统上，Multiplan 败给了 Lotus1 – 2 – 3。这个事件促使了 Excel 的诞生。1985 年第一款 Excel 诞生，它只用于 Mac 系统。1987 年第一款适用于 Windows 系统的 Excel 诞生。随之又推出了 Excel 4.0、Excel 5.0、Excel 6.0、Excel 7.0、Excel 97、Excel 2003、Excel 2007、Excel 2010 等版本。Excel 是第一款允许用户自定义界面的电子制表软件（包括字体、文字属性和单元格格式）。它还引进了"智能重算"的功能，当单元格数据变动时，只有与之相关的数据才会更新，而原先的制表软件只能重算全部数据或者等待下一个指令。同时，Excel 还有强大的图形功能。它可以进行各种数据的处理、统计分析和辅助决策操作，已成为国内外用户管理公司、统计数据、绘制各种专业化表格的得力助手。

6.1.2　电子表格的功能

1. 表格制作

可在当前单元格中输入数据，也可在编辑栏中进行较长数据的输入，还提供了快速填写、自动填充、自定义序列等操作，并且支持剪贴板的相关操作。

2. 公式计算

Excel 提供了大量函数，用户可以使用这些函数和自己定义的公式完成各种复杂的计算。

3. 格式设置

Excel 提供了丰富的格式设置功能，例如单元格格式、条件格式、自动套用格式等，可设置数字显示方式、文字对齐、颜色、表格边框、图案等相关格式。

4. 图表处理

Excel 有各种格式的图表类型，用户可以根据图表向导方便地创建出精美的图表。

5. 数据分析管理

Excel 实现了对数据进行筛选、检索、排序、分类、汇总等简单的数据库管理分析操作。

6. 其他功能

Excel 支持对象连接与嵌入功能，在工作表中可以插入艺术字、图片等对象，还支持 VBA 编程进行复杂的数据分析，并且支持数据共享。

6.1.3　Excel 2010 主要新增功能

1. 迷你图

迷你图是 Excel 2010 中的新功能，可以使用它在一个单元格中创建小型图表来快速发现数据变化趋势。这是一种突出显示重要数据趋势（如季节性升高或下降）的快速简便的方法，可节省大量时间。

2. 切片器功能

Excel 2010 提供了全新切片和切块功能。切片器功能在数据透视表视图中提供了丰富的可视化功能，方便动态分割和筛选数据以显示需要的内容。使用搜索筛选器，可用较少的时间审查表和数据透视表视图中的大量数据集，从而将更多时间用于分析。

3. 屏幕截图

在"插入"选项卡中的"插图"功能区新增屏幕截图功能，可以快速截取屏幕快照，并将其添加到工作簿中，然后使用"图片工具"选项卡上的工具编辑和改进屏幕快照。

4. 新增的 SmartArt 图形布局

借助新增的图片布局功能，可以使用照片来阐述案例。

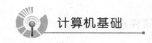

5. 更加丰富的条件格式

在 Excel 2010 中，增加了更多条件格式，在"数据条"标签下新增了"实心填充"功能，实心填充之后，数据条的长度表示单元格中值的大小。

6. 对公式的支持

可以使用 Excel 2010 中新增的公式编辑工具在工作表中插入常用数学公式或使用数学符号库构建自己的公式，还可以在文本框和其他形状内插入新公式。

6.2　Excel 2010 的窗口界面

启动 Excel 2010 将打开如图 6-1 所示的窗口界面。

图 6-1　Excel 2010 的窗口界面

1. 标题栏

显示正在编辑的文档的文件名。新建一个 Excel 文件时，系统自动命名为工作簿 1，当给文件重新命名后，标题栏会显示新的文件名。

2. 快速访问工具栏

该工具栏位于工作界面的左上角，包含一组用户使用频率较高的工具，如"保存""撤销""恢复"。用户可单击"快速访问工具栏"右侧的三角按钮，在展开的列表中选择要在其中显示或隐藏的工具按钮，如图 6-2 所示。

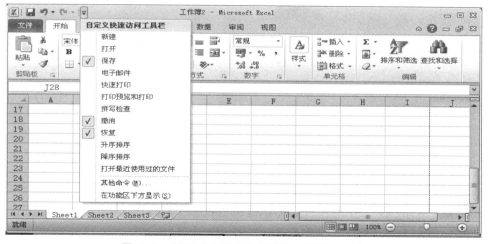

图6-2　展开"自定义快速访问工具栏"列表

3. 选项卡与功能区

标题栏的下方是一个由若干个选项卡组成的区域。Excel 2010将用于处理数据的所有命令组织在不同的选项卡中。单击不同的选项卡标签，可切换功能区中显示的工具命令。在每一个选项卡中，命令又被分类放置在不同的组中。组的右下角通常都会有一个对话框启动器按钮，用于打开与该组命令相关的对话框，以便用户进行更进一步的设置。

4. "文件"菜单

在Excel主视窗的左上角，有一个特别的绿色菜单，就是"文件"菜单，单击选项卡会显示一些基本命令，包括"保存""另存为""打开""关闭""新建""打印""帮助""选项"等命令。如果经常使用的功能不在选项卡中，则可执行"Excel选项"中"自定义功能区"命令添加主选项卡，如图6-3所示。

图6-3　添加主选项卡

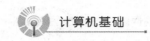

5. 名称框

名称框里显示了当前单元格的名称或地址，或者选中单元格区域的范围。

6. 编辑栏

编辑栏主要用于输入和修改活动单元格中的数据。当在工作表的某个单元格中输入数据时，编辑栏会同步显示输入的内容。

7. 工作表标签

在 Excel 中生成的文件就叫作工作簿，Excel 2010 的文件扩展名是".xlsx"。也就是说，一个 Excel 文件就是一个工作簿。每个工作簿可以设置 1～255 个工作表，每个工作表有一个名字，以标签形式显示在工作表窗口下方。新建一个工作簿时，系统默认 3 张工作表。默认名称为"Sheet1""Sheet2""Sheet3"。单击不同的工作表标签可在工作表间进行切换。当插入的工作表过多时，可通过标签滑动按钮来显示不在屏幕内的标签。

8. 工作表编辑区

工作表编辑区用于显示或编辑工作表中的数据。

9. 行号

每张工作表被分成 1048576（即 2^{20}）行，行号自上而下分别用数字 1，2，3，…，1048576 表示。单击行号时，可以选中表中的一行。

10. 列号

每张工作表被分成 16384（即 2^{14}）列，列号自左向右分别用 A，B，C，…，AA，AB，AC，…，IV 表示。单击列号时，可以选中表中的一列。

11. 单元格

工作表被行和列分成许多小格，称为单元格。它是组成表格的最小单位，可拆分或者合并。单个数据的输入和修改都是在单元格中进行的。单元格的名称由其所在的行和列的名称组成，例如 A4、D5，具有粗黑框的单元格称为当前活动单元格。

12. 视图按钮

在 Excel 2010 中，可根据需要在状态栏中单击视图按钮选择相应视图，或在"视图"选项卡中的"工作簿视图"功能区中选择，方便用户在不同视图模式中查看和编辑表格。视图包括普通视图、页面布局视图、分页预览视图 3 种形式。

（1）普通视图：普通视图是 Excel 中的默认视图，用于正常显示工作表，在其中可以执行数据输入、数据计算和图表制作等操作，不显示页眉和页脚。

（2）页面布局视图：在页面布局视图中，每一页都会显示页边距、页眉和页脚，用户可以在此模式下编辑数据、添加页眉和页脚，还可以通过拖动上方或左侧标尺中的浅蓝色控制条设置页面边距。

（3）分页预览视图：分页预览视图可以显示蓝色的分页符，用户可以用鼠标拖动分页符以改变显示的页数和每页的显示比例，并且在每一页背景上以灰色水印的形式显示页码。

6.3　Excel 2010 的基本操作

6.3.1　Excel 2010 的工作簿及其操作

在使用 Excel 编辑和处理数据之前，首先应该新建工作簿，待在工作簿中处理完数据后，需保存工作簿。此外，常见的工作簿操作还包括打开和关闭等操作。

1. 新建工作簿

工作簿即 Excel 文件，也称电子表格。默认情况下，新建的工作簿以"工作簿1"命名。新建工作簿的常用方法有 4 种：

方法 1：启动 Excel 2010，将自动新建一个名为"工作簿 1"的空白工作簿，用户可以在保存工作簿时重新命名。

方法 2：单击"文件"选项卡中的"新建"按钮，在"可用模板"下双击"空白工作簿"选项。

方法 3：单击"快速访问工具栏"中的"新建"按钮 。

方法 4：按【Ctrl + N】组合键，可快速新建空白工作簿。

2. 保存工作簿

编辑工作簿后，需要对工作簿进行保存操作。重复编辑的工作簿，可直接进行保存，也可另存为新的文件。

1）直接保存工作簿

在快速访问工具栏中，单击"保存"按钮或按【Ctrl + S】组合键，即可取代原工作文档；如果文件是第一次进行保存操作，将打开"另存为"对话框，可设置文件的保存位置，在"文件名"下拉列表框中可输入工作簿名称。

2）另存为

如果需要将编辑过的工作簿保存为新文档，可执行"文件另存为"命令打开"另存为"对话框。"另存为"相当于文件复制，原文档仍然存在。

3. 打开工作簿

打开工作簿的方法有 4 种：

方法 1：双击需要打开的工作簿，即可将其打开。

方法 2：执行"文件"菜单中的"打开"命令。

方法 3：单击"快速访问工具栏"中的"打开"按钮 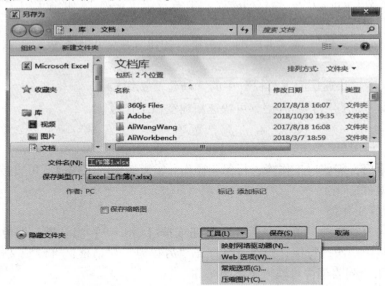。

方法 4：按【Ctrl + O】组合键。

4. 关闭工作簿

在 Excel 2010 中，常用的关闭工作簿的方式主要有以下 4 种：

方法 1：单击功能区最右边的"关闭"按钮 。

方法 2：单击"文件"选项卡中的"退出"按钮。

方法 3：单击标题栏左侧控制图标中的"关闭"按钮。

方法 4：按【Ctrl + W】组合键。

5. 保护工作簿

Excel 2010 提供了多层保护来控制用户访问和更改 Excel 数据，主要有以下 3 种方法。

1）给文件加保护口令

在"文件"选项卡的"另存为"选项组中，单击"另存为"按钮，在弹出的如图 6 – 4 所示的列表中，执行"常规选项"命令，在弹出的如图 6 – 5 所示的"常规选项"对话框中，可设置"打开权限密码"和"修改权限密码"。输入密码后，单击"确定"按钮。在弹出的"确认密码"对话框中，再输入一遍相同的口令，单击"确定"按钮。最后，单击"另存为"对话框中的"保存"按钮即可。

图 6 – 4　"另存为"对话框

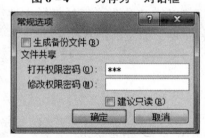

图 6 – 5　"常规选项"对话框

这样，以后每次打开或存取工作簿时都必须输入口令。口令最多能包括255个字符，可以使用特殊字符，并且区分大小写。一般来说，这种方法适用于需要最高级安全性的工作簿。

2）修改权限口令

具体操作步骤与"给文件加保护口令"基本一样，在"常规选项"对话框的"修改权限密码"输入框中输入口令，然后单击"确定"按钮即可。

这样，在不了解该口令的情况下，用户可以打开、浏览和操作工作簿，但不能存储该工作簿，从而达到保护工作簿的目的。

3）"保护工作簿"命令

在"审阅"选项卡的"更改"组中，单击"保护工作簿"命令，弹出如图6-6所示的"保护结构和窗口"对话框。根据实际需要选定"结构"或"窗口"选项。若需要设置密码，则在对话框的"密码（可选）"输入框中输入口令，并在"确认密码"对话框中再输入一遍相同的口令，单击"确定"按钮。这样，可防止用户添加或删除工作表，或是显示隐藏的工作表，还可防止用户更改已设置的工作簿显示窗口的大小或位置。

图6-6 "保护结构和窗口"对话框

6.3.2 Excel 2010 的工作表及其操作

工作表是显示和分析数据的场所，主要用于组织和管理各种数据信息。工作表存储在工作簿中，默认情况下，一张工作簿中包含3个工作表，分别以"Sheet1""Sheet2""Sheet3"进行命名，用户也可根据需求情况对工作表进行删除和添加。在编辑工作表的过程中，还需要进行选择、重命名、插入、移动、复制工作表等操作。

1. 新建工作表

新建工作表常用的方法有4种。

方法1：在"开始"选项卡的"单元格"组中，单击"插入"按钮，在弹出的如图6-7所示的列表中执行"插入工作表"命令。

方法2：利用快捷菜单插入新工作表。在工作表标签上单击右键，在弹出的快捷菜单中执行"插入"命令，打开"插入"对话框，执行"常用"标签中的"工作表"命令。

方法3：执行"工作表标签"中的"插入工作表 "命令。

方法4：按【Shift + F11】组合键。

2. 选择工作表

选择工作表是一项非常基础的操作，包括：

（1）选择一张工作表：单击相应的工作表标签，即可选择该工作表。

（2）选择连续的多张工作表：在选择一张工作表后按住【Shift】键，再选择最后一张

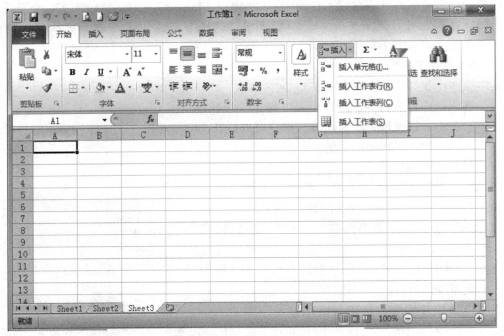

图 6 – 7 新建工作表

工作表标签。

（3）选择不连续的多张工作表：选择一张工作表后按住【Ctrl】键，再依次单击其他工作表标签。

（4）选择所有工作表：在工作表标签的任意位置单击右键，在弹出的快捷菜单中执行"选定全部工作表"命令。

3. 重命名工作表

对工作表进行重命名，可以帮助用户快速了解工作表内容，便于查找和分类。重命名工作表的方法主要有以下 3 种：

方法 1：双击工作表标签，输入新名称即可。

方法 2：在工作表标签上单击右键，在弹出的快捷菜单中执行"重命名"命令，输入新名称即可。

方法 3：在"开始"选项卡的"单元格"中单击"格式"按钮，在弹出的列表中执行"重命名工作表"命令，即可更改工作表名。

4. 删除工作表

删除工作表有以下两种方法：

方法 1：选定一个或多个要删除的工作表，单击右键，在弹出的列表中执行"删除"命令。

方法 2：在"开始"选项卡的"单元格"组中单击"格式"按钮，在弹出的列表中执行"删除"命令，再在弹出的列表中执行"删除工作表"命令。

5. 移动和复制工作表

移动、复制工作表在 Excel 2010 中的应用相当广泛，用户可以在同一个工作簿上移动或复制工作表，也可以将工作表移动或复制到另一个工作簿中。

1）工作簿内移动或复制工作表

在要移动的工作表标签上按住鼠标左键不放，将其拖放到指定位置即可，此时执行的是移动操作，如果需要执行复制操作，在拖动的同时按住【Ctrl】键即可。

2）工作簿间移动或复制工作表

同时打开两个工作簿，选中原工作簿中要移动或复制的工作表，单击右键，在弹出的如图 6 - 8 所示的快捷菜单中单击"移动或复制"命令，打开如图 6 - 9 所示的"移动或复制工作表"对话框，选中要插入的位置，单击"确定"按钮即可。

图 6 - 8　工作表快捷菜单

图 6 - 9　"移动或复制工作表"对话框

6. 拆分和冻结工作表

当工作表数据较多时，一个文件窗口不能将数据全部显示出来，查看时需要滚动工作表数据。工作表滚动时如仍需看到行标题和列标题，可采用将工作表分割为几个区域或冻结窗口的方法。

1）拆分工作表

一个工作表窗口可以拆分为 4 个窗格，如图 6 - 10 所示，分隔条将窗口拆分为 4 个窗格。窗口拆分后，可同时浏览一个较大工作表的不同部分。

方法 1：鼠标指针指向水平（或垂直）滚动条上的"拆分条"，当鼠标指针变成"双箭头""┽╟┾"（或"╤"）时，沿箭头方向拖动鼠标到适当的位置，放开鼠标即可。拖动分隔条，可以调整分隔后窗格的大小。

方法 2：单击要拆分的行或列的位置，在"视图"选项卡的"窗口"选项组中，单击"拆分"按钮，一个窗口将被拆分为 4 个窗格。

将"拆分条"拖回到原点位置或再次在"视图"选项卡的"窗口"组中单击"拆分"命令，即可取消拆分窗口。

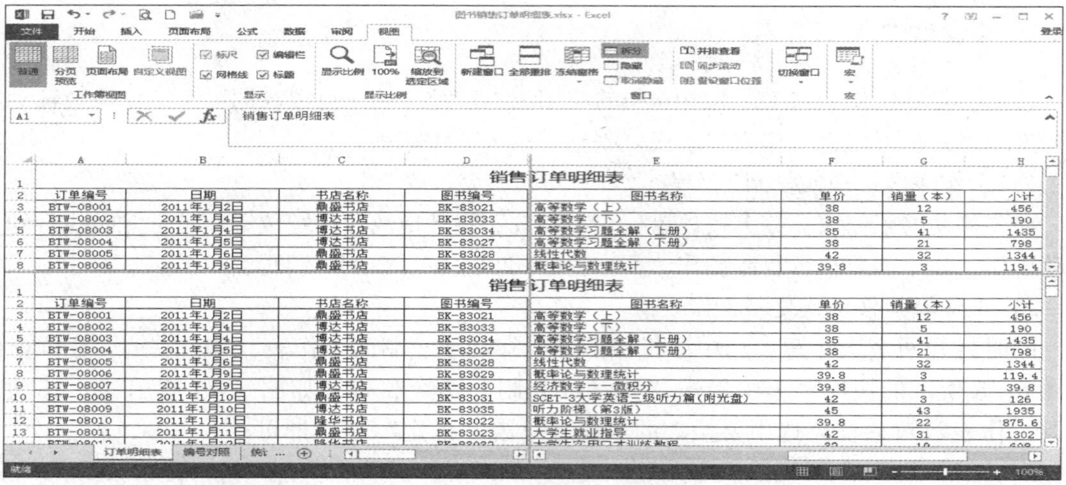

图 6-10 拆分工作表

2）冻结窗口

当工作表有行标题和列标题时，为了看数据时可以对应着标题，需要让行标题或列标题固定不动，这时可以把工作表进行窗口冻结。在"视图"选项卡的"窗口"组中，单击"冻结窗格"按钮，根据需求选中相应选项，如图 6-11 所示。使用"冻结拆分窗格"命令，会将活动单元格上面及左边的窗格冻结，因此使用该命令首先要选择合适的单元格。例如，如果要冻结首行和首列，首先要选择单元格 B2 为活动单元格，再选择"冻结拆分窗格"命令即可。

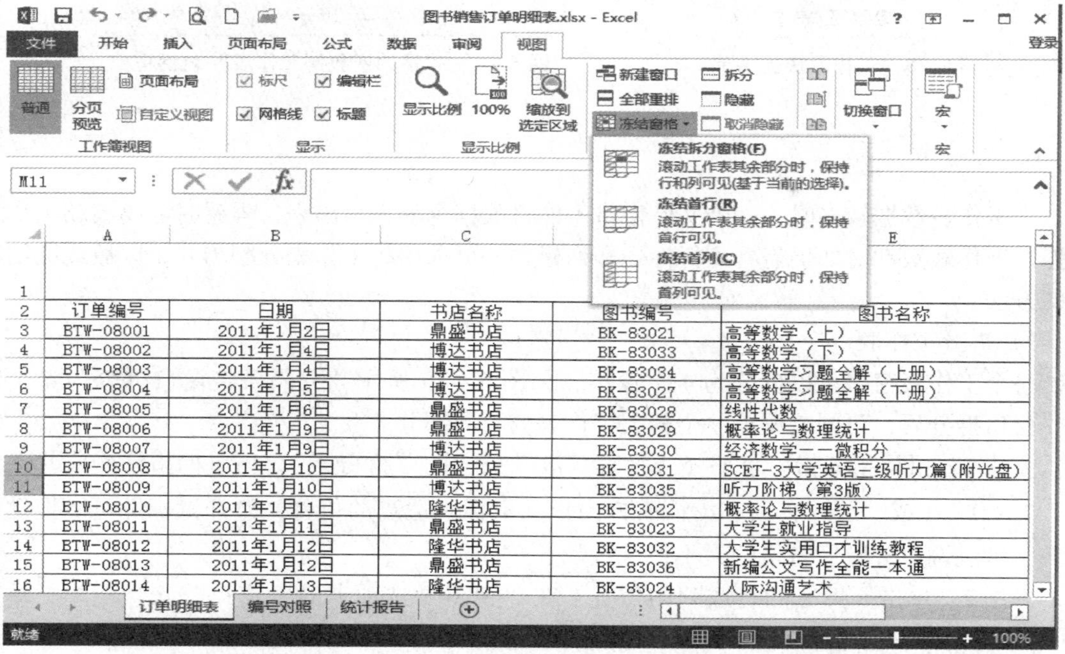

图 6-11 冻结窗口

如果要取消冻结，只要在"窗口"命令组中单击"取消冻结窗格"命令即可。

7. 隐藏工作表

当工作表中有一些重要的数据不希望被别人看到时，可以将工作表隐藏起来。隐藏的工作表仍然处于打开状态，其中的数据可以继续使用。

具体操作：

选定要隐藏的工作表后，在"开始"选项卡的"单元格"组中单击"格式"按钮，在弹出的如图6-12所示的列表中选择"隐藏和取消隐藏"执行"隐藏工作表"命令。如果要取消隐藏，只要单击"格式"命令，执行"取消隐藏工作表"命令，双击要取消隐藏的工作表即可。

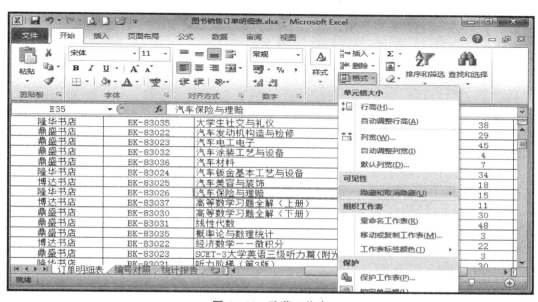

图6-12 隐藏工作表

6.3.3 Excel 2010 的单元格及其操作

单元格是表格中行与列的交叉部分，它是组成表格的最基本单位，多个连续的单元格称为单元格区域。单个数据的输入和修改都是在单元格中进行的，用户在编辑电子表格的过程中，需要对单元格进行多项操作，包括选择、合并与拆分、插入与删除等。

1. 选择单元格

在对单元格进行操作之前，首先应该选择需操作的单元格或单元格区域。主要有以下5种方法：

方法1：选择单个单元格。单击要选择的单元格。

方法2：选择多个连续的单元格。选择欲选取范围的第一个单元格，然后按住左键不放并拖动鼠标到欲选取范围的最后一个单元格，释放左键。

假设选取 B3 到 E6 这个范围，先点选 B3 单元格，按住左键不放，将其拖动至 E6 单元格，图 6-13 选取的范围即表示 B3：E6。若要取消选取范围，只要在工作表内按下任一个单元格即可。

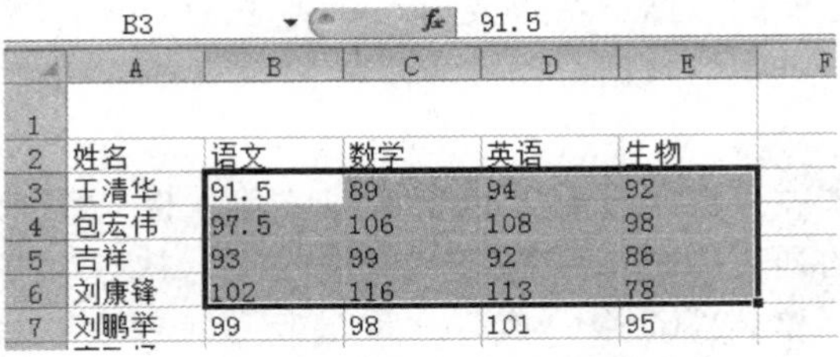

图 6-13 连续单元格的选取

方法 3：选择不连续的单元格。按住【Ctrl】键不放，分别单击要选择的单元格即可。

方法 4：选择整行/整列。单击行号/列号即可。

方法 5：选择整个工作表中的所有单元格。单击工作表编辑区左上角行号与列号交叉处的按钮 🔲 即可。

2. 合并与拆分单元格

在实际编辑表格的过程中，通常需要对单元格或单元格区域进行合并与拆分操作，以满足表格样式的需要。

1）合并单元格

在编辑表格的过程中，为了使表格结构看起来更美观，层次更清晰，需要对单元格区域进行合并操作。选择需要合并的多个单元格，在"开始"选项卡的"对齐方式"组右侧下拉列表中，可以执行"跨越合并""合并单元格""取消单元格合并"等命令。

2）拆分单元格

首先选中需合并的单元格，然后在"开始"选项卡中的"对齐方式"组中，执行"合并后居中 🔳"命令或执行"合并后居中 🔳"下拉列表中的"取消单元格合并"命令。

3. 插入与删除单元格

在编辑表格时，用户可根据需要插入或删除单个单元格，也可插入或删除一行或一列单元格。

1）插入单元格

插入行、列与单元格的操作步骤为：选中欲插入单元格的位置，在"开始"选项卡中的"单元格"组中，单击"插入"按钮，即可插入一个空白单元格。单击"插入"下方的下拉按钮，在弹出的列表中可以执行如图 6-14 所示的"插入工作表行""插入工作表列""插入工作表"等命令。

此外，选中欲插入单元格位置，单击右键，在弹出的快捷菜单中单击"插入"按钮，在弹出的列表中可以执行"活动单元格右移""活动单元格下移""整行""整列"等命令。

2）删除单元格

当不需要某单元格时，可将其删除。选择要删除的单元格，在"开始"选项卡的"单元格"组中，单击"删除"按钮，此时，单元格的内容和单元格将一起从工作表中消失，其位置由周围的单元格补充。单击"删除"下方的下拉按钮，在打开的下拉列表中可以执行"删除工作表行""删除工作表列""删除工作表"等命令。

此外，选择要删除的单元格，单击右键，在弹出的快捷菜单中执行"删除"命令，在弹出的"删除"对话框中可以执行如图 6－15 所示的"右侧单元格左移""下方单元格上移""整行""整列"等命令。

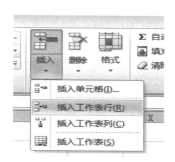

图 6－14　单元格的插入

图 6－15　单元格的删除

3）插入/删除一行或一列单元格

插入/删除一行或一列单元格除了用上述方法外，还可以选中"行号"或者"列号"，单击右键，在弹出的快捷菜单中执行"插入"或"删除"命令。

注意

选定行、列或单元格后，按【Delete】键，将仅删除单元格的内容，空白的行、列或单元格仍保留在工作表中。

4. 命名单元格

为了使工作表的结构更加清晰，可为单元格命名。先选定要命名的单元格或单元格区域，在名称框中输入需命名的名称即可。

5. 添加批注

Excel 为方便用户及时记录，提供了添加批注的功能。

添加批注的方法是：选中要添加批注的单元格，单击右键，在弹出的快捷菜单中选择"插入批注"命令，在弹出的"批注框"中输入批注的文本，输好后单击批注框外部的工作表区域即可。在添加批注之后单元格的右上角会出现一个小红点，提示该单元格已被添加了批注。将鼠标移到该单元格上就可以显示批注。

6.3.4　Excel 2010 数据的输入

新建好工作表后，即可在单元格中输入数据。Excel 2010 的数字精度为 15 位，一个单元格最多可以输入 32000 个字符。

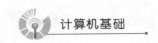

1. 输入的数据类型

输入数据是制作表格的基础，Excel 支持各类型数据的输入，包括文本、数值、日期、时间和逻辑值等。

1）输入文本型数据

文本是由字母、数字、符号和汉字等组成的字符串。单击"开始"选项卡中的"数字"组下拉菜单，选择"文本"类型后再输入字符串，或者在字符串前输入英文单引号。输入的文本默认左对齐。例如，要在单元格中输入字符串"01234"，则在单元格中直接输入"01234 后，按【Enter】键即可。

当在一个单元格中输入需换行时，可按组合键【Alt + Enter】。

2）输入数值型数据

在 Excel 中，数值型数据使用得最多，主要由 0 ~ 9 的数字、+、−、/、%、E、e、\$ 等组成，输入的数字在默认情况下是右对齐的。若数字和文字出现在同一单元格中，按文本输入处理。

（1）输入分数。在单元格中直接输入分数，系统自动按日期处理。为了与日期的输入相区别，应先输入"0"和空格，之后再输入分数。例如，要输入"4/5"，应输入"0 4/5"，如果直接输入，系统会显示为"4 月 5 日"。

（2）输入负数。负数的输入方式有两种：

方法 1：直接输入负号和数值，如输入"−123"。

方法 2：用双括号将数值括起来，如输入"（123）"后，按【Enter】键即可。

当输入的数字太长，超过单元格的列宽时，Excel 自动以科学计数法表示，如输入 1234567890123，则显示为"1.23E + 12"，如果单元格数字格式设置为带 2 位小数，输入 3 位小数的时候，末位将四舍五入。有时输入的数据超过列宽，单元格中会显示"####"，需调整合适的列宽。

3）输入日期和时间型数据

Excel 2010 内置了多种日期和时间格式，可通过右键菜单中的"设置单元格格式""数字"选项卡的"日期"或"时间"选项进行设置，如图 6 − 16 所示。

若要显示当前系统日期，可以用【Ctrl + ;】组合键输入。若要显示当前时间，可以用【Ctrl + Shift + ;】组合键输入。

4）输入逻辑型数据

Excel 2010 的逻辑值有逻辑真"True"和逻辑假"False"两个。在单元格中输入表达式时，会自动判断其逻辑值。例如，在单元格中输入"= 5 > 4"，按【Enter】键后显示"True"；若输入"= 5 < 4"，则显示"False"。

2. 根据输入的方法不同分类

1）直接输入数据

直接输入的方法有多种，可以通过单击单元格，直接写入数据。也可以双击单元格，此时光标在单元格内闪烁，输入数据即可。还有一种方法是单击单元格，在编辑栏输入数据内容，按【Enter】键或者 ☑ 按钮即可将数据写入。

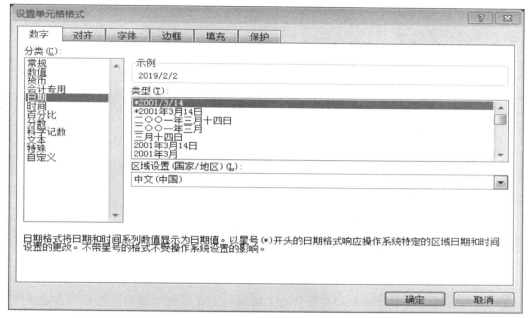

图 6-16　"设置单元格格式"对话框

2）快速填充数据

Excel 输入表格数据的过程中，若单元格数据多处相同或是有规律的数据序列，可以利用快速填充表格数据的方法来提高工作效率。

（1）记忆输入。在同列不同单元格输入相同数据时，当输入的内容和已输入的内容匹配时，系统会自动填写其余字符。这时按【Enter】键，表示默认输入；若不采用，继续输入即可。

（2）选择列表输入。为避免输入内容出错，可以在选取单元格后，单击右键，在弹出的快捷菜单中选择"从下拉列表中选择"命令或按【Alt +↓】组合键，从输入列表中选择需要的输入项即可。

（3）在不连续的单元格区域输入相同数据。先按住【Ctrl】键不放，分别选中要输入数据的单元格，在"编辑栏"中输入数据，然后按【Ctrl + Enter】组合键。

3）利用填充柄输入数据

用户可以通过拖动填充柄的方法在相邻单元格输入一组相同的数值或者具有等差规律的数据。填充柄是位于选定区域右下角的小黑方块，将鼠标指向填充柄时，鼠标的指针更改为黑十字，按住左键经过要填充的单元格区域，释放鼠标，单击"自动填充选项"按钮 ，从弹出列表中选择如图 6-17 所示的填充方式。

注意

如果单元格中的数据是数字、日期、时间，按等差序列填充单元格时，默认公差是 1。若需按公差不为 1 的差序列填充，则需选中等差序列前两项数据的单元格，拖动填充柄即可。

4）利用自定义序列自动填充数据

Excel 还允许用户自己定义数据的序列，以便于更快速、有效地完成数据输入。

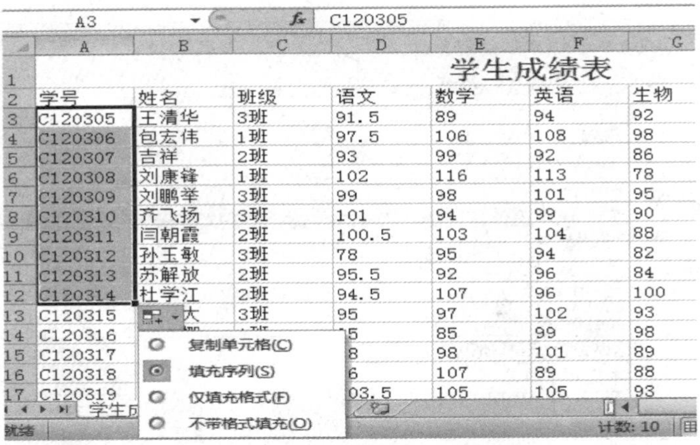

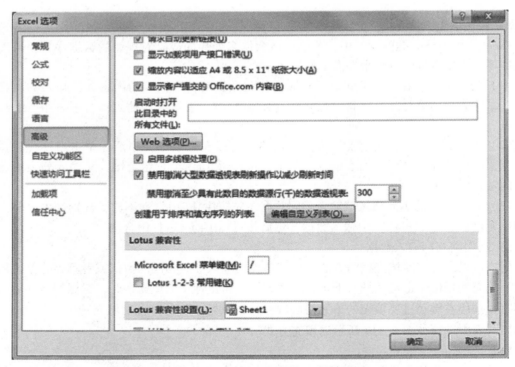

图 6 – 17   自动填充项示例

（1）执行"文件"菜单中的"选项"命令。

（2）打开"Excel 选项"对话框，单击左侧窗格的"高级"命令。

（3）单击右侧窗格中如图 6 – 18 所示的"编辑自定义列表"按钮，打开"自定义序列"对话框。

图 6 – 18   "Excel 选项"对话框

（4）单击"自定义序列"列表框中的"新序列"命令，使"输入序列"列表框中出现光标。在列表框中输入新的序列，按【Enter】键分隔列表条目。

例如，要将各班级的名称作为序列，就在其中输入"一班，二班，三班……"。单击

"添加"和"确定"按钮完成自定义，回到"Excel 选项"对话框，再单击"确定"按钮即可。这样在单元格中输入"一班"，然后使用自动填充序列功能就可以完成序列填充，如图 6 – 19 所示。

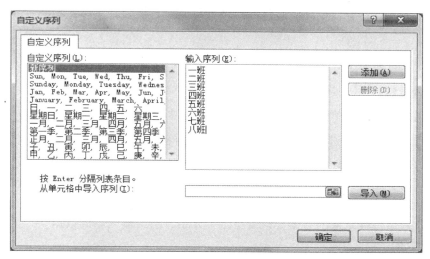

图 6 – 19　"自定义序列"对话框

5）利用命令导入外部数据

在"数据"选项卡中的"获取外部数据"组中，可以执行"自 Access""自网站""自文本"或"自其他来源"命令导入外部数据。

6）设置数据有效性

为避免用户在向工作表输入数据的过程中输入不合要求的数据，可以通过设置"数据有效性"，预先设置某些单元格允许输入的数据类型、范围、数据输入提示信息和输入错误提示信息。例如，输入职员年龄时，可以设置数据的有效性范围在 18 ~ 60，并且为整数。选择需要设置有效性检验的单元格区域，在"数据"选项卡的"数据工具"组中，单击"数据有效性"按钮，打开"数据有效性"对话框，在"设置"中进行相应设置，如图 6 – 20 所示。数据输入提示信息和输入错误提示信息可在"输入信息"和"出错警告"选项卡中进行设置。数据有效性设置好后，即可监督数据的输入正确性。

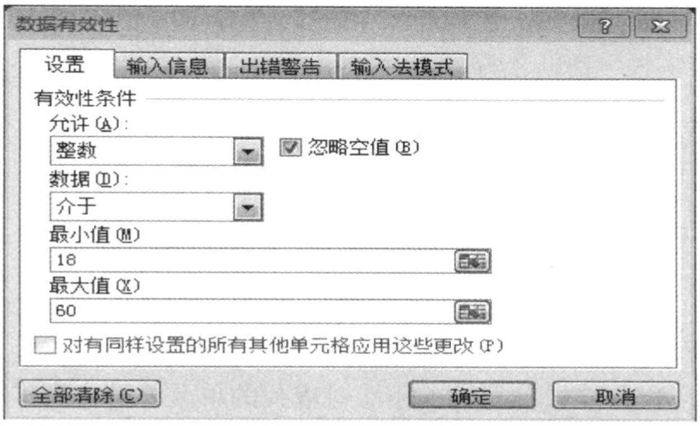

图 6 – 20　"数据有效性"对话框

6.3.5　Excel 2010 数据的编辑

在编辑表格的过程中，可以对已有的数据进行修改、移动、复制、删除、查找、替换等操作。

1. 修改和删除数据

1）在编辑栏修改

只需先选中要修改的单元格，然后在编辑栏中进行相应的修改，单击按钮 ✔ 确认修改，单击按钮 ✖ 或按【Esc】键放弃修改，该方法适合内容较多时或公式的修改。

2）直接在单元格中修改

此时需双击单元格，然后进入单元格修改，此种方法适合内容较少时的修改。

3）重新录入

如果以新数据替代原来的数据，只需单击单元格，然后输入新的数据。

4）删除数据

选定单元格或区域后按【Delete】键，即可删除数据。

2. 移动或复制数据

在 Excel 2010 中移动和复制数据主要有 3 种方法：

方法 1：选择需移动或复制数据的单元格，在"开始"选项卡的"剪贴板"组中，单击"剪切"或"复制"按钮，选择目标单元格后，单击"剪贴板"中的"粘贴"按钮。

方法 2：选择需移动或复制数据的单元格，单击右键，在弹出的快捷菜单中执行"剪切"或"复制"命令，选择目标单元格后，单击右键，在弹出的快捷菜单中执行"粘贴"命令，即可完成移动或复制。

方法 3：选择需移动或复制数据的单元格，利用【Ctrl + C】组合键复制目标单元格数据，利用【Ctrl + X】组合键剪切目标单元格数据，选择目标单元格，按【Ctrl + V】组合键粘贴数据。

当用户执行完"复制"操作，再执行"粘贴"命令时，目标区域附近会出现一个"粘贴选项"按钮 ![粘贴选项] (Ctrl)▾，利用它可以对复制的数据进行"选择性粘贴"。单击"粘贴选项"命令右侧三角按钮，弹出如图 6 – 21 所示的下拉列表，用户可以根据需要进行粘贴。

图 6 – 21　"粘贴选项"下拉列表

3. 查找和替换数据

当 Excel 2010 工作表中的数据量很大时，直接查找数据容易出错，可通过查找和替换功能，快速准确地查找符合条件的单元格，还能对查找的单元格的内容进行统一替换。在"文件"选项卡的"编辑"组中，单击"查找和选择"下方的"查找"或"替换"按钮，打开如图 6 –22 所示的"查找和替换"对话框进行编辑或者直接使用组合键【Ctrl + F】。

图 6-22 "查找和替换"对话框

6.3.6 Excel 2010 数据的格式设置

输入表格数据后，为了使表格中的数据更加清晰明了、美观实用，需要对表格的格式进行设置和调整。

1. 设置字体格式

要进行简单的字体设置工作，可以使用"开始"选项卡"字体"组中的按钮来完成。选中需要设置格式的单元格或单元格区域，然后单击"字体"组中的相应按钮即可。

复杂的字体格式设置可以由"开始"选项卡"字体"组右下角的"对话框启动器"来完成。例如，要设置单元格 A1 的格式为"黑体""18 号""加粗"，具体操作步骤如下：

（1）选定需要设置字体格式的单元格 A1。

（2）单击"字体"功能区右下角的"对话框启动器"，打开如图 6-23 所示的"设置单元格格式"对话框中的"字体"列表框。

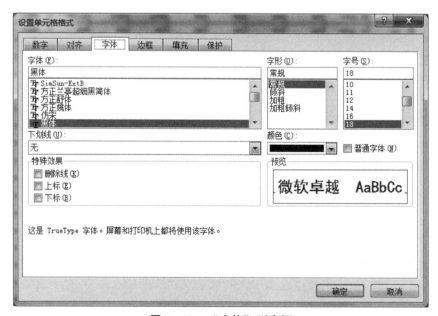

图 6-23 "字体"列表框

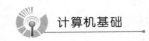

（3）依次在"字体"列表框中选择"黑体"，在"字形"列表框中选择"加粗"，在"字号"列表框中选择"18"。

（4）单击"确定"按钮即可。

2. 设置对齐方式

在 Excel 中，数字、时间的默认对齐方式是右对齐，文本的默认对齐方式是左对齐，用户可以根据实际需要重新设置。设置对齐方式有两种方法。

方法 1：通过"对齐方式"组设置。单击"开始"选项卡"对齐方式"组中的按钮，可快速为选择的单元格或单元格区域设置相应的对齐方式。例如，选定 A1:J1 单元格区域，然后单击"合并后居中"按钮，可完成对标题的合并及居中操作。

方法 2：通过"设置单元格格式"对话框设置。选中要修改设置的目标，在"开始"选项卡的"对齐方式"组中，单击右下角"对话框启动器"按钮，打开"设置单元格格式"对话框，切换到如图 6-24 所示的"对齐"选项卡，可以设置单元格中数据的水平和垂直对齐方式、文本控制、文字方向等，设置完成后单击"确定"按钮即可。

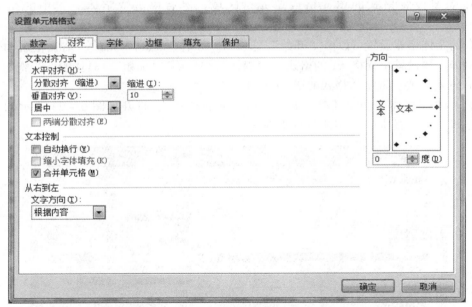

图 6-24　"对齐"选项卡

3. 设置数字、日期和时间格式

在"设置单元格格式"对话框中的"数字"选项卡中，可以改变数字、日期、时间在单元格中的显示形式，但是不改变在编辑区的显示形式。

工作表往往是由大量的数字组成的，数字格式的分类主要有常规、数值、货币、日期和时间、百分比、分数、文本、特殊和自定义等，如表 6-1 所示。

表6－1　Excel 的数字类型

类型	说明
常规	这种类型既无逗号也无小数点，如 100000
数值	这种类型有一个可供选择的千位分隔符，以及可供选择的小数位数，如 100 000
货币	这种类型有可供选择的所有主要货币类型标记，如"280 元"即表示为￥280.00
日期	有十几种可供选择的显示日期的方式，如 2018－5－17、5－17－18 等
时间	有 10 种可供选择的时间类型，如 1：30 PM、13：00 等
百分比	输入的数据以百分比的形式显示，可设置小数点的位数，如 91.25%
分数	可选择多种类型的分数表示方法，如百分之几（30/100）
文本	此方式告诉系统输入的内容将作为文本处理
特殊	如邮政编码、电话号码等
自定义	可以自己建立数据类型

在"开始"选项卡的"数字"组中，单击"会计数字格式""百分比样式""千位分隔样式""增加小数位数"和"减少小数位数"等按钮，可以快速设置数字格式。

对于比较复杂的数字格式，还可以利用"设置单元格格式"对话框中的"数字"选项卡来设置。例如，要设置 H3：H20 单元格区域"平均分"保留 1 位小数的数字格式，具体操作步骤如下：

（1）选定 H3：H20 单元格区域。

（2）单击"数字"功能区右下角的"对话框启动器"按钮，切换到"设置单元格格式"对话框的"数字"选项卡，如图 6－25 所示。

图6－25　"数字"选项卡

（3）在"分类"列表框中选择"数值"选项，在"小数位数"数值框中输入"1"。

（4）单击"确定"按钮。

4. 设置边框和底纹

在"设置单元格格式"对话框的"边框"选项卡中，可以利用"预置"选项组为单元格或单元格区域设置"外边框"和"边框"，利用"边框"样式为单元格设置上边框、下边框、左边框、右边框和斜线等，还可以设置边框的线条样式和颜色。

1）设置边框

Excel 工作表中的网格线默认为灰色显示，在打印预览时不显示网格线，打印表格时也不打印网格线，如果要打印网格线，则需进行设置。设置单元格边框效果有两种方法。

方法1：通过"字体"组设置。选择要设置的单元格后，在"开始"选项卡的"字体"组中单击边框按钮 ⊞▾ 的下拉按钮，在打开的下拉列表中选择所需样式，其中"绘制边框"栏的"线条颜色"和"线型"子选项可以设置边框的线条和颜色。

方法2：通过"边框"选项卡设置。选择要设置的单元格后，单击右键，在弹出的快捷菜单中执行"设置单元格格式"命令，打开"设置单元格格式"对话框，在"边框"选项卡中可以设置边框的粗细、样式和颜色。

如果要取消已设置的边框，则在"边框"选项卡的"预置"组中单击"无"按钮。

2）设置底纹

在"设置单元格格式"对话框的"填充"选项卡中，可以设置突出显示某些单元格或单元格区域，为这些单元格设置背景色和图案。

方法1：通过"字体"组设置。选择要设置的单元格后，在"开始"选项卡的"字体"组中单击"填充颜色"按钮 🖋▾ 的下拉按钮，在打开的下拉列表中选择所需的填充颜色。

方法2：通过"边框"选项卡设置。选择要设置的单元格后，单击右键，在弹出的快捷菜单中选择"设置单元格格式"命令，弹出"设置单元格格式"对话框，在"填充"选择卡中可以设置填充的颜色和图案样式。

如果要取消已设置的边框，则设置"填充"选项卡中的"背景色"为"无颜色"。

【例6.1】对单元格区域 A2:H20 设置边框，对单元格区域 A2:H2 设置底纹样式。

操作步骤如下：

（1）选定单元格区域 A2:H20。

（2）单击右键，在弹出的快捷菜单中，单击"设置单元格格式"按钮，打开"设置单元格格式"对话框。

（3）在"设置单元格格式"对话框中选择"边框"选项卡，如图6-26所示。

（4）在"颜色"下拉列表中选择需要的颜色，在"样式"选项中选择"双线"样式，单击"预置"选项组中的"外边框"按钮，即可为表格添加外边框。

（5）在"颜色"下拉列表中选择需要的颜色，在"样式"选项中选择"单线"样式，单击"预置"选项组中的"内部"按钮，即可为表格添加内部框线。

（6）通过以上设置后，就可以在预览区域内观看设置结果。如果达到了预期效果，则单击"确定"按钮，所有框线都设置完毕。

（7）选定单元格区域 A2:H2。

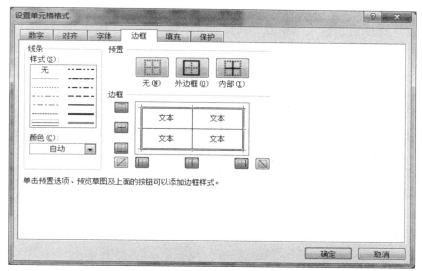

图6-26 "边框"选项卡

（8）在"设置单元格格式"对话框中选择"填充"选项卡，如图6-27所示。在"背景色"中选择合适的颜色。

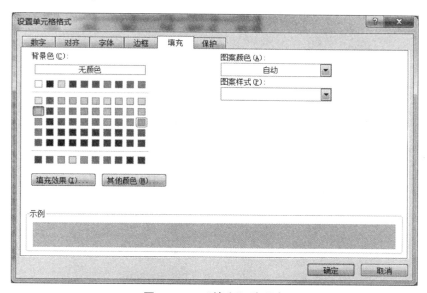

图6-27 "填充"选项卡

（9）经过以上设置后，就可以在示例区域内观看设置结果。如果达到了预期效果，就单击"确定"按钮。

5. 设置行高和列宽

单元格的行高和列宽可根据需要进行调整。

方法1：鼠标拖动法。将鼠标指针指向行号或列号之间的分隔线位置，当鼠标指针变成水平双向箭头形状时，按住左键不放，拖动鼠标，直至调整到合适的宽度，放开鼠标即可。

方法2：菜单右键法。选定目标行或列后，单击右键，在弹出的快捷菜单中选择"行高"或"列宽"选项后，输入行高值或列宽值，单击"确定"按钮。

方法3：菜单命令法。如果需要改变多个单元格的行高或列宽，可以在"开始"选项卡的"单元格"选项组中单击"格式"下拉按钮来完成。例如，要对A列到J列的列宽进行统一设置，具体操作步骤如下：

（1）选中A列到J列连续区域。

（2）单击"格式"列表中的"列宽"按钮，打开"列宽"对话框，如图6-28所示。

（3）在"列宽"文本框中输入宽度"9.88"。

（4）单击"确定"按钮。

除了以上3种方法外，还可以通过双击列号或行号的交界处来自动调整行高或列宽到最适合的值。

图6-28　"列宽"对话框

6. 条件格式

在工作表中，如果用户希望突出显示公式的结果，或其中内容符合某种特定条件的单元格，则使用条件格式会非常方便。条件格式的设置是利用"开始"选项卡的"样式"组完成的。Excel 2010提供了一些内置的条件格式，可以直接进行应用，如图6-29所示。

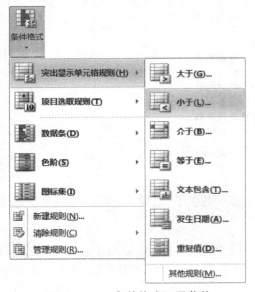

图6-29　"条件格式"子菜单

1）突出显示单元格规则

突出显示单元格规则仅对包含文本、数字或日期/时间值的单元格设置条件格式，查找单元格区域中的特定单元格时，基于比较运算符设置这些特定单元格的格式。

【例6.2】在"学生成绩表"中，要对语文、数学、英语三门课程中所有小于90分的成绩设置特殊格式。操作步骤如下：

（1）选定数据单元格区域。

（2）在"开始"选项卡中的"样式"组中，单击"条件格式"下拉按钮，在弹出的列表中选择"突出显示单元格规则"→"小于"，打开"小于"对话框，如图6-30所示。

图 6-30　条件格式的"小于"对话框

（3）在对话框中依次设置：在文本框中输入"90"，在"设置为"下拉列表中选择"自定义格式"命令，打开"设置单元格格式"对话框。

（4）在"字体"选项卡中，依次在"字形"列表框中选择"加粗"，在"颜色"下拉列表中选择"红色"。

（5）单击"确定"按钮，回到"小于"对话框，单击"确定"按钮。

2）项目选取规则

项目选取规则仅对排名靠前或靠后的值设置格式，可以根据指定的截止值查找单元格区域中的最高值、最低值，查找高于或低于平均值或标准偏差的值。

3）数据条

使用数据条可设置所有单元格的格式，数据条可帮助查看某个单元格相对于其他单元格的值。数据条的长度代表单元格中的值。数据条越长，表示值越高，数据条越短，表示值越低。在观察大量数据中的较高值和较低值时，数据条尤其便利。

4）色阶

色阶使用三色刻度通过3种颜色的渐变来帮助比较单元格区域，颜色的深浅表示值的高、中、低，色阶作为一种直观的指示，可以帮助了解数据分布和数据变化。最上面的颜色代表较高值，中间的颜色代表中间值，最下面的颜色代表较低值。

5）图标集

图标集规则有17种图标类型，可在各数据旁边附注旗帜、灯号或箭头等图示。使用图标集可以对数据进行注释，并可以按阈值将数据分为3~5个类别，每个图标代表一个值的范围。例如，在三向箭头图标集中，绿色的上箭头代表较高值，黄色的横向箭头代表中间值，红色的下箭头代表较低值。

7. 自动套用格式

自动套用格式是指将Excel提供的显示格式自动套用到用户指定的单元格区域，可以使表格更加美观，易于浏览，主要有浅色、中等深浅、深色等格式。自动套用格式是利用"开始"选项卡内的"样式"组完成的。

对于某些比较特殊的格式（如会计的统计表格等），不可能一个一个地设置单元格格式，此时用户可以通过自动套用格式功能来为工作表自动添加格式。Excel提供了多种表格样式，供用户进行套用。

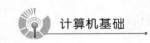
应用自动套用格式的具体步骤如下：

（1）选择要格式化的单元格区域。

（2）在"开始"选项卡的"样式"组中，单击"套用表格格式"下拉按钮，从弹出的下拉列表中选择一种所需的套用格式。

（3）确定应用范围，单击"确定"按钮。

6.4　Excel 2010 的公式与函数

Excel 作为一款功能十分强大的数据处理软件，它的强大性主要体现在数据计算和分析方面。当需要将工作表中的数字数据做加、减、乘、除等运算时，可以把计算的工作交给 Excel 的公式和函数去做，省去自行运算的时间，而且当数据有变动时，公式计算的结果还会立即更新。公式是函数处理数据的基础，它由单元格中的数值、单元格引用、名称或运算符等组合而成。使用函数比使用公式的速度更快、错误更少。

6.4.1　公式

公式是在工作表中对数据进行计算、分析的等式，能对单元格中的数据进行算术运算和逻辑运算，公式中可以引用同一工作表中的其他单元格数据、同一工作簿不同工作表中的单元格数据，以及其他工作簿的工作表中的单元格数据。可以说，公式是 Excel 的核心。

1. 输入公式

所有公式必须以符号"="开始，通过各种运算符，将值或常量与单元格引用、函数返回值等组合起来，形成公式表达式。常用的运算符如表 6 - 2 所示。

表 6 - 2　常用的运算符

运算符	功能	举例
-	负号	-6，-B1
%	百分数	5%
^	乘方	6^2（即 6^2）
*，/	乘、除	6 * 7
+，-	加、减	7 + 7
&	字符串连接	"China" & "2018"（即 China2018）
=，<>	等于，不等于	6 = 4 的值为假，6 <> 3 的值为真
>，>=	大于，大于等于	6 > 4 的值为真，6 >= 3 的值为真
<，<=	小于，小于等于	6 < 4 的值为假，6 <= 3 的值为假

【例6.3】 计算"学生成绩表"中学生的总分。

具体步骤如下：

（1） 选定要输入公式的单元格 K3。

（2） 在单元格或公式编辑栏中输入公式 "=D3+E3+F3+H3+I3+J3"。

（3） 按【Enter】键或者单击公式编辑栏中的"输入"按钮✓。

（4） 在单元格 K3 中显示计算结果"629.5"，如图 6-31 所示。

	A	B	C	D	E	F	G	H	I	J	K
1					学生成绩表						
2	学号	姓名	班级	语文	数学	英语	生物	地理	历史	政治	总分
3	C120305	王清华	3班	91.5	89	94	92	91	86	86	629.5
4	C120101	包宏伟	1班	97.5	106	108	98	99	99	96	
5	C120203	吉祥	2班	93	99	92	86	86	73	92	
6	C120104	刘康锋	1班	102	116	113	78	88	86	74	
7	C120301	刘鹏举	3班	99	98	101	95	91	95	78	
8	C120306	齐飞扬	3班	101	94	99	90	87	95	93	
9	C120206	闫朝霞	2班	100.5	103	104	88	89	78	90	

K3 ▼ fx =D3+E3+F3+G3+H3+I3+J3

图 6-31 输入公式进行计算

2. 编辑公式

选择含有公式的单元格，将文本插入点定位在编辑栏或单元格中需要修改的位置，按【Delete】键删除错误内容后，输入正确内容，然后按【Enter】键确认。编辑完成后，Excel 将自动对新公式进行计算。

3. 填充公式

在输入公式完成计算后，如果该行或该列后的其他单元格需使用该公式计算，可直接通过填充公式的方式快速完成其他单元格的数据计算。

选择已添加公式的单元格，将鼠标指针移至该单元格右下角的控制柄上，当其变为黑十字时，按住左键不放并拖动至所需位置，释放鼠标，即可在选择的单元格区域填充相同的公式并计算出结果。如图 6-31 所示，若要计算 K4 到 K9 的数据，则选中 K3 单元格右下角的控制柄，然后向下拖动即可。

4. 复制和移动公式

在工作表中，通过复制和移动公式也可以快速完成单元格数据的计算。在复制公式的过程中，Excel 会自动调整引用单元格的地址，无须手动输入。

复制公式的方法有两种：

方法1：选定需被复制公式的单元格，单击右键，在弹出的快捷菜单中选择"复制"命令，将鼠标指针移至目标单元格，单击右键，在弹出的快捷菜单中选择"粘贴公式"命令，即可完成公式复制。

方法2：选定含有公式的被复制公式单元格，拖动单元格的自动填充柄，可完成相邻单元格公式的复制。

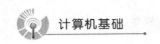
6.4.2　公式和函数中对单元格的引用

在 Excel 公式中使用单元格地址称为"单元格引用"，被引用的单元格称为"引用单元格"。引用单元格并不是孤立的，它通过"引用"与公式单元格发生联系，当引用单元格的值或地址的改变时，公式单元格的值将自动更新。

1.　公式单元格中的数据自动更新

当用户改变引用单元格的内容时，引用处（公式单元格）的值将自动做相应的改变。如图 6 – 31 所示，K3 单元格的计算结果为 629.5，当把 I3 单元格的值改变为 75 时，K3 单元格的计算结果随之改变为 618.5。

2.　引用单元格地址变化

当由于删除、移动等操作改变被引用的单元格地址时，引用该单元格的公式将自动改变公式中引用单元格的地址。

3.　公式中的相对引用地址和绝对引用地址

复制或移动公式来实现快速计算时，会涉及单元格引用，将同一个公式复制到不同的单元格会得到不同的结果，这也是由于引用地址引起的。

1）相对引用地址

所谓相对引用地址，是指被引用的单元格相对于公式单元格的位置。公式不是照搬原来单元格的内容，而是根据公式原来位置和复制到的目标位置来推算出公式中的单元格地址相对原位置的变化，使用变化后的单元格地址的内容进行计算。

2）绝对引用地址

绝对引用地址是指公式中被引用单元格的地址固定在某行某列上，不会随公式单元格的移动而改变，即二者的相对位置可以改变。绝对引用地址的表示方法是在行号和列号前加"$"符号。例如，C1 单元格中的公式"=（$A$1 +$B$1 +$C$1）/3"，复制到 E1 单元格公式仍然为"=（$A$1 +$B$1 + $C$1）/3"，公式中单元格引用地址也不变。

3）混合引用地址

混合引用地址是指在引用单元格时，其行地址、列地址一个用相对地址，另一个用绝对地址，如 $C5、C $5。也就是说，保持列地址不变、行地址相对改变，或者保持行地址不变、列地址相对改变。当单元格中含有该地址的公式被复制到目标单元格时，相对部分会根据公式的原来位置和复制到的目标位置来推算出公式中单元格地址相对原位置的变化，而绝对部分地址永远不变。之后，使用变化后的单元格地址的内容进行计算。例如，将 D1 单元格中的公式"=（$A1 + B $1 + C1）/3"复制到 E3 单元格，公式变为"=（$A3 + C $1 + D3）/3"。

4）跨工作表的单元格的地址引用

引用不同工作表中的内容时，需要在单元格或单元格区域前标注工作表的名称，表示引用该工作表中该单元格或单元格区域的值。引用单元格地址的一般形式：

[工作簿文件名]工作表名!单元格地址

在引用当前工作簿的各工作表单元格地址时，当前"［工作簿文件名］"可以省略；在引用当前工作表单元格的地址时，"工作表名！"可以省略。

例如，单元格 F4 中的公式为" = (C4 + D4 + E4) * Sheet2! B1"，其中"Sheet2! B1"表示当前工作簿 Sheet2 工作表中的 B1 单元格地址，而 C4、D4、E4 表示当前工作表的单元格地址。

4. 常见错误信息

公式中的错误会产生错误结果，或导致意外结果。如果公式不能进行正常计算，Excel 将产生一个错误信息。表 6 - 3 列出了输入公式时常见的错误和产生的原因。

表 6 - 3　输入公式时常见错误和产生原因

常用错误	产生原因
######	列宽不够，或使用了错误的日期或时间
#VALUE!	参数或操作数数据类型不正确
#DIV/0	除数为 0
#NAME!	不识别公式中的文本
#N/A	数值不可用
#REF!	单元格引用无效
#NUM!	公式或函数中使用了无效数值
#NULL!	指定了不相交的两个区域的交点

6.4.3　函数

函数是一些预定义的公式，通过使用一些参数的特定数值按特定的顺序或结构来执行计算。函数一般包括等号、函数名称和函数参数 3 部分。Excel 提供了大量的功能强大的函数，熟练地使用函数处理数据，可以大大提高工作效率。

1. 常用函数

Excel 提供了常用函数、财务函数、数学与三角函数、统计函数等类别的函数，函数由函数名和括号内的参数组成。函数名表示函数的功能，每个函数都具有唯一的函数名称。参数是指函数运算对象，可以是数字、单元格地址、区域或区域名等，如果有多个参数，则参数之间用逗号分隔。在"文件"选项卡的"编辑"组中，单击"Σ自动求和"右侧下拉菜单中的函数命令，无须公式即可自动计算一组数据的和、平均值、计数、最大值和最小值等。

下面介绍几种常用的函数。

1）AVERAGE：求平均值函数

格式：AVERAGE(参数 1,参数 2,…)

功能：计算参数的算术平均值。

示例：AVERAGE(A1,C1)

求 A1、C1 两个单元格中数据的平均值。

AVERAGE(A1:A10)

求 A1:A10 区域单元格中数据的平均值。

2）SUM：求和函数

格式：SUM(参数1,参数2,…)

功能：求一组参数的和。

示例：SUM(G5,I5)

求 G5、I5 两个单元格中的数据之和。

SUM(C5:E5)

求 C5:E5 区域单元格中的数据之和。

3）MAX：求最大值函数

格式：MAX(参数1,参数2,…)

功能：返回一组参数的最大值，忽略逻辑值及文本。

示例：MAX(J5:J30)

求 J5:J30 区域单元格中数据的最大值。

4）MIN：求最小值函数

格式：MIN(参数1,参数2,…)

功能：返回一组参数的最小值，忽略逻辑值及文本。

示例：MIN(J5:J30)

求 J5:J30 区域单元格中数据的最小值。

5）SUMIF：条件求和函数

格式：SUMIF(范围,条件,数据区域)

功能：在给定的范围内，对满足条件并在数据区域中的数据求和。数据区域是指定实际求和的位置，如果省略数据区域项，则按给定的范围求和。

示例：SUMIF(J5:J30,">0")

对 J5:J30 区域单元格中大于 0 的单元格数据求和。

6）RANK：排位函数

格式：RANK(数字或单元格地址,区域,排位方式)

功能：返回一个数字在数字列表中的排位。

说明："数字或单元格地址"是需要排位的数字或其所在的单元格地址。"区域"是所有参与排位的数字，其中的非数值型参数将被忽略。"排位方式"是一个数字，如果值为 0 或省略，则对数字按照降序排位；如果值不为 0，则对数字按照升序排位。

7）COUNT：计数函数

格式：COUNT(参数1,参数2,…)

功能：统计参数表中的数字参数和包含数字的单元格个数，只有数值型数据才被统计。

示例：COUNT(J5:J30)

统计 J5:J30 区域单元格中数值型数据的单元格个数。

8）COUNTIF：条件计数函数

格式：COUNTIF(数据区域,条件)

功能：计算某个区域中满足给定条件的单元格数目。

示例：COUNTIF（J5：J30，"＞＝90"）

统计 J5：J30 区域单元格中大于等于 90 的单元格数据的个数。

9）IF：条件函数

格式：IF（条件，参数 1，参数 2）

功能：判断给定条件是否满足，如果满足就返回参数 1 的值，如果不满足就返回参数 2 的值。

说明："条件"为任何一个可判断为 TRUE 或 FALSE 的数值或表达式。IF 函数最多可嵌套 7 层。

示例：IF（J5 ＞＝60，"及格"，"不及格"）

若 J5 单元格的值大于等于 60，就在目标单元格中显示"及格"，否则显示"不及格"。

2. 函数的分类

按照函数的功能或者应用途径不同，函数可分为财务函数、日期与时间函数、数学与三角函数、统计函数等。

1）财务函数

财务函数主要用于财务分析与计算等方面。例如，求固定资产折旧率的函数 DB（参数）等。

2）日期与时间函数

日期与时间函数主要用于分析与处理日期和时间。例如，TODAY（）返回系统当前日期；YEAR（2018/12/28）的返回值为 2018。

3）数学与三角函数

数学与三角函数主要用于进行数学计算。例如，SQRT（16）的返回值为 4。

4）统计函数

统计函数主要用于对数据区域进行统计分析。例如，求协方差的函数 COVAR（区域 1，区域 2）；求指定单元格区域中最大值的函数 MAX（区域）。

5）查找与引用函数

查找与引用函数主要用于在数据清单中查找特定的数据或查找一个单元格的引用。例如，COLUMN（D10）的返回值为 4。

6）数据库函数

数据库函数主要用于对数据库中的数据进行分析计算。例如，求所选数据库条目的平均值函数 AVERAGE（参数）。

7）文本函数

文本函数主要用于字符串处理。例如，LEFT（"APPLE"，2）的返回值为 AP；MID（"AP-PLE"，2，3）的返回值为 PPL。

8）逻辑函数

逻辑函数主要用于进行与、或、非等逻辑运算。例如，"＝IF（C2＝"Yes"，1，2）"表示如果单元格 C2 的值为 Yes，则返回 1，否则返回 2。

9）信息函数

信息函数主要用于确定单元格中的数据类型。例如，ISEVEN（5）的返回值为 FALSE；

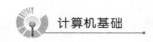

ISODD(5)的返回值为 TRUE。

10）工程函数

工程函数主要用于处理工程中遇到的数学问题，如进制转换、复数运算、误差函数计算等。例如，将二进制数转换为十进制数的函数为 BIN2DEC（ ），BIN2DEC（1100100）的返回值为 100。

11）多维数据集函数

多维数据集函数常常连接到服务器（如 Microsoft SQL Server）使用。例如，返回多维数据集中的成员（或元组）函数 CUBEMEMBER（参数），用于验证多维数据集内是否存在成员（或元组）。

12）兼容性函数

兼容性函数能比普通函数提供更高的准确性，并具有更好地反映其用法的名称。例如，返回在数据集内出现次数最多的值函数 MODE（区域）。

3．函数的输入

使用函数时，可在公式中直接输入函数名和参数，也可利用"公式"选项卡中"函数库"功能区的"插入函数"按钮来插入函数。

1）输入函数

如果对函数比较熟悉，可以直接输入函数。

【例6.4】计算学生记分册中平时成绩的"合计"。

具体操作步骤如下：

（1）选定要输入函数的单元格 K3，使其成为活动单元格。

（2）在单元格或公式编辑栏中输入" = SUM(D3:J3)"。

（3）按【Enter】键或者单击公式编辑栏中的"输入"按钮✓，就会在单元格中显示运算结果，如图 6 - 32 所示。

SUM				=SUM(D3:J3)

	A	B	C	D	E	F	G	H	I	J	K	L	M	N
1				学生成绩表										
2	学号	姓名	班级	语文	数学	英语	生物	地理	历史	政治	总分	名次		
3	C120305	王清华	3班	91.5	89	94	92	91	86		=SUM(D3:J3)			
4	C120101	包宏伟	1班	97.5	106	108	98	99	99	96	SUM(number1, [number2], ...)			
5	C120203	吉祥	2班	93	99	92	86	86	73	92				
6	C120104	刘康锋	1班	102	116	113	78	88	86	74				
7	C120301	刘鹏举	3班	99	98	101	95	91	95	78				
8	C120306	齐飞扬	3班	101	94	99	90	87	95	93				
9	C120206	闫朝霞	2班	100.5	103	104	88	89	78	90				
10	C120302	孙玉敏	3班	78	95	94	82	90	93	84				
11	C120204	苏解放	2班	95.5	92	96	84	95	91	92				

图 6 - 32　输入函数求和

2）插入函数

【例6.5】"统计学生成绩表"中的"名次"。

具体操作步骤如下：

（1）单击要存放计算结果的单元格 L2，使其成为活动单元格。

（2）在"公式"选项卡的"函数库"组中，单击"插入函数"按钮或者单击编辑栏上的"插入函数"按钮，打开"插入函数"对话框，如图6-33所示。

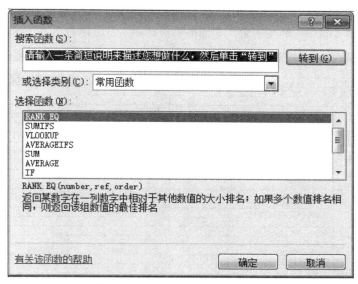

图6-33 "插入函数"对话框

（3）在"选择函数"列表框中找到函数RANK。

（4）单击"确定"按钮，就会出现"函数参数"对话框，如图6-34所示。

（5）在"函数参数"对话框中单击数字或单元格地址文本框，输入"K3"，或单击文本框右侧的切换按钮 ，直接在工作表选择单元格K3作为参数；在区域文本框中选择右侧的切换按钮 ，在工作表选择单元格区域K3:K20作为参数，这里要用区域的绝对地址，因此在行号和列号前加符号"$"；在排位方式文本框中输入"0"或者省略，按照降序排位。

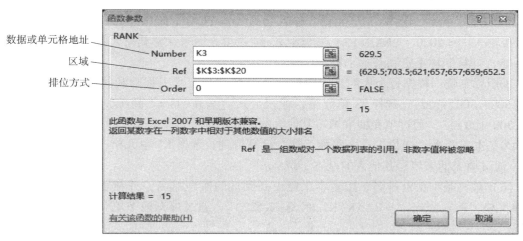

图6-34 "函数参数"对话框

（6）单击"确定"按钮，单元格中就会显示计算结果。

4. 函数的嵌套

【例 6.6】 在图 6－35 所示的“员工基本情况表”中，利用函数填写“性别”“出生日期”“年龄”“职称工资”“基本工资”“基本工资排名”“退休否”单元格区域的数据。

	A	B	C	D	E	F	G	H	I	J	K	L	M
1	员工基本情况												
2	编号	部门	姓名	身份证	性别	出生日期	年龄	职称	岗位工资	职称工资	基本工资	基本工资排名	退休否
3	1	销售部	曹丽	640102196506130349				技术员	2250				
4	2	销售部	程芸	640402197610132342				技术员	2050				
5	3	工程部	李明	640101196011032335				工程师	3500				
6	4	销售部	孙飞	640301198309083314				技术员	2360				
7	5	研发部	刘康锋	640301196809153434				高工	3250				
8	6	工程部	刘鹏举	640101198908251417				工程师	3280				
9	7	工程部	齐飞扬	640201198504081618				工程师	3300				
10	8	研发部	闫朝霞	640501197306252963				高工	3680				
11	9	销售部	孙玉敏	640101199311071425				技术员	1980				
12	10	销售部	苏解放	640202198312033715				技术员	2280				
13	11	销售部	杜学江	640410198509144337				技术员	2360				
14	12	工程部	李北明	640305198808183154				工程师	3680				
15	13	研发部	李爽	640702197610042765				高工	3840				
16	14	销售部	张桂花	640801197709112368				技术员	2650				
17	15	工程部	陈万地	640101199010091120				工程师	2360				
18	16	研发部	倪冬声	640101198112071130				高工	3870				
19	17	销售部	符合	640202198204124517				技术员	2860				
20	18	销售部	曾令煊	640301198609242687				技术员	2410				
21	19	研发部	谢如康	320522198305022326				高工	3690				
22	20	销售部	包宏伟	640103198707182457				技术员	2760				

图 6－35　员工基本情况表

具体操作步骤如下：

（1）打开“员工基本情况表”。

（2）根据身份证填写性别。选择 E3 单元格，输入公式“ = IF(ISEVEN(MID(D3,17,1)),"女","男")”，通过填充柄来计算其他人的性别。

（3）根据身份证填写出生日期。身份证中从第 7 位开始的连续 8 位记录了一个人的出生日期信息，因此可从身份证号中依次取出 4 位年份、2 位月份、2 位日期，通过 DATE 函数来构成一个日期型数据。选择 F3 单元格，输入公式“ = DATE(MID(D3,7,4),MID((D3,11,2),MID(D3,13,2))”，通过填充柄来计算其他人的出生日期。

（4）计算年龄。选择 G3 单元格，输入公式“ = YEAR(TODAY) - YEAR(F3)”，也可以直接输入“ =2020 - YEAR(F3),”，然后，通过填充柄来计算其他人的年龄。

（5）计算职称工资和基本工资。

①职称工资：根据每个人的具体职称计算得到（高工、工程师和技术员的职称工资分别是 500、300、100）。选择 J3 单元格，输入公式“ = IF(I3 = "高工",500,IF(I3 = "工程师",300,100))”，通过填充柄来填写其他人的职称工资。

②基本工资由“岗位工资 + 职称工资”计算得到。选择 K3 单元格，输入公式“ = I3 + J3”，通过填充柄来填写其他人的基本工资。

（6）填写基本工资排名。按基本工资由高到低的次序排名，并在表中填写名次。选择 L3 单元格，输入公式“ = RANK(K3,$K $3:$K $22)”，通过填充柄来填写其他人的基本工资排名。

注意

函数 RANK 的第 2 个参数必须使用绝对地址。否则，随着公式的复制，排名区域将发生变化。

（7）填写退休情况。退休的条件是：男，60 岁；女，55 岁。选择 M3 单元格，输入公式" = IF(OR(AND(E3 = "女",G3 > 55),AND(E3 = "男",G3 > 60)),"退休"," ")"。通过填充柄来填写其他人的退休情况。注意：此处的 IF 函数第 3 个参数为一对双引号，表示未达到退休条件的人，在此单元格不填写任何文字信息。

6.5 图 表

数据图表就是将单元格中的数据以统计图表的形式显示，使数据更直观。Excel 2010 提供了多种类型的图表供用户使用。图表具有较好的视觉效果，可方便用户查看数据差异、分布状况和预测趋势，有利于用户直观地分析和比较数据。生成的图表可以直接嵌入当前工作表，也可以形成一个独立的新工作表。

6.5.1 数据图表的创建

Excel 图表是将工作表中的数据以图形的形式来表示，工作表中的数据即绘制图表的数据源，当工作表中的数据被改变时，图表也随之发生相应的变化。

Excel 提供了 11 种图表类型，如图 6 - 36 所示。每种图表类型又分为多个子图表类型，拥有多种二维图表类型和三维图表类型供用户选择使用。当用户要建立图表时，可以依自己的需求来选择适当的图表。柱状图、折线图、饼图和条形图是图表中最常用的基本类型。

柱状图　折线图　饼图　条形图　面积图　散点图　股价图　曲面图　圆环图　气泡图　雷达图

图 6 - 36　图表类型

柱状图：使用得最广泛的图表类型，它适合用来表现一段期间内数量上的变化，或比较不同项目之间的差异。柱状图将各种项目放置于水平坐标轴上，而其值则以垂直的长条显示。

折线图：显示一段时间内的连续数据，适合用来显示在相等时间间隔下数据的趋势。在折线图中，类别数据沿水平轴均匀分布，所有值数据沿垂直轴均匀分布。

饼图：显示一个数据系列中各项的大小与各项总和的比例。每个数据项都有唯一的色彩或图样，适用于表现各个项目在全体数据中所占的比例。

条形图：可以显示每个项目之间的比较情形，X 轴表示值，Y 轴表示类别项目。条形图主要强调各项目之间的比较，不强调时间。

面积图：强调数量随时间而变化的程度，可由显示值看出不同时间或类别的趋势。

散点图：显示若干数据系列中各数值之间的关系，或者将两组数绘制为二维坐标的一个系列。通常用于科学、统计及工程数据，也可以用于产品的比较。

股价图：以特定顺序排列在工作表的列或行中的数据可以用股价图表示。股价图可用来

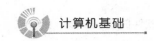

显示数据的波动和科学数据。

曲面图：用于显示两组数据之间的最佳组合。就像在地形图中，颜色和图案表示具有相同数值范围的区域。当类别和数据系列都是数值时，可以使用曲面图。

圆环图：显示各部分与整体之间的关系。圆环图与饼图类似，不过圆环图可以包含多个资料数列，而饼图只能包含一组数列。

气泡图：气泡图和散布图类似，不过气泡图比较三组数值，其数据在工作表中是以栏进行排列，水平轴的数值（X 轴）在第一栏中，而对应的垂直轴数值（Y 轴）及气泡大小值则列在相邻的栏中。

雷达图：用于比较若干数据系列的聚合值，可以用来比较多个资料数列。

1. 图表的组成

Excel 图表由图表区、绘图区、坐标轴、标题、数据系列、图例、网格线等基本组成部分构成，如图 6 – 37 所示。

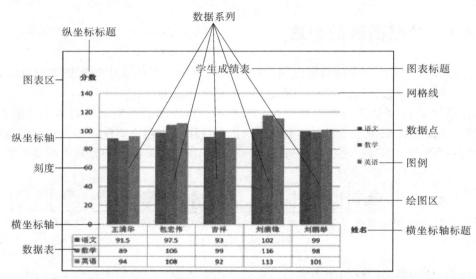

图 6 – 37　图表的组成

（1）图表区：整个图表及其包含的所有元素。

（2）绘图区：在二维图表中，以坐标轴为界并包含全部数据系列的区域；在三维图表中，以坐标轴为界并包含数据系列、分类名称、刻度和坐标轴标题。

（3）图表标题：一般情况下，一个图表应该有一个文本标题，它可以自动与坐标轴对齐或在图表顶端居中。

（4）数据点：图表中的条形高度，来自工作表单元格的单一数据点或数值。图表中所有相关的数据点就构成数据系列。

（5）数据系列：图表上的一组相关数据点，取自工作表的一行或一列。图表中的每个数据系列以不同的颜色和图案加以区别，在同一图表上可以绘制一个以上的数据系列。

（6）数据标签：根据不同的图表类型，数据标签可以表示数值、数据系列名称、百分比等。

（7）坐标轴：为图表提供计量和比较的参考线，一般包括 X 轴、Y 轴。

（8）刻度线：坐标轴上的度量线，用于区分图表上的数据分类数值或数据系列。

（9）网格线：在图表中从坐标轴刻度线延伸，并贯穿整个绘图区的可选线条系列。

（10）图例：是图例项和图例项标示的方框，用于标示图表中的数据系列。

（11）图例项标示：图例中用于标示图表上相应数据系列的图案和颜色的方框。

（12）背景墙及基底：三维图表中包含在三维图形周围的区域，用于显示维度和边角尺寸。

（13）数据表：在图表下面显示的每个数据系列的值。

2. 创建图表

图表是根据 Excel 表格数据生成的，因此在插入图表前，需要先编辑 Excel 表格中的数据。

下面以图 6 – 38 所示的数据为例，建立数据图表。

	A	B	C	D	E
1	季度产品销售量				
2	月份	压力锅	电饼铛	微波炉	烤箱
3	1月	32	35	29	46
4	2月	45	47	40	54
5	3月	28	30	38	47

图 6 – 38   示例数据

方法 1：利用选项卡下的命令建立嵌入式图表和独立图表。

（1）选定要创建图表的单元格数据区域 A2：E5。

（2）在"插入"选项卡的"图表"组中，单击右下角的"对话框启动器"按钮，打开如图 6 – 39 所示的"插入图表"对话框。

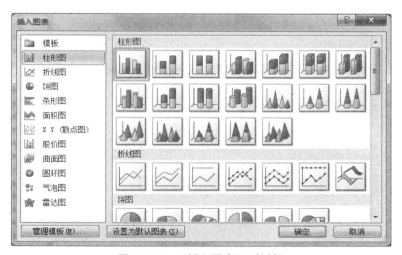

图 6 – 39   "插入图表"对话框

（3）在对话框中"图表类型"窗格中选择"柱形图"，在右侧的子图表类型选项中选择"簇状柱形图"，再单击"确定"按钮，即可快速生成图表，如图 6 – 40 所示。

方法 2：利用"自动绘图"建立"独立图表"。

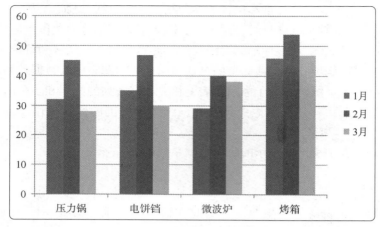

图 6-40　快速生成图表示例

（1）选定要创建图表的单元格数据区域 A2：E5。

（2）按【F11】键，即可在新建的图表工作表中创建图表。

3. 设置图表

默认情况下，图表将被插入编辑区中心位置，需要对图表位置和大小进行调整。选择图表，将鼠标指针移动到图表中，按住左键不放拖动鼠标来调整其位置；将鼠标指针移动到图表四角上，按住左键不放可拖动鼠标来调整图表的大小。

选择不同的图表类型，图表中的组成部分也会不同，对于不需要的部分，可将其删除。删除方法：选择不需要的图表部分，按【Backspace】键或【Delete】键即可。

6.5.2　图表的编辑

图表生成后，如果图表不够美观或数据有误，可以对其进行重新编辑，如制作图表标题、向图表中添加文本、设置图标样式、删除数据系列、移动和复制图表等。图表的编辑是指对图表中各个对象的编辑，选中已经创建的图表，在 Excel 窗口原来选项卡的位置右侧会增加"设计""布局""格式"三个"图表工具"下的选项卡，以便对图表进行编辑和美化。。

1. 图表的"设计"选项卡

单击选中图表，再单击"图表工具"下的"设计"选项卡，如图 6-41 所示。

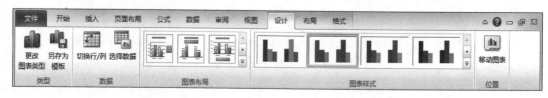

图 6-41　"设计"选项卡

1）图表的数据编辑

如果表格中的数据发生了变化（如增加或修改数据），Excel 就会自动更新图表。如果图表所选数据区域有误，则需要手动进行修改。在"设计"选项卡的"数据"组中，单击"选择数据"按钮，打开如图 6 - 42 所示的"选择数据源"对话框，可以实现对图表应用数据进行添加、编辑、删除等操作。

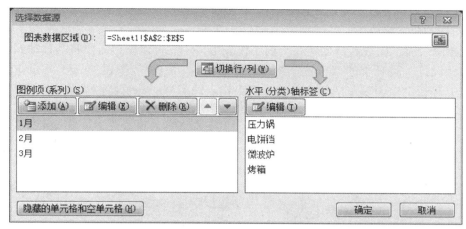

图 6 - 42　"选择数据源"对话框

在如图 6 - 42 所示的对话框中单击"切换行/列"按钮，可以在工作表行/列绘制图表中的数据系列之间进行快速切换。数据行/列之间的切换还可以通过单击"设计"选项卡中"数据"组的"切换行/列"按钮来完成。

2）图表布局

如果 Excel 创建的图表布局不是我们所需要的，还可以在"设计"选项卡的"图表布局"组中重新选择一种布局。每种布局都包含了不同的图表元素，如果所选择的布局包含了图表标题，那么单击标题框就可以输入图表的标题。

例如，选中生成的图表，在"设计"选项卡的"图表布局"选项组中，选中"布局5"样式，修改图表标题为"季度产品销售量"、纵坐标轴标题为"销售量"，图表修改后的布局如图 6 - 43 所示。

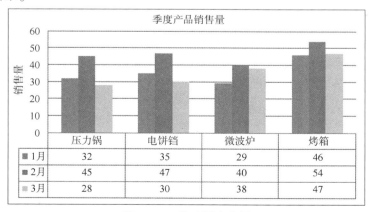

图 6 - 43　修改图表布局

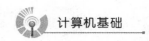

3）图表样式与类型的修改

创建图表后，为了使图表效果更美观，可以对其样式进行设置。Excel 为用户提供了多种预设布局和样式，在"设计"选项卡中的"图表样式"组中，可重新选定图表的样式。

如果所选的图表类型不适合表达当前数据，在"设计"选项卡的"类型"组中，单击"更改图表类型"按钮，打开"更改图表类型"对话框，选择其他合适的图表类型后，单击"确定"按钮，即可更改图表的类型。

4）图表的位置修改

在创建图表时，图表默认创建在当前工作表中，用户可以根据需要将其移动到新的工作表中。在"设计"选项卡的"位置"组中，单击"移动图表"按钮，打开"移动图表"对话框，选中"新工作表"单选框，并输入新工作表的名称，即可将图表移动到新工作表中，如图 6 - 44 所示。

图 6 - 44　"移动图表"对话框

2. 图表的"布局"选项卡

选中图表，单击"图表工具"下的"布局"选项卡。

图 6 - 45　"布局"选项卡

除了可以为图表应用样式外，还可以根据需要来更改图表的布局。在选择图表类型或应用图表布局后，图表中各元素的样式都会随之改变，在"布局"选项卡的"标签"组中，可以设置图表标题、坐标轴标题、图例等命令，各项还可以展开下拉列表进行具体选择，如图 6 -46所示。在"布局"选项卡的"插入"组中，可以为图表插入图片、形状、文本框等。

3. 图表的"格式"选项卡

选中图表，单击"图表工具"的"格式"选项卡，如图 6 - 47 所示。

为图表元素设置格式，需要选中图表元素，就选中图表元素的方式有两种：一种是直接在图表区域中单击图表元素；另一种是在"格式"选项卡中"当前所选内容"区中的下拉列表框中选择图表元素。选中图表元素后，可以在"格式"选项卡中选择需要的格式选项。

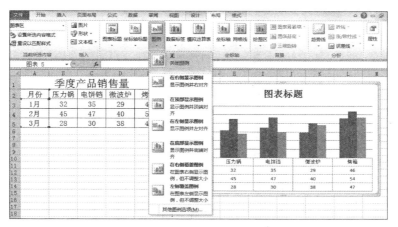

图6-46 编辑图表元素

图6-47 "格式"选项卡

4. 迷你图

迷你图是 Excel 2010 的新功能，是工作表单元格中的一个微型图表，能以可视化的方式辅助用户了解数据的变化趋势，如业绩的起伏、价格的涨跌等。使用迷你图的最大好处是可以将其放置于其数据附近，就近清楚地了解数据的走势与变化。

插入迷你图的方法：选择需要插入一个（或多个）迷你图的空白单元格，在"插入"选项卡的"迷你图"组中，选择要创建的迷你图类型，打开"创建迷你图"对话框，在"数据范围"数值框中输入或选择迷你图所基于的数据区域，在"位置范围"数值框中选择迷你图放置的位置，如图6-48所示。单击"确定"按钮，即可创建迷你图。

图6-48 "创建迷你图"对话框

6.6 数据管理和分析

数据统计功能是 Excel 中常用的功能之一，关系数据库中数据的结构方式是一个二维表格，Excel 对工作表中的数据是按数据库的方式进行管理的。Excel 中的"工作表"就是数据库软件（如 Access）中的"数据表"文件，具有数据表的排序、检索、数据筛选、分类汇总等功能，并能以记录的形式在工作表中插入、删除、修改数据。接下来，以图6-49所示的"学生成绩表"为例，介绍数据的处理方法。

	A	B	C	D	E	F	G	H	I	J	K	L	M
1	学生成绩表												
2	年级	姓名	班级	性别	语文	数学	英语	生物	地理	历史	政治	总分	名次
3	一年级	包宏伟	1班	男	97.5	106	108	98	99	99	96	703.5	1
4	一年级	刘康锋	1班	男	102	116	113	78	88	86	74	657	8
5	一年级	李娜娜	1班	女	95	85	99	98	92	92	88	649	11
6	一年级	张桂花	1班	女	88	98	101	89	73	95	91	635	14
7	一年级	符合	1班	女	110	95	98	99	93	93	92	680	2
8	一年级	谢如康	1班	男	90	111	116	75	95	93	95	675	5
9	一年级	吉祥	2班	女	93	99	92	86	86	73	92	621	17
10	一年级	闫朝霞	2班	女	100.5	103	104	88	89	78	90	652.5	10
11	一年级	苏解放	2班	男	95.5	92	96	84	95	91	92	645.5	12
12	一年级	杜学江	2班	男	94.5	107	96	100	93	92	93	675.5	3
13	一年级	陈万地	2班	男	86	107	89	88	92	88	89	639	13
14	一年级	倪冬声	2班	男	103.5	105	105	93	93	90	86	675.5	3
15	一年级	王清华	3班	女	91.5	89	94	92	91	86	86	629.5	15
16	一年级	刘鹏举	3班	男	99	98	101	95	91	95	78	657	8
17	一年级	齐飞扬	3班	男	101	94	99	90	87	95	93	659	7
18	一年级	孙玉敏	3班	女	78	95	94	82	90	93	84	616	18
19	一年级	李北大	3班	男	95	97	102	93	95	92	88	662	6
20	一年级	曾令煊	3班	男	85.5	100	97	87	78	89	93	629.5	15

图 6-49　学生成绩表

6.6.1　数据清单

1. 初始数据清单

在 Excel 中，数据清单是指包含一组相关数据的一系列工作表数据行。Excel 允许采用数据库管理的方式管理数据清单，数据清单由标题行（表头）和数据部分组成。可以将“数据清单”看成“数据表”，数据清单中的行相当于数据库中的记录，行标题相当于记录名；数据清单中的列相当于数据库中的字段，列标题相当于字段名。数据清单是一种特殊的表格，必须包含表结构和纯数据。由于表中的数据是按某种关系组织起来的，所以数据清单也称为关系表。

表结构为数据清单中的第一行列标题，Excel 利用这些标题名对数据进行查找、排序、筛选等。要正确建立数据清单，应遵守以下规则：

（1）避免在一张工作表中建立多个数据清单，如果在工作表中还有其他数据，要与数据清单之间留出空行和空列。

（2）列标题名唯一且同列数据的数据类型和格式应完全相同。

（3）在数据清单的第一行创建列标题，列标题使用的各种格式应与清单中的其他数据有所区别。

（4）单元格中数据的对齐方式可通过“开始”选项卡中“对齐方式”功能区的对齐方式按钮来设置，不要用输入空格的方法来调整，否则会影响数据清单的排序等功能。

2. 使用数据清单

添加“记录单”按钮的操作方法：在 Excel 中打开工作簿，在“文件”选项卡的“选项”组中，单击“Excel 选项”按钮，在打开的“Excel 选项”对话框中，切换到“快速访问工具栏”选项卡，在“从下列位置选择命令”下拉列表中选择“不在功能区的命令”，找到“记录单”命令，将其添加到快速访问工具栏中，此时就可以在快速访问工具栏中找到“记录单”按钮。

在销量统计表中，先选定 A2：M20 数据区域，再单击快速访问工具栏中的"记录单"按钮，即可创建如图 6－50 所示的"学生成绩表"记录单。

图 6－50 "学生成绩表"记录单

通过记录单，可实现对表记录的添加、修改、删除、查找等操作。

【例 6.7】查找数学成绩在 90 分以上且语文成绩在 95 分以上的学生记录。

具体操作步骤如下：

（1）可在图 6－50 所示的"学生成绩表"记录单中单击"条件"按钮。

（2）在出现的空白记录单中，在"数学"文本框中输入" >=90"，在"语文"文本框中输入" >=95"，如图 6－51 所示。

（3）按【Enter】键，此时记录单中显示查找到的第 1 条满足条件的记录，如图 6－52 所示。

图 6－51 使用条件查找记录

图 6－52 第 1 条满足条件的记录

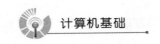

（4）单击"下一条"按钮，可查看符合条件的其他记录；单击"上一条"按钮，可查看刚刚看过的前一条记录。

6.6.2　数据排序

在 Excel 中，用户可以利用数据排序功能对数据清单中的行列数据进行排序，便于管理和分析数据。默认情况下，Excel 按指定的排序顺序对数据进行排序。用户可以根据一列（或多列）的内容以升序或者降序对数据清单排序。用户还可以使用自定义排序功能，指定某些名词的先后顺序，如星期几、职位和性别等。

1. 默认排序顺序

日常工作中使用得最多的排序方法就是按列排序。按列排序就是按某列中数据的升序或降序对记录进行排序。默认情况下，在按升序排序时，排序规则如下：

（1）对于数字，按从小到大的顺序进行排序。

（2）对于文本，按音序表顺序进行排序。

（3）对于逻辑值，False 排在 True 前面。

2. 单列排序

单列排序是 Excel 中最简单的排序方式，是指根据数据清单中某一列的内容来对所有记录进行排序。单列排序的方法：选定排序字段内的任意一个单元格，在"数据"选项卡的"排序和筛选"组中，单击"升序"或"降序"按钮，即可进行简单排序。

【例 6.8】在"学生成绩表"中，按照"总分"的进行降序排序。

具体操作步骤如下：

（1）在"总分"列中的任意非空单元格内单击。

（2）在"数据"选项卡的"排序和筛选"组中，单击"降序"按钮。

执行上述操作后，这个工作表的数据记录按"总分"的降序依次重新排序。

3. 多列排序

按一列进行排序时，可能遇到某列数据有相同部分的情况。如果要进一步排序，就要在现有排序的基础上根据其他序列的数据进行进一步的排序，即多列排序。

【例 6.9】在"学生成绩表"中，要求按照"英语"成绩的进行升序排序，在"英语"成绩相同的情况下，再按照"总分"成绩的进行升序排序。

具体操作步骤如下：

（1）单击"学生成绩表"有数据的任意单元格。

（2）在"数据"选项卡的"排序和筛选"组中，单击"排序"按钮，打开"排序"对话框，如图 6-53 所示。

（3）在排序对话框的"主要关键字"下拉列表框中选择"英语"选项，在"次序"列表框中选择"升序"选项。

图 6-53 "排序"对话框

（4）单击"添加条件"按钮，在"次要关键字"下拉列表框中选择"总分"选项，在"次序"列表框中选择"升序"选项，如图 6-54 所示。

图 6-54 添加排序条件

（5）单击"确定"按钮，完成排序，排序结果如图 6-55 所示。

	A	B	C	D	E	F	G	H	I	J	K	L	M
1							学生成绩表						
2	年级	姓名	班级	性别	语文	数学	英语	生物	地理	历史	政治	总分	名次
3	一年级	陈万地	2班	男	86	107	89	88	92	88	89	639	13
4	一年级	吉祥	2班	女	93	99	92	86	86	73	92	621	17
5	一年级	孙玉敏	3班	女	78	95	94	82	90	93	84	616	18
6	一年级	王清华	3班	女	91.5	89	94	92	91	86	86	629.5	15
7	一年级	苏解放	2班	男	95.5	92	96	84	95	91	92	645.5	12
8	一年级	杜学江	2班	男	94.5	107	96	100	93	92	93	675.5	3
9	一年级	曾令煊	3班	男	85.5	100	97	87	78	89	93	629.5	15
10	一年级	符合	1班	女	110	95	98	99	93	93	92	680	2
11	一年级	李娜娜	1班	女	95	85	99	98	92	92	88	649	11
12	一年级	齐飞扬	3班	男	101	94	99	90	87	95	93	659	7
13	一年级	张桂花	1班	女	88	98	101	89	73	95	91	635	14
14	一年级	刘鹏举	3班	男	99	98	101	95	91	95	78	657	8
15	一年级	李北大	3班	男	95	97	102	93	95	92	88	662	6
16	一年级	闫朝霞	2班	女	100.5	103	104	88	89	78	90	652.5	10
17	一年级	倪冬声	2班	男	103.5	105	105	93	93	90	86	675.5	3
18	一年级	包宏伟	1班	男	97.5	106	108	98	99	99	96	703.5	1
19	一年级	刘康锋	1班	男	102	116	113	78	88	86	74	657	8
20	一年级	谢如康	1班	男	90	111	116	75	95	93	95	675	5

图 6-55 多列排序的结果

在"排序"对话框中单击"选项"按钮，打开"排序选项"对话框，可设置排序的方向（行/列）和方法（字母/笔划），如图6-56所示。

4. 自定义排序

如果用户对数据的排序有特殊要求，可选择图6-53所示的"排序"对话框内"次序"下拉菜单下的"自定义序列"选项在弹出的"自定义序列"对话框中进行设置，如图6-57所示。用户可以不按字母或数值等常规排序方式，而根据需求自行设置。

图6-56 "排序选项"对话框

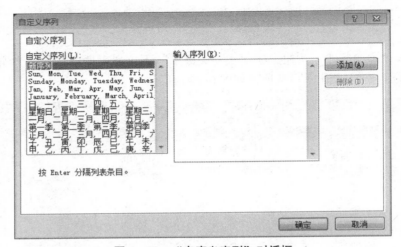

图6-57 "自定义序列"对话框

5. 恢复排序

如果希望将已经过多次排序的数据清单恢复到排序前的状况，可以在数据清单中设置"记录号"字段，内容为顺序数字1、2、3、……，无论何时，只要按"记录号"字段升序排列，即可恢复为排序前的数据清单。

6.6.3 数据筛选

数据筛选是指把符合条件的数据显示在工作表内，而把不符合条件的数据隐藏起来。Excel提供了自动筛选、自定义筛选和高级筛选3种方式。

1. 自动筛选

自动筛选即根据用户设定的筛选条件，自动显示符合条件的数据，隐藏其他数据。

【例6.10】使用自动筛选功能显示"生物"成绩等于95分的学生记录。

具体操作步骤如下：

（1）单击数据清单中任意一个单元格或选中整张数据清单。

（2）在"数据"选项卡的"排序和筛选"组中，单击"筛选"按钮，则工作表中每一个列标题的右边都出现一个下拉式列表按钮。

（3）单击"生物"单元格右边的下拉按钮，在下拉列表的数据中选择"95"选项，得到筛选出的结果如图6-58所示。

	A	B	C	D	E	F	G	H	I	J	K	L	M
1					学生成绩表								
2	年级▼	姓名▼	班▼	性▼	语文▼	数▼	英▼	生▼	地▼	历▼	政▼	总▼	名▼
14	一年级	刘鹏举	3班	男	99	98	101	95	91	95	78	657	8

图6-58　使用"自动筛选"方法筛选出的结果

2. 自定义筛选

使用自动筛选功能只能筛选出某字段中满足特定值的记录，而不能筛选出某字段中满足一定取值范围的记录。自定义筛选建立在自动筛选基础上，可自动设置筛选选项，更灵活地筛选出所需数据。

【例6.11】使用自定义筛选功能显示生物成绩大于95分的学生记录。

具体操作步骤如下：

（1）单击数据清单中任意一个单元格或选中整张数据清单。

（2）在"数据"选项卡的"排序和筛选"组中，单击"筛选"按钮。

（3）单击"生物"单元格右边的下拉按钮，在下拉列表的"数字筛选"中选择"自定义筛选"选项，打开"自定义自动筛选方式"对话框，如图6-59所示。

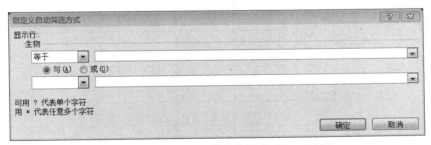

图6-59　"自定义自动筛选方式"对话框

（4）在"自定义自动筛选方式"对话框中第1行左侧的下拉列表框中选择"大于"选项，在第1行右侧的下拉列表框中输入"95"，单击"确定"按钮，则只有符合条件的数据显示在工作表中，其他不符合条件的数据被隐藏起来。筛选出的结果如图6-60所示。

	A	B	C	D	E	F	G	H	I	J	K	L	M
1					学生成绩表								
2	年级▼	姓名▼	班▼	性▼	语文▼	数▼	英▼	生▼	地▼	历▼	政▼	总▼	名▼
8	一年级	杜学江	2班	男	94.5	107	96	100	93	92	93	675.5	3
10	一年级	符合	1班	女	110	95	98	99	93	93	92	680	2
11	一年级	李娜娜	1班	女	95	85	99	98	92	92	88	649	11
18	一年级	包宏伟	1班	男	97.5	106	108	98	99	99	96	703.5	1

图6-60　使用"自定义筛选"方法筛选出的结果

注意

"自定义自动筛选方式"对话框中包括两组判断条件，上面一组为必选项，下面一组为可选项。上下两组条件通过"与"单选项和"或"单选项两种运算进行关联，其中"与"单选项表示筛选上下两组条件都满足的数据，"或"单选项表示筛选两组条件中任意一组满足条件的数据。

3. 高级筛选

如果想要根据自己设置的筛选条件来筛选数据，则需要使用高级筛选功能。高级筛选功能可以筛选出同时满足两个或两个以上约束条件的数据。高级筛选就是在工作表中建立一个条件区域，条件区域的第一行为字段名，字段名下面是与该字段对应的筛选条件。条件区域必须与数据区域至少间隔一行。

下面通过筛选出各科成绩大于90分的记录来介绍如何使用高级筛选功能。具体操作如下：

（1）建立条件区域，并在条件区域中设置筛选条件，如图6-61所示。

	A	B	C	D	E	F	G	H	I	J	K	L	M
1					学生成绩表								
2	年级	姓名	班级	性别	语文	数学	英语	生物	地理	历史	政治	总分	名次
3	一年级	陈万地	2班	男	86	107	89	88	92	88	89	639	13
4	一年级	吉祥	2班	女	93	99	92	86	86	73	92	621	17
5	一年级	孙玉敏	3班	女	78	95	94	82	90	93	84	616	18
6	一年级	王清华	3班	女	91.5	89	94	92	91	86	86	629.5	15
7	一年级	苏解放	2班	男	95.5	92	96	84	95	91	92	645.5	12
8	一年级	杜学江	2班	男	94.5	107	96	100	93	92	93	675.5	3
9	一年级	曾令煊	3班	男	85.5	100	97	87	78	89	93	629.5	15
10	一年级	符合	1班	女	110	95	98	99	93	93	92	680	2
11	一年级	李娜娜	1班	女	95	85	99	98	92	92	88	649	11
12	一年级	齐飞扬	1班	男	101	94	99	90	87	95	93	659	7
13	一年级	张桂花	1班	女	88	98	101	89	73	95	91	635	14
14	一年级	刘鹏举	3班	男	99	98	101	95	91	95	78	657	8
15	一年级	李北大	3班	男	95	97	102	93	95	92	88	662	6
16	一年级	闫朝霞	2班	女	100.5	103	104	88	89	78	90	652.5	10
17	一年级	倪冬声	2班	男	103.5	105	105	93	93	90	86	675.5	3
18	一年级	包宏伟	1班	男	97.5	106	108	98	99	99	96	703.5	1
19	一年级	刘康锋	1班	男	102	116	113	88	86	74	657	8	
20	一年级	谢如康	1班	男	90	111	116	75	96	93	95	675	5
21													
22					语文	数学	英语	生物	地理	历史	政治		
23					>90	>90	>90	>90	>90	>90	>90		

图6-61　建立条件区域并设置筛选条件

（2）在"数据"选项卡的"排序和筛选"组中，单击"高级"按钮，弹出"高级筛选"对话框，如图6-62所示。

（3）在"高级筛选"对话框中设置"列表区域"和"条件区域"。

（4）单击"确定"按钮，筛选结果如图6-63所示。

4. 取消筛选

如果要撤销筛选操作，使数据恢复原状，就在"数据"选项卡的"排序和筛选"组中单击"筛选"按钮，即可撤销自动筛选。

图6-62　"高级筛选"对话框

	A	B	C	D	E	F	G	H	I	J	K	L	M
1					学生成绩表								
2	年级	姓名	班级	性别	语文	数学	英语	生物	地理	历史	政治	总分	名次
8	一年级	杜学江	2班	男	94.5	107	96	100	93	92	93	675.5	3
10	一年级	符合	1班	女	110	95	98	99	93	93	92	680	2
18	一年级	包宏伟	1班	男	97.5	106	108	98	99	99	96	703.5	1
21													
22					语文	数学	英语	生物	地理	历史	政治		
23					>90	>90	>90	>90	>90	>90	>90		

图 6-63　筛选出的各科成绩大于90分的记录

6.6.4　数据的分类汇总

分类汇总是对工作表中的数据进行数据分析的一种方法，它对数据表中指定的字段进行分类，将表格中同一类别的数据放在一起进行统计，使数据变得更加清晰直观。分类汇总主要包括单级分类汇总和嵌套分类汇总。

在分类汇总时，使用者可以指定分类字段、汇总方式、汇总项等。

1. 单级分类汇总

单级分类汇总是指对数据清单的一个（或多个）字段仅做一种方式的汇总。

【例6.12】在"学生成绩表"中，按"班级"字段对"总分"进行求和汇总。

具体操作步骤如下：

（1）在对"班级"字段分类汇总之前，要先按"班级"升序（或降序）对记录进行排序。

（2）单击数据清单中的单元格。

（3）在"数据"选项卡的"分级显示"组中，单击"分类汇总"按钮，打开如图6-64所示的"分类汇总"对话框。

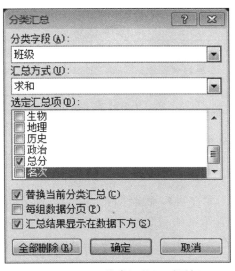

图 6-64　"分类汇总"对话框

（4）在该对话框的"分类字段"下拉列表中选择"班级"选项，在"汇总方式"下拉列表中选择"求和"选项，在"选定汇总项"列表框中选中"总分"复选框，并选中"替

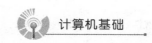

换当前分类汇总"复选框和"汇总结果显示在数据下方"复选框。

（5）单击"确定"按钮，即可建立分类汇总，如图6-65所示。

			年级	姓名	班级	性别	语文	数学	英语	生物	地理	历史	政治	总分	名次
		3	一年级	符合	1班	女	110	95	98	99	93	93	92	680	4
		4	一年级	李娜娜	1班	女	95	85	99	98	92	92	88	649	13
		5	一年级	张桂花	1班	女	88	98	101	89	73	95	91	635	16
		6	一年级	包宏伟	1班	男	97.5	106	108	98	99	99	96	703.5	3
		7	一年级	刘康锋	1班	男	102	116	113	78	88	86	74	657	10
		8	一年级	谢如康	1班	男	90	111	116	75	95	93	95	675	7
		9			1班 汇总									4000	
		10	一年级	陈万地	2班	男	86	107	89	88	92	88	89	639	15
		11	一年级	吉祥	2班	女	93	99	92	86	86	73	92	621	19
		12	一年级	苏解放	2班	男	95.5	92	96	84	95	91	92	645.5	14
		13	一年级	杜学江	2班	男	94.5	107	96	100	93	92	93	675.5	5
		14	一年级	闫朝霞	2班	女	100.5	103	104	88	89	78	90	652.5	12
		15	一年级	倪冬声	2班	男	103.5	105	105	93	93	90	86	675.5	5
		16			2班 汇总									3909	
		17	一年级	孙玉敏	3班	女	78	95	94	82	90	93	84	616	20
		18	一年级	王清华	3班	女	91.5	89	94	92	91	86	86	629.5	17
		19	一年级	曾令煊	3班	男	85.5	100	97	87	78	89	93	629.5	17
		20	一年级	齐飞扬	3班	男	101	94	99	90	87	95	93	659	9
		21	一年级	刘鹏举	3班	男	99	98	101	95	91	95	78	657	10
		22	一年级	李北大	3班	男	95	97	102	93	95	92	88	662	8
		23			3班 汇总									3853	
		24			总计									11762	

学生成绩表

图6-65　分类汇总结果

在进行了分类汇总的工作表中，数据将分级显示。在列标题的左边有 1 2 3 三个按钮，这3个按钮表示所建立的分类汇总的分级结构分为三层，单击按钮 1 2 3 中的"1"可以隐藏2级和3级明细，单击"2"可以隐藏3级明细，单击"3"可以显示所有明细。图6-66所示为隐藏3级明细的效果。

	年级	姓名	班级	性别	语文	数学	英语	生物	地理	历史	政治	总分	名次
9			1班 汇总										4000	
16			2班 汇总										3909	
23			3班 汇总										3853	
24			总计										11762	

学生成绩表

图6-66　分类汇总隐藏3级明细的效果

通过分类汇总，可以方便地对数据清单进行统计。

2．嵌套分类汇总

嵌套分类汇总是指对同一字段进行多种不同方式的汇总。创建嵌套分类汇总前，必须对所有分类字段进行多列排序。第一级分类字段是主要关键字，第二级分类字段是次要关键字，依次类推。操作步骤：在创建了第一级分类汇总后，重新设置分类字段，并取消选中"替换当前分类汇总"复选项，其他参数不变。

【例6.13】在"学生成绩表"中，按"班级"字段对"总分"进行求和汇总后，再按"性别"进行汇总。

具体操作步骤如下：

（1）以主要关键字"班级"、次序"升序"和次要关键字"性别"、次序"升序"对

"学生成绩表"排序，排序后的结果如图6-67所示。

						学生成绩表							
	A	B	C	D	E	F	G	H	I	J	K	L	M
1													
2	年级	姓名	班级	性别	语文	数学	英语	生物	地理	历史	政治	总分	名次
3	一年级	包宏伟	1班	男	97.5	106	108	98	99	99	96	703.5	1
4	一年级	刘康锋	1班	男	102	116	113	78	88	86	74	657	8
5	一年级	谢如康	1班	男	90	111	116	75	95	93	95	675	5
6	一年级	符合	1班	女	110	95	98	99	93	93	92	680	2
7	一年级	李娜娜	1班	女	95	85	99	98	92	92	88	649	11
8	一年级	张桂花	1班	女	88	98	101	89	73	95	91	635	14
9	一年级	陈万地	2班	男	86	107	89	88	92	88	89	639	13
10	一年级	苏解放	2班	男	95.5	92	96	84	95	91	92	645.5	12
11	一年级	杜学江	2班	男	94.5	107	96	100	93	92	93	675.5	3
12	一年级	倪冬声	2班	男	103.5	105	105	93	93	90	86	675.5	3
13	一年级	吉祥	2班	女	93	99	92	86	86	73	92	621	17
14	一年级	闫朝霞	2班	女	100.5	103	104	88	89	78	90	652.5	10
15	一年级	曾令煊	3班	男	85.5	100	97	87	78	89	93	629.5	15
16	一年级	齐飞扬	3班	男	101	94	99	90	87	95	93	659	7
17	一年级	刘鹏举	3班	男	99	98	101	95	91	95	78	657	8
18	一年级	李北大	3班	男	95	97	102	93	95	92	88	662	6
19	一年级	孙玉敏	3班	女	78	95	94	82	90	93	84	616	18
20	一年级	王清华	3班	女	91.5	89	94	92	91	86	86	629.5	15

图6-67　对"学生成绩表"进行多列排序

（2）对"学生成绩表"按"班级"字段对"总分"进行求和汇总。

（3）在完成基础分类汇总后，在"数据"选项卡的"分级显示"组中单击"分类汇总"按钮。在对话框中的"分类字段"下拉列表中选择"性别"选项，在"汇总方式"下拉列表中选择"求和"选项，在"选定汇总项"列表框中选中"总分"复选框，取消选中的"替换当前分类汇总"复选框。

（4）单击"确定"按钮，即可建立嵌套分类汇总，如图6-68所示。

1 2 3 4		A	B	C	D	E	F	G	H	I	J	K	L	M
1							学生成绩表							
2		年级	姓名	班级	性别	语文	数学	英语	生物	地理	历史	政治	总分	名次
3		一年级	包宏伟	1班	男	97.5	106	108	98	99	99	96	703.5	8
4		一年级	刘康锋	1班	男	102	116	113	78	88	86	74	657	15
5		一年级	谢如康	1班	男	90	111	116	75	95	93	95	675	12
6					男 汇总								2036	
7		一年级	符合	1班	女	110	95	98	99	93	93	92	680	9
8		一年级	李娜娜	1班	女	95	85	99	98	92	92	88	649	18
9		一年级	张桂花	1班	女	88	98	101	89	73	95	91	635	21
10					女 汇总								1964	
11				1班 汇总									4000	
12		一年级	陈万地	2班	男	86	107	89	88	92	88	89	639	20
13		一年级	苏解放	2班	男	95.5	92	96	84	95	91	92	645.5	19
14		一年级	杜学江	2班	男	94.5	107	96	100	93	92	93	675.5	10
15		一年级	倪冬声	2班	男	103.5	105	105	93	93	90	86	675.5	10
16					男 汇总								2636	
17		一年级	吉祥	2班	女	93	99	92	86	86	73	92	621	24
18		一年级	闫朝霞	2班	女	100.5	103	104	88	89	78	90	652.5	17
19					女 汇总								1274	
20				2班 汇总									3909	
21		一年级	曾令煊	3班	男	85.5	100	97	87	78	89	93	629.5	22
22		一年级	齐飞扬	3班	男	101	94	99	90	87	95	93	659	14
23		一年级	刘鹏举	3班	男	99	98	101	95	91	95	78	657	15
24		一年级	李北大	3班	男	95	97	102	93	95	92	88	662	13
25					男 汇总								2608	
26		一年级	孙玉敏	3班	女	78	95	94	82	90	93	84	616	25
27		一年级	王清华	3班	女	91.5	89	94	92	91	86	86	629.5	22
28					女 汇总								1246	
29				3班 汇总									3853	
30				总计									11762	

图6-68　嵌套分类汇总

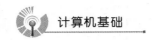

3. 清除分类汇总

若要撤销分类汇总，就把光标定位在数据区域的任意位置，在"数据"选项卡的"分级显示"组中单击"分类汇总"按钮，在打开的"分类汇总"对话框中单击"全部删除"按钮，即可恢复原数据状态。

注意

在分类汇总前，必须对分类字段排序，否则将得不到正确的分类汇总结果。

6.6.5 数据透视表和数据透视图

分类汇总适合按一个字段进行分类，对一个（或多个）字段进行汇总的情况。如果要对多个字段进行分类并汇总，就需要使用数据透视表的功能。数据透视表是一种对大量数据快速汇总和建立交叉列表的交互式表格，能够通过图表的方式来帮助用户分析数据和组织数据。数据透视表既可以转换行以查看源数据的不同汇总结果，又可以显示不同页面的筛选数据，还可以根据需要来显示区域中的明细数据。

1. 数据透视表有关概念

数据透视表一般由 7 部分组成：页字段、页字段项、数据字段、数据项、行字段、列字段、数据区域。图 6–69 所示为一个数据透视表，该数据透视表分别统计了不同年级、不同班级、不同性别的学生成绩总分和。

图 6–69 数据透视表

（1）页字段：数据透视表中指定为页方向的源数据清单或数据表中的字段。

（2）页字段项：源数据清单或数据表中的每个字段、列条目或数值都将成为页字段列表中的一项。

（3）数据字段：含有数据的源数据清单或数据表中的字段项。

（4）数据项：数据透视表字段中的分类。

（5）行字段：在数据透视表中指定行方向的源数据清单或数据表中的字段。

（6）列字段：在数据透视表中指定列方向的源数据清单或数据表中的字段。

（7）数据区域：是含有汇总数据的数据透视表中的一部分。

2. 数据透视表的创建

为方便用户使用，Excel 提供了数据透视表和数据透视图向导，在该向导的指导下，用户只要按部就班地进行操作，就可以轻松地建立数据透视表。

【例6.14】对"学生成绩表"建立数据透视表。

具体操作步骤如下：

（1）打开"学生成绩表"，在"插入"选项卡的"表格"组中单击"数据透视表"按钮，打开"创建数据透视表"对话框，如图6-70所示。

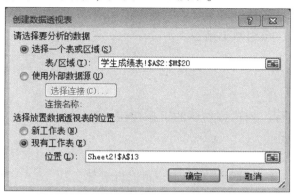

图6-70　"创建数据透视表"对话框

（2）在该对话框中，选择要分析的数据和放置数据透视表的位置，单击"确定"按钮，即可创建的一张空的数据透视表（图6-71）和"数据透视表字段列表"对话框（图6-72）。

图6-71　空的数据透视表

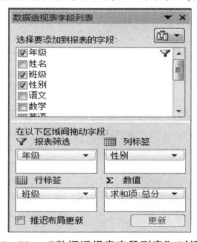

图6-72　"数据透视表字段列表"对话框

（3）在"数据透视表字段列表"对话框中，将需要分类汇总的字段拖入行、列标签区域，使之成为透视表的行、列标题；将要汇总的字段拖入数值区，拖入报表筛选区域的字段将成为分页显示的依据。例如，将"年级"字段拖入"报表筛选"区域，将"班级"字段拖入"行标签"区域。将"性别"字段拖入"列标签"区域，将"总分"字段拖入"数值"区域。生成的数据透视表如图6-73所示。

	A	B	C	D
1	年级	一年级		
2				
3	求和项:总分	列标签		
4	行标签	男	女	总计
5	1班	2035.5	1964	3999.5
6	2班	2635.5	1273.5	3909
7	3班	2607.5	1245.5	3853
8	总计	7278.5	4483	11761.5

图6-73　创建完成的数据透视表

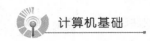

至此，完成了一个数据透视表，用户可以自由地操作它来查看不同的数据项目。

3. 数据透视表的编辑

编辑数据透视表与编辑一般的工作表有所不同。由于数据透视表仅对数据源中数据的投影，因此用户不能直接修改数据透视表上的数据项。

单击字段名所在的单元格，可直接输入要替换的名称。此外，还可以互换字段名，从而修改数据透视表的布局，重组数据透视表。

4. 改变数据透视表的排序和汇总方式

1）对数据透视表的排序

单击数据透视表中行、列标签右侧的下拉按钮，可以进行排序和数据筛选的操作。

2）改变数据透视表的汇总方式

数据透视表默认的汇总方式是求和，用户可以自定义汇总方式。选中"求和项"单元格，单击右键，弹出如图6-74所示的快捷菜单。选择"值汇总依据"选项，可以改变汇总方式为计数、平均值、最大值、最小值、乘积等形式；选择"值显示方式"，可以用各种百分比的形式显示数据。

5. 数据透视图的创建

数据透视表用表格来显示和分析数据，而数据透视图则

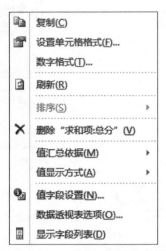

图6-74 "求和项"快捷菜单

通过丰富多彩的图表的方式来显示和分析数据。创建数据透视图的操作步骤与创建数据透视表类似，在"插入"选项卡的"表格"组中，单击"数据透视表"下拉按钮，在弹出的下拉列表中选择"数据透视图"命令，即可在生成数据透视表的同时生成数据透视图。数据透视图的编辑与图表的编辑过程相同。上述数据透视表对应的数据透视图如图6-75所示。

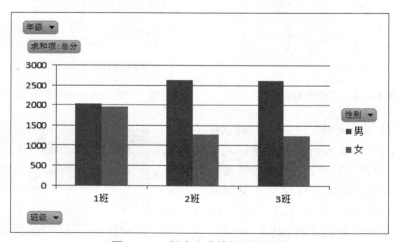

图6-75 创建完成的数据透视图

6.6.6 合并计算

Excel 的"合并计算"可以汇总或合并多个数据源区域中的数据，并进行合并计算。不同数据源区包括同一工作表中的不同表格、同一工作簿中的不同工作表、不同工作簿中的表格。

【例6.15】如图6-76所示，在同一工作表中有不同的表格——表1、表2，利用合并计算可将这两个表进行合并汇总。

具体操作步骤如下：

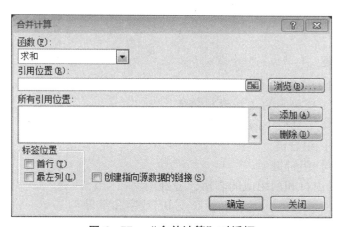

	A	B	C	D	E	F	G	H	I
1	表1——第一季度销售记录表					表2——第二季度销售记录表			
2	品名	销售量	单价	合计		品名	销售量	单价	合计
3	电脑	32	8000	256000		电脑	41	8000	328000
4	笔记本电脑	20	12000	240000		笔记本电脑	26	12000	312000
5	软件	20	2000	40000		软件	35	2000	70000
6	打印机	60	1200	72000		打印机	45	1200	54000
7	显示器	34	2000	68000		显示器	36	2000	72000
8	摄像头	24	500	12000		摄像头	41	500	20500
9	相机	100	300	30000		相机	87	300	26100

图6-76　某公司第一、二季度的销售记录表

（1）选中 A11 单元格作为合并计算结果的存放起始位置。

（2）在"数据"选项卡的"数据工具"组中，单击"合并计算"按钮，打开"合并计算"对话框，如图6-77所示。

图6-77　"合并计算"对话框

（3）在"合并计算"对话框中，单击"引用位置"编辑框，选中"表1"的 A2:D9 单元格区域后，单击"添加"按钮，其地址会出现在"所有引用位置"列表框中。用同样的方法把"表2"的 F2:I9 单元格区域添加到"所有引用位置"列表框中。

（4）依次选中"首行"和"最左列"复选框，然后单击"确定"按钮，即可生成合并计算结果表，如图6-78所示。

	A	B	C	D	E	F	G	H	I
1	表1——第一季度销售记录表					表2——第二季度销售记录表			
2	品名	销售量	单价	合计		品名	销售量	单价	合计
3	电脑	32	8000	256000		电脑	41	8000	328000
4	笔记本电脑	20	12000	240000		笔记本电脑	26	12000	312000
5	软件	20	2000	40000		软件	35	2000	70000
6	打印机	60	1200	72000		打印机	45	1200	54000
7	显示器	34	2000	68000		显示器	36	2000	72000
8	摄像头	24	500	12000		摄像头	41	500	20500
9	相机	100	300	30000		相机	87	300	26100
10									
11		销售量	单价	合计					
12	电脑	73	16000	584000					
13	笔记本电脑	46	24000	552000					
14	软件	55	4000	110000					
15	打印机	105	2400	126000					
16	显示器	70	4000	140000					
17	摄像头	65	1000	32500					
18	相机	187	600	56100					

图 6-78 合并计算结果表

6.7 页面设置和打印

在完成工作表的编辑、修改和格式化等任务后，为了提交或查阅方便，可以将工作表打印出来。用户在打印工作表之前，可以对工作表进行页面设置、打印预览和设置打印选项 3 步操作。

习 题

一、单项选择题

1. 要新建一个 Excel 2010 工作簿，下列操作中错误的是（　　）。

A. 单击"文件"菜单中的"新建"命令

B. 单击"常用"工具栏中的"新建"按钮

C. 按【Ctrl + N】组合键

D. 按【Ctrl + W】组合键

2. "工作表"是由行和列组成的表格，分别用（　　）区别。

A. 数字和数字　　　　　　　　　　B. 数字和字母

C. 字母和字母　　　　　　　　　　D. 字母和数字

3. 如果 Excel 2010 某单元格中的公式为"= A18"，将该公式复制到别的单元格，复制出来的公式（　　）。

A. 一定改变　　　　　　　　　　　B. 不会改变

C. 变为"= $A18"　　　　　　　　D. 变为"= A $18"

4. 在 Excel 2010 中，"Sheet2!C2"中的 Sheet2 表示（　　）。

A. 工作表名　　　　　　　　　　　B. 工作簿名

C. 单元格名　　　　　　　　　　　D. 公式名

5. 在 Excel 2010 中，输入当天的日期可按（　　　）组合键。

A.【Ctrl + ;】　　　　　　　　　　　　B.【Alt + ;】

C.【Shift + D】　　　　　　　　　　　　D.【Ctrl + D】

6. 在 Excel 2010 中，字体的默认大小是（　　　）。

A. 四号　　　　　　B. 五号　　　　　　C. 10　　　　　　　　D. 11

7. 右键单击一个单元格，会出现快捷菜单，下列不属于其中选项的是（　　　）。

A. 插入　　　　　　B. 删除　　　　　　C. 删除工作表　　　　D. 复制

8. 在 Excel 2010 中，设置字体的按钮在（　　　）中。

A. "插入" 选项卡　　　　　　　　　　B. "数据" 选项卡

C. "开始" 选项卡　　　　　　　　　　D. "视图" 选项卡

9. Excel 2010 中，范围地址是以（　　　）分隔的。

A. 逗号　　　　　　B. 冒号　　　　　　C. 分号　　　　　　D. 等号

10. 在 Excel 2010 中，函数 COUNT（12,13,"china"）的返回值是（　　　）。

A. 1　　　　　　　B. 2　　　　　　　C. 3　　　　　　　　D. 无法判断

11. 在 Excel 2010 中，图表形式有（　　　）。

A. 嵌入式和独立图表　　　　　　　　B. 级联式的图表

C. 插入式和级联式的图表　　　　　　D. 数据源图表

12. 如果要在 Excel 中输入分数形式：1/3，下列方法正确的是（　　　）。

A. 直接输入 "1/3"

B. 先输入单引号，再输入 "1/3"

C. 先输入 "0"，然后输入空格，最后输入 "1/3"

D. 先输入双引号，再输入 "1/3"

13. 在 Excel 2010 中，当某一单元格中显示的内容为 "#NAME?" 时，它表示（　　　）。

A. 使用了 Excel 2010 不能识别的名称　　B. 公式中的名称有问题

C. 在公式中引用了无效的单元格　　　　D. 无意义

14. 关于 Excel 2010 的缩放比例，以下说法中正确的是（　　　）。

A. 最小是 10%，最大是 500%　　　　B. 最小是 5%，最大是 500%

C. 最小是 10%，最大是 400%　　　　D. 最小是 5%，最大是 400%

15. Excel 2010 中，在对某个数据库进行分类汇总之前，（　　　）。

A. 不应对数据排序　　　　　　　　　B. 必须使用数据记录单

C. 应对数据库的分类字段进行排序　　D. 必须设置筛选条件

16. 在 Excel 2010 单元格中，手动换行的方法是按（　　　）组合键。

A.【Ctrl + Enter】　　　　　　　　　B.【Alt + Enter】

C.【Shift + Enter】　　　　　　　　　D.【Ctrl + Shift】

17. 在 Excel 2010 中，为了使以后在查看工作表时能了解某些重要单元格的含义，则可以为其添加（　　　）。

A. 批注　　　　　　B. 公式　　　　　　C. 特殊符号　　　　D. 颜色标记

18. 在 Sheet1 的 C1 单元格中输入公式 " = Sheet2!A1 + B1"，则表示将 Sheet2 中 A1 单元格数据与（　　　）。

A. Sheet1 中 B1 单元的数据相加，结果放在 Sheet1 中 C1 单元格中

B. Sheet1 中 B1 单元的数据相加，结果放在 Sheet2 中 C1 单元格中

C. Sheet2 中 B1 单元的数据相加，结果放在 Sheet1 中 C1 单元格中

D. Sheet2 中 B1 单元的数据相加，结果放在 Sheet2 中 C1 单元格中

19. Excel 中分类汇总的默认汇总方式是（　　　）。

A. 求和　　　　　　B. 求平均值　　　　　　C. 求最大值　　　　　　D. 求最小值

20. 在 Excel 2010 中快速插入图表的快捷键是（　　　）。

A.【F9】　　　　　　B.【F10】　　　　　　C.【F11】　　　　　　D.【F12】

二、操作题

1. 建立一个工作簿，文件名为 LX1. xlsx，在 Sheet1 中建立如图 6 - 79 所示的工作表，按下列要求完成对此工作簿的操作。

	A	B	C	D	E
1	某公司销售统计				
2	产品名称	规格	销售数量	单价	金额
3	打印机	AR3240	12	2650	
4	打印机	CR-3240	5	2870	
5	计算机	586/400	7	4670	
6	计算机	586/666	3	5600	
7	计算机	586/600	6	6200	

图 6 - 79　某公司销售统计表

操作要求：

（1）将单元格 A1：E1 合并居中显示，其字体格式为 18 号，隶书、加粗、红色。

（2）将单元格 A2：E2 设置为居中，其字体格式为 10 号、加粗、斜体。

（3）用公式计算单元格 E3：E7 的"金额"（金额 = 单价 × 销售数量），并为整个表格添加蓝色、双实线的外框线。

（4）根据"金额"对数据表进行升序排列。

（5）插入簇状柱形图，图表标题为"销售统计表"，要求以"规格"为 X 轴，以"金额"为 Y 轴。

2. 建立一个工作簿，文件名为 LX2. xlsx，在 Sheet1 中建立如图 6 - 80 所示的工资表，按下列要求完成对此工作簿的操作。

	A	B	C	D	E	F	G	H	I	J
1	**工资表**									
2	姓名	性别	标准工资	津贴	校内补助	房补	应发金额	所得税	房基金	实发金额
3	王英	女	¥576.80	¥298	¥80.29	¥194.71			¥80	
4	王家强	男	¥776.80	¥453	¥108.59	¥444.09			¥80	
5	石磊	男	¥646.80	¥382	¥118.29	¥280.27			¥80	
6	张娜	女	¥576.80	¥282	¥50.50	¥200.27			¥80	
7	郭军	男	¥896.80	¥594	¥95.50	¥515.82			¥80	
8	崔德东	男	¥536.80	¥360	¥45.50	¥149.37			¥80	

图 6 - 80　工资表

操作要求：

（1）将"Sheet1"改名为"工资表"。

（2）对"工资表"运用函数求出"应发金额"（应发金额＝标准工资＋津贴＋校内补助＋房补），结果以红色斜体显示，数字格式设置为"货币"。

（3）对"工资表"运用函数求出"所得税"（所得税＝应发金额×5%），保留小数点后一位，数字格式设置为"货币"。

（4）对"工资表"运用函数求出"实发金额"（实发金额＝应发金额－所得税－房基金），数字格式设置为"货币"。

（5）按"性别"对"实发金额"进行分类汇总。

（6）以"姓名"为X轴、"实发金额"为Y轴，建立圆柱形图表。其中，图例为"实发金额"，位置在右上角，文本颜色为粉色；分类轴为"姓名"，文本对齐为45°，颜色为粉色。

3. 建立一个工作簿，文件名为LX3.xlsx，在Sheet1中建立如图6-81所示的成绩统计表，按下列要求完成对此工作簿的操作。

	A	B	C	D	E	F	G	H	I
1	成绩统计表								
2	学号	姓名	高等数学	数据结构	科技英语	Pascal语言	数据库	总分	名次
3		钱梅宝	88	98	82	85	89		
4		张平光	100	98	100	97	100		
5		郭建锋	97	94	89	90	90		
6		张宇	86	76	98	96	80		
7		徐飞	85	89	53	74	81		
8		王伟	48	68	54	52	86		
9		沈迪	87	75	78	96	68		
10		曾国芸	74	84	98	89	94		
11		罗劲松	48	77	69	52	51		
12		赵国辉	42	46	76	79	80		
13	平均分								
14	最高分								
15	最低分								
16	不及格人数								

图6-81　成绩统计表

操作要求：

（1）将单元格A1:I1合并居中显示，行高为"30"，字号为"20"；将B3:B12单元格区域内的数据字体格式设置为蓝色、楷体、字号为10、垂直居中。

（2）用函数求出每门学科的平均分、最高分、最低分、不及格人数，并保留一位小数。（图中灰色区域不用填写数据）

（3）用函数求出每位学生的总分，根据"总分"排名次。

（4）将所有学生按"高等数学"为主要关键字、"数据结构"为次要关键字、"次序"均为降序来进行排序。

（5）用"条件格式"命令将各科成绩中不及格的成绩用红色斜体字表示。

扫描二维码观看习题操作1

扫描二维码观看习题操作2

扫描二维码观看习题操作3

第 7 章

演示文稿制作软件 PowerPoint 2010

<<<<<<

PowerPoint 2010 是微软公司开发的 Office 2010 办公系列软件中的一个重要组件，用于制作具有图文并茂展示效果的演示文稿。用户不仅可以在投影仪或者计算机上进行演示，也可以将演示文稿打印，以便应用到更广泛的领域。

利用 PowerPoint 2010 可以快速制作演示文稿，其广泛应用于学术报告、论文答辩、辅助教学、产品展示、工作汇报等场合下的多媒体演示。演示文稿主要由若干张幻灯片组成，在幻灯片中可以很方便地插入图形、图像、艺术字、图表、表格、组织结构图、音频及视频剪辑，也可以加入动画或者设置播放时幻灯片中各种对象的动画效果。PowerPoint 2010 允许用户将演示文稿保存为 HTML 格式，可在基于 Web 的工作环境下发布和共享，在 Internet 上召开网络演示会议。

7.1　PowerPoint 2010 概述

7.1.1　PowerPoint 2010 的启动与退出

1. 启动 PowerPoint 2010

启动 PowerPoint 2010 有两种方法。

方法 1：选择"开始"→"所有程序"→"Microsoft Office"→"Microsoft Office 2010"命令，打开 PowerPoint 2010 的启动界面。

方法 2：在桌面上单击右键，在弹出的快捷菜单中选择"新建"→"Microsoft Office 2010"命令，打开 PowerPoint 2010 的启动界面。

2. 退出 PowerPoint 2010

PowerPoint 2010 的退出方式与其他 Windows 应用程序一样，有以下几种：
（1）单击"文件"选项卡中的"退出"按钮。
（2）单击窗口右上角的"关闭"按钮。
（3）按【Alt + F4】组合键，关闭当前窗口。
（4）双击窗口左上角的图标。

7.1.2　PowerPoint 2010 的窗口界面

启动 PowerPoint 2010，将打开如图 7 – 1 所示的窗口界面。

图 7 – 1　**PowerPoint 2010** 的窗口界面

7.1.3　PowerPoint 2010 的视图浏览方式

在编辑演化文稿时，可采用下列 4 种视图方式之一。

1. 普通视图

这是 PowerPoint 默认的视图方式，由"大纲"选项卡、"幻灯片"选项卡、幻灯片窗格和备注窗格组成，对当前幻灯片的大纲、详细内容、备注均可进行编辑。

2. 幻灯片浏览视图

以缩略图的形式显示幻灯片，便于调整幻灯片的次序，可添加、删除或复制幻灯片，但不能修改幻灯片的内容。

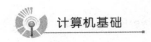

3. 阅读视图

打开当前幻灯片的全窗口放映状态，查看其放映效果。

4. 备注页视图

备注页视图显示小版本的幻灯片和备注，可编辑备注，能调整备注的打印效果。

在"视图"选项卡的"演示文稿视图"组中，有4个图标按钮 普通视图 幻灯片浏览 备注页 阅读视图 ，分别对应4种视图模式，单击这些按钮即可打开相应的视图模式。

7.2 演示文稿的创建与保存

7.2.1 演示文稿的创建

1. 创建空白演示文稿

如果 PowerPoint 应用程序还未打开，则此时创建空白演示文稿的步骤如下：

（1）单击 Windows 任务栏中的"开始"按钮，执行"所有程序"命令。

（2）在展开的程序列表中，执行"Microsoft Office"→"Microsoft Office PowerPoint 2010"命令，启动 PowerPoint 2010 应用程序。

如果已经启动了 PowerPoint 2010 应用程序，则可以通过以下步骤来创建空白演示文稿：

（1）单击"文件"选项卡中的"新建"命令。

（2）在"可用模板和主题"区选择"空白演示文稿"。

（3）单击"创建"按钮，即可创建一个新的空白演示文稿，如图 7-2 所示。

2. 根据现有模板创建演示文稿

步骤如下：

（1）启动 PowerPoint 2010 应用程序。

（2）单击"文件"选项卡中的"新建"命令。

（3）如图 7-3 所示，在"可用模板和主题"列表区的"样本模板"区，用户可以选择任意一种模板来创建演示文稿，这样创建的演示文稿已经具备一定的内容提示。

3. 根据 Office.com 在线模板创建演示文稿

除了本机上安装的内容模板之外，PowerPoint 2010 还有一个强大的功能就是可以下载在线的模板。步骤如下：

（1）启动 PowerPoint 2010 应用程序。

（2）单击"文件"选项卡中的"新建"命令。

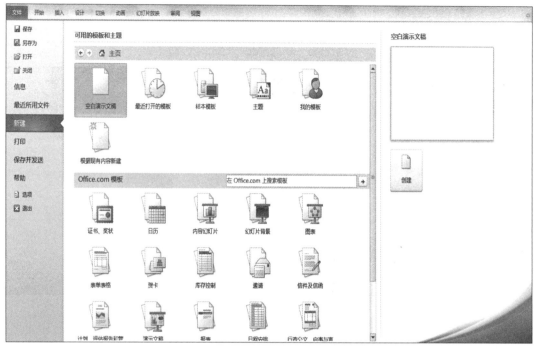

图7-2 新建空白演示文稿

图7-3 根据现有模板创建演示文稿

（3）在"可用模板和主题"列表区的"Office.com 模板"区选择需要的一种模板，如选择"中秋贺卡-玉兔"，如图7-4所示。单击"下载"按钮，即可下载并创建该内容的演示文稿。

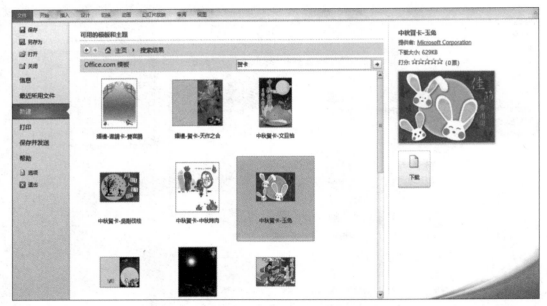

图 7 – 4　根据 Office. com 在线模板创建演示文稿

4. 根据主题创建演示文稿

主题包括预先设置好的颜色、字体、背景和效果，可以作为一套独立的选择方案应用于文件中。步骤如下：

（1）启动 PowerPoint 2010 应用程序。

（2）单击"文件"选项卡中的"新建"命令。

（3）在"可用模板和主题"区选择"主题"，如图 7 – 5 所示，然后选择一种主题来创建演示文稿。

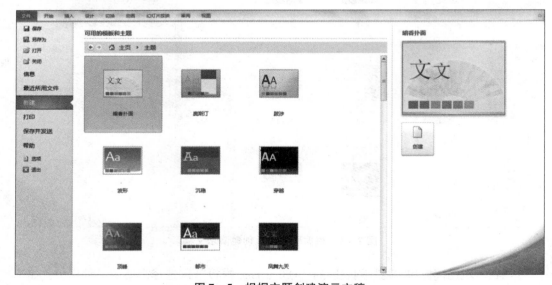

图 7 – 5　根据主题创建演示文稿

7.2.2　演示文稿的保存

对于未保存过的演示文稿，可以执行"文件"→"保存"命令，或单击快捷访问工具栏的"保存"按钮，此时会弹出"另存为"对话框，如图 7-6 所示。选择保存位置、文件类型，输入文件名称，单击"保存"按钮即可。

图 7-6　"另存为"对话框

对于已保存过的演示文稿，可执行"文件"→"另存为"命令来将文件保存到其他位置。

如果在关闭演示文稿时没有保存对演示文稿的修改，则系统会弹出一个提示对话框，如图 7-7 所示。

图 7-7　提示对话框

7.3　演示文稿的基本操作

7.3.1　设置幻灯片版式

【例 7.1】我校开学初要求各班召开以"爱校敬师，团结互进"为主题的班会，由此班委会要制作一张以"辽宁理工学院"为主题的演示文稿。现要求：新建演示文稿；在首页幻灯片选择标题幻灯片版式，在该幻灯片的标题位置输入"辽宁理工学院"，在副标题位置输入承办班级、日期等信息。修改相应字体、颜色；将演示文稿保存至桌面，改名为"班会"。

1. 幻灯片版式的含义

"版式"指的是幻灯片内容在幻灯片的排列方式，即幻灯片内容的布局。版式由若干文本框组成，在文本框中可以放置幻灯片内容，如文字、表格、图表、图片、剪贴画等。

2. 设置幻灯片版式

在"开始"选项卡的"幻灯片"组中，单击"版式"按钮，可以看见 PowerPoint 2010 为用户提供的"标题幻灯片"。

例7.1的具体操作步骤如下：

（1）单击"开始"按钮，执行"所有程序"命令。

（2）在展开的程序列表中，执行"Microsoft Office"→"Microsoft Office PowerPoint 2010"命令，启动 PowerPoint 2010 应用程序。

（3）单击"开始"选项卡下"幻灯片"组中的"新建幻灯片"下拉按钮，在弹出的下拉列表中选择"标题幻灯片"命令。

（4）在新建的幻灯片标题文本框中输入"辽宁理工学院"，设置为黑体、66号、蓝色，并在该幻灯片的副标题文本框中输入"信息工程系15级计科6班"，设置为楷体、40号、深蓝色，并将文字右对齐。

（5）单击"文件"选项卡中的"另存为"命令，将路径选择为桌面，将文件名修改为"班会"，单击"保存"按钮完成操作。幻灯片版式效果如图7-8所示。

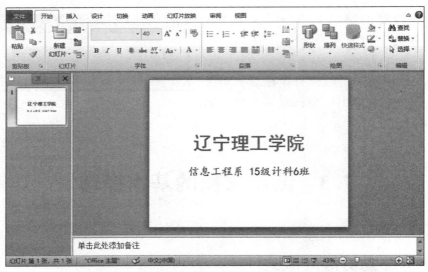

图7-8　幻灯片版式效果

7.3.2　幻灯片的插入和删除

1. 插入幻灯片

（1）在普通视图左侧任务窗格的"幻灯片"选项卡中，将光标定位在要添加幻灯片的位置之前。例如，若希望在第4张与第5张幻灯片之间插入一张新的幻灯片，则应将光标定位于第4张幻灯片）。

（2）在"开始"选项卡的"幻灯片组"中，单击"新建幻灯片"按钮　或者在"新建幻灯片"的下拉菜单中选择一种版式命令，即可在当前幻灯片之后插入一张空白的新幻灯片。

2. 删除幻灯片

在幻灯片浏览视图或普通视图中，只需选定要被删除的幻灯片缩略图，按【Delete】键即可将其删除。也可以右击要被删除的幻灯片，在弹出的快捷菜单中选择"删除幻灯片"命令。

7.3.3　幻灯片的移动和复制

1. 移动幻灯片

在演示文稿中，若需要调整幻灯片的位置，可移动幻灯片。
方法1：单击需要移动的幻灯片，按左键拖动鼠标，将其直接拖放到目标位置。
方法2：
（1）单击需要移动的幻灯片，按【Ctrl + X】组合键，将幻灯片剪切到剪切板中。
（2）将光标定位于目标位置，按【Ctrl + V】组合键粘贴即可。

2. 复制幻灯片

方法1：在"幻灯片浏览"视图中，单击需要复制的幻灯片，按下【Ctrl】键的同时将其拖放到目标位置。
方法2：
（1）在普通视图左侧任务窗格的"幻灯片"选项卡中，单击需要复制的幻灯片，按【Ctrl + C】组合键。
（2）将光标定位于目标位置，按【Ctrl + V】组合键粘贴。
方法3：
（1）选中需要复制的幻灯片。
（2）在"开始"选项卡的"幻灯片"组中，单击"新建幻灯片"下方的下三角按钮，在弹出的下拉菜单中，选择"复制所选幻灯片"命令，将当前幻灯片复制到当前幻

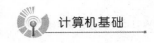

灯片之后。

7.3.4　幻灯片的放映

1. 放映全部幻灯片

具体操作步骤如下：

（1）在 PowerPoint 中打开要放映的演示文稿。

（2）在"幻灯片放映"选项卡的"开始放映幻灯片"组中单击"从头开始"按钮；或者单击"从当前幻灯片开始"按钮；或者直接按【F5】键。

（3）在幻灯片放映的过程中，按【Esc】键可以中止放映。也可以右击幻灯片，在弹出的快捷菜单中选择"结束放映"命令。

2. 放映部分幻灯片

具体操作步骤：选中要开始放映的幻灯片，单击窗口右下角的"幻灯片放映"按钮，系统将从选定的幻灯片开始放映。

7.4　演示文稿的外观设计

7.4.1　使用幻灯片母版

1. 母版的含义

母版是演示文稿中所有幻灯片的底板。在母版中设置的文本、对象和格式将添加到演示文稿的所有幻灯片中。也就是说，如果每张幻灯片中都需要出现相同的内容，如企业标志、CI 形象、产品商标以及有关背景设置等，那么就应该将这个内容放到母版中。设置母版可以控制演示文稿的整体外观。

2. 母版的分类

演示文稿的母版类型一般分为幻灯片母版、备注母版和讲义母版，通常使用的是幻灯片母版。

幻灯片母版主要用来控制除标题幻灯片以外的幻灯片标题、文本等外观样式。如果修改了母版的样式，将影响所有基于该母版的演示文稿的幻灯片样式。

标题母版控制的是以"标题幻灯片"版式建立的幻灯片，是演示文稿的第一张幻灯片，相当于演示文稿的封面。因此，标题幻灯片通常在一个演示文稿中只对一张幻灯片起作用。

备注母版主要提供演讲者备注使用的空间以及设置备注幻灯片的格式。

讲义母版用于控制幻灯片以讲义的形式打印的格式，可增加页眉、页脚等。

3. 编辑幻灯片母版

（1）打开演示文稿，在"视图"选项卡下单击"母版视图"组的"幻灯片母版"按钮，进入幻灯片母版模式，如图 7-9 所示。

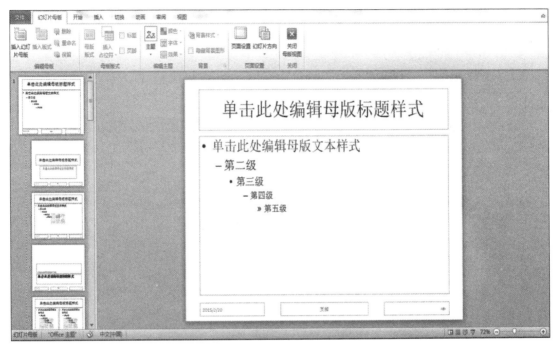

图 7-9　幻灯片母版模式

（2）在左侧窗格中显示不同版式的幻灯片缩略图，第一张为某一主题的幻灯片母版，若对其进行重新设置，则其下面所有幻灯片版式都将随之改变。用户可对其所包含的对象（如标题占位符、文本占位符等）进行编辑、修改、重新设置等操作，如改变字号、颜色等。

若选中某一张幻灯片，则其为当前幻灯片，在右侧窗格中显示并可以进行编辑，新的设置仅作用于该幻灯片。用户不仅可以对已包含的对象进行编辑、修改、重新设置，还可以插入新对象。在"幻灯片母版"选项卡下，单击"母版版式"组的"插入占位符"按钮，则插入了所选的占位符（如图表或文字等）如图 7-10 所示。

（3）在幻灯片母版下，可以对母版幻灯片进行版式、主题、背景、页面等设置，母版完成后，单击"关闭母版"按钮，可退出母版的制作，返回普通视图。

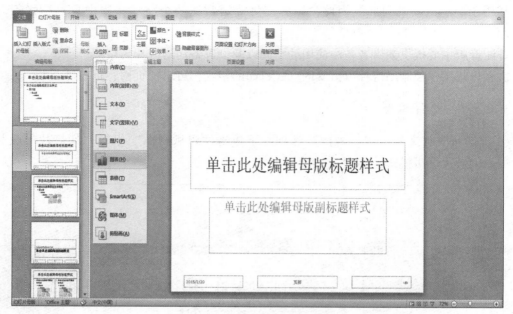

图 7 – 10 "插入占位符"命令

7.4.2 使用内置主题

PowerPoint 2010 提供了大量内置主题,可供用户制作演示文稿时使用,用户既可以直接在主题中选择使用,也可以通过自定义方式修改主题的颜色、字体和背景,形成自定义主题。

1. 应用主题

在"设计"选项卡的"主题"组内显示了部分主题列表,如图 7 – 11 所示。单击主题列表右下角"其他"图标 按钮 ,可以显示全部内置主题。单击某个主题,会按所选主题的颜色、字体和图形外观效果修饰演示文稿。

图 7 – 11 内置主题

除了可选择内置主题,用户还可以选择外部主题。操作方法:在"设计"选项卡的"主题"组单击主题列表右下角"其他"图标按钮 ,在下拉列表中选择"浏览主题"命令,在弹出的对话框中导入外部主题。

2. 自定义主题设计

在"设计"选项卡的"主题"组内，单击"颜色"按钮，在如图7－12所示的下拉列中选择一种颜色，幻灯片的标题文字颜色、背景填充颜色、文字的颜色将随之改变。

在"设计"选项卡的"主题"组内，单击"字体"按钮，在如图7－13所示的下拉列表中选择一种字体，则该字体将应用于演示文稿中，此时，标题和正文是同一种字体。

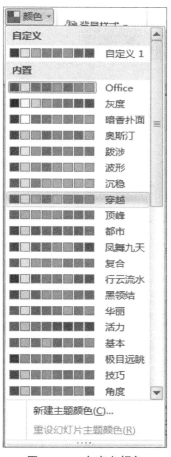

图7－12　自定义颜色

图7－13　自定义字体

7.4.3　设置幻灯片的背景

【例7.2】为标题为"相逢是首歌"幻灯片的第1、2页添加纹理背景和纯色背景，样式自选。

在"设计"选项卡的"背景"组内单击"背景样式"按钮，在下拉列表中选择一款适合的背景样式，如图7－14所示。

用户也可以对背景颜色、填充方式、图案和纹理等进行重新设置。操作方法：在"设计"选项卡的"背景"命令组内，单击"背景样式"按钮，在下拉列表中选择"设置背景格式"命令，打开"设置背景格式"对话框。

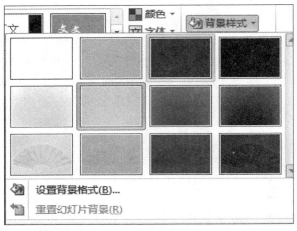

图 7 – 14　背景样式

1. 纯色填充

选中"纯色填充"单选框，单击"颜色"右侧的下拉按钮，从下拉列表中选择一种颜色；也可以选择"其他颜色"命令，打开"颜色"对话框进行设置，如图 7 – 15 所示。

2. 渐变填充

选中"渐变填充"单选框后，可设置预设颜色、类型、方向、角度、渐变光圈、颜色、亮度和透明度等，如图 7 – 16 所示。

图 7 – 15　设置纯色填充

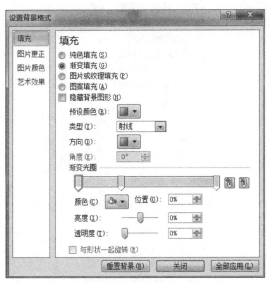

图 7 – 16　设置渐变填充

如果需要预设颜色，可单击"预设颜色"右侧的下拉按钮 ，从下拉列表中选择一种，如"孔雀开屏"。

3. 图案填充

选中"图案填充"单选框后，可从下方的下拉列表中选择某种图案，如图 7 – 17 所示，还可以对"前景色"和"背景色"进行设置。

图 7 –17　设置图案填充

4. 纹理填充

选中"图片或纹理填充"单选框后，单击"纹理"右侧的下拉按钮 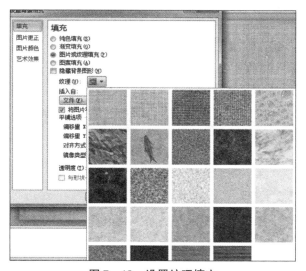 ，在弹出的下拉列表中选择某种纹理，如"花束"，如图 7 – 18 所示。

图 7 –18　设置纹理填充

5. 图片填充

选中"图片或纹理填充"单选框后，单击"插入自"下方的"文件"按钮，弹出"插入图片"对话框，选择图片文件后，单击"插入"按钮，返回"设置背景格式"对话框，则所选的图片成为幻灯片背景。

如果已经设置了主题，则所设置的新背景可能被主题背景覆盖。此时，在"设置背景格式"对话框中选中"填充"中的"隐藏背景图形"复选框即可。

在"设置背景格式"对话框中，可对背景颜色、渐变、纹理、图案和图片等进行设置。单击"关闭"按钮，设置的背景将应用于当前幻灯片；单击"全部应用"按钮，则应用于所有幻灯片。

例 7.2 的具体操作步骤如下：

（1）打开"相逢是首歌"演示文稿，定位在第 1 页幻灯片，在"设计"选项卡的"背景"组，单击"背景样式"按钮，在下拉列表中选择"设置背景格式"命令，打开"设置背景格式"对话框。选中"纯色填充"单选框，然后单击"颜色"右侧的下拉按钮，从下拉列表中选择一种颜色，单击"保存"按钮。

（2）定位在第 2 页幻灯片，在"设置背景格式"对话框中选中"图片或纹理填充"单选框，单击"纹理"右侧的下拉按钮，在弹出的下拉列表中选择某种纹理，如"花束"，单击"保存"按钮。设置背景格式后的效果如图 7 – 19 所示。

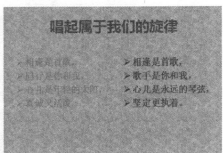

图 7 – 19　设置背景格式的效果

7.5　插入多媒体对象

7.5.1　插入艺术字

在 PowerPoint 2010 中，可以插入艺术字，以便让重要的文字更加醒目。

1. 插入艺术字

插入艺术字的具体操作步骤如下：

（1）选择要插入艺术字的幻灯片，在"插入"选项卡的"文本"组中，单击"艺术字"按钮，弹出下拉列表，如图7-20所示。

（2）在下拉列表中选择一种艺术字样式后，在幻灯片中会插入一个"请在此输入您自己的内容"的文本框，可以输入艺术字的文字内容。

（3）单击艺术字边框或其内容，在"格式"选项卡的"形状样式"组和"艺术字样式"组中可以对艺术字进行样式的编辑。

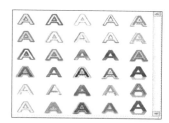

图7-20 "艺术字"下拉列表

2. 修饰艺术字

选中艺术字，将出现"绘图工具"的"格式"选项卡，"艺术字样式"组含有艺术字样式列表框和文本填充 **A**、文本轮廓 ✐、文本效果 A 3个按钮。

（1）文本填充是指对艺术字内部用颜色填充，单击 **A** 右侧的下拉按钮，在弹出的下拉列表中选择一种颜色，也可以选择渐变、图片或纹理填充。

（2）文本轮廓是指改变艺术字轮廓线颜色，单击 ✐ 右侧的下拉按钮，在弹出的下拉列表中选择颜色。

（3）文本效果是指改变艺术字效果，单击 A 右侧的下拉按钮，在弹出的下拉列表中选择其中的效果（阴影、发光、映像、棱台、三维旋转和转换）进行设置，如图7-21所示。

（4）选中该艺术字，拖动绿色控点，可以旋转艺术字。

图7-21 艺术字文本效果"三维旋转"的设置

7.5.2 插入图片

【例7.3】为标题为"相逢是首歌"的演示文稿制作第3张幻灯片，要求插入艺术字标

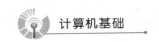

题"十年",并插入图片"十年前"与"十年后"。

1. 插入剪贴画

剪贴画是用计算机软件绘制的,系统的剪辑图库提供了1000多种剪贴画。

插入剪贴画的具体操作步骤如下:

(1)在"插入"选项卡的"图像"组中单击"剪贴画"按钮,弹出"剪贴画"任务窗格。

(2)在"剪贴画"任务窗格中单击"搜索"按钮。

(3)在"剪贴画"任务窗格下方空白处显示搜索到的图片,选中其中一张图片,右击,在弹出的快捷菜单中选择"插入"命令即可插入剪贴画。另外,双击该图片也可插入剪贴画。

(4)关闭"剪贴画"任务窗格。

2. 插入图像文件

对于已有的图像文件,可以直接将其插入幻灯片。

插入图像文件具体操作步骤如下:

(1)在"插入"选项卡的"图像"组中,单击"图片"按钮。

(2)在打开的"插入图片"对话框中,选中图片文件后,单击"插入"按钮即可。

3. 编辑图片

1)调整图片的大小和位置

插入来自文件的图片或剪贴画的大小和位置有可能不合适,可以选中图片后,用鼠标拖动控制点来大致调整。

2)旋转图片

旋转图片能使图片按要求向不同方向倾斜,既可手动粗略旋转,也可按指定角度进行精确旋转。

手动旋转:选中需要旋转的图片后,在图片的四周会出现控制点并在上方出现一个绿色的旋转手柄,按住左键,通过鼠标来旋转手柄,即可随意旋转图片。

精确旋转的操作步骤如下:

(1)选中需要旋转的图片,出现"图片工具"。

(2)在"图片工具"的"格式"选项卡中,单击"排列"组中的"旋转"按钮,弹出如图7-22所示的下拉列表。

(3)选择下拉列表中的"向右旋转90°""向左旋转90°""垂直翻转""水平翻转"等命令可对图片进行相应操作;若选择"其他旋转选项"命令,则打开如图7-23所示的"设置图片格式"对话框。

(4)在该对话框的左侧,选择"大小"选项,在右侧的"旋转"框中输入要旋转的角度。正度数为顺时针旋转,负度数为逆时针旋转。

图7－22　"旋转"下拉列表　　　　图7－23　"设置图片格式"对话框

3）使用图片快速样式

PowerPoint 2010 提供了将颜色、阴影和三维效果等格式设置功能结合在一起的"快速样式"。使用快速样式，可一次应用多种样式，而不仅仅是颜色。

在"格式"选项卡的"图片样式"组中，系统提供了 28 种图片样式，如图 7－24 所示。选中需要设置快速样式的图片，将鼠标指针移到所需的样式上，单击该样式即可将其应用于选定的图片。

4）图片效果

设置图片的阴影、发光、映像、柔化边缘等特定视觉效果，可以使图片更美观。

选中需要设置效果的图片，在"格式"选项卡的"图片样式"组中，单击"图片效果"按钮，弹出如图 7－25 所示的下拉列表，将鼠标指针移至所需的效果选项上，会弹出下一级图片效果列表，选择合适的效果，即可将该效果应用于当前图片。

图7－24　快速样式列表　　　　图7－25　"图片效果"下拉列表

例 7.3 的具体操作步骤如下：

（1）打开"相逢是首歌"演示文稿，将鼠标指针定位在第 2 张幻灯片之后，单击"开始"选项卡中的"新建幻灯片"命令。

图 7 – 26   插入图片后的效果

（2）在"插入"选项卡的"文本"组中，单击"艺术字"按钮，在弹出的下拉列表中选择一种艺术字样式后，在幻灯片中会插入一个"请在此输入您自己的内容"的文本框，在该文本框中输入"十年"。

（3）在"插入"选项卡的"图像"组中单击"图片"按钮。在打开的"插入图片"对话框中，选中图片文件后，单击"插入"按钮即可。调整图片的大小与位置后，保存。插入图片后的效果如图 7 – 26 所示。

7.5.3   插入形状

形状包括线条、矩形、基本形状、箭头总汇、公式形状、流程图、星与旗帜、标注和动作按钮等。

1. 绘制形状

（1）通过以下方法之一选择某一形状。

方法 1：在"插入"选项卡的"插图"组，单击"形状"按钮，弹出"形状"下拉列表，可以选择某一形状，如图 7 – 27 所示。

方法 2：在"开始"选项卡的"绘图"组，单击"形状"列表右下角的"其他"按钮，将展开形状列表，可以选择某一形状。

（2）在幻灯片中单击，即可插入所选的形状；或者按住左键并拖动鼠标，绘制一定大小的形状。

2. 编辑形状

1）改变形状、输入文字

单击某形状边框处，选中边框的控点后拖动鼠标，可以调整形状的大小。右键单击，在弹出的快捷菜单中选择"编辑文字"命令，输入文本内容；拖动绿色控点，可以旋转形状。按下【Shift】键并拖动鼠标，可以绘出标准形状，如正方形、圆、等边三角形等。

图 7 – 27   "形状"下拉列表

2）改变形状样式

选中该形状，选择"格式"选项卡的"形状样式"组的某一命令，可以对形状样式、形状填充、形状轮廓、形状效果等进行设置。

3. 组合形状

按住【Shift】键，依次单击要组合的形状，每个形状周围都出现控点；单击"格式"选项卡的"组合"按钮；或者单击右键，在弹出的快捷菜单中选择"组合"命令，进行设置。选中的形状组合为一个整体（独立的形状有各自的边框，整体也有一个边框），可以作为一个整体进行移动、复制和改变大小等操作。

选择"取消组合"命令，则恢复为组合前的若干个独立形状。

7.5.4 插入表格

【例7.4】为标题为"相逢是首歌"的演示文稿制作第4张幻灯片，为题目为"那时的我们"插入一个4行5列的表格，列标题分别为"姓名""班级""性别""年龄""代号"。

在幻灯片中插入表格是一种最常见的工作，应用表格可以使数据和事例都更清晰。创建表格的方法有以下几种。

方法1：在"插入"选项卡的"表格"组中，单击"表格"按钮，在弹出的列表（图7-28）中，拖动鼠标即可选择表格的行数和列数，并在演示文稿中出现正在设计的表格的雏形，单击并释放鼠标即可创建表格。

方法2：在"插入"选项卡的"表格"组中，单击"表格"按钮，在弹出的列表（图7-28）中，执行"插入表格"命令，打开"插入表格"对话框，在"列数"和"行数"文本框中输入行数和列数，然后单击"确定"按钮，如图7-29所示。

图7-28 "插入表格"列表

图7-29 "插入表格"对话框

方法3：在"插入"选项卡的"表格"组中，单击"表格"按钮 ▦ ，在弹出的列表（图7-28）中，执行"绘制表格"命令，可以通过拖动鼠标在幻灯片中手动绘制表格。

方法4：如果幻灯片的版式中有内容区占位符，则单击"插入表格"图标也可弹出"插入表格"对话框。

例7.4的具体操作步骤如下：

（1）打开"相逢是首歌"演示文稿，将鼠标指针定位在第3张幻灯片之后，单击"开始"选项卡中的"新建幻灯片"按钮。

（2）输入标题"那时的我们"，字体、字形、颜色自选。

（3）在"插入"选项卡的"表格"选项组中，单击"表格"按钮，在弹出的列表（图7-28）中，选择"插入表格"命令，打开"插入表格"对话框，在"列数"和"行数"文本框中输入行数"4"和列数"5"。

（4）分别输入列标题"姓名""班级""性别""年龄""代号"。

7.5.5 插入图表

在演示文稿中插入图表，可以更直观地演示数据。

插入图表的操作步骤如下：

（1）在"插入"选项卡的"插入"组中，单击"图表"按钮 📊，弹出"插入图表"对话框，如图7-30所示。如果幻灯片的版式中有内容区占位符，则单击"插入图表"图标也可弹出该对话框。

（2）在"插入图表"对话框中，选择所需的图表类型，单击"确定"按钮。

（3）自动打开Excel应用程序，编辑表格数据，编辑完成后，将Excel应用程序关闭。

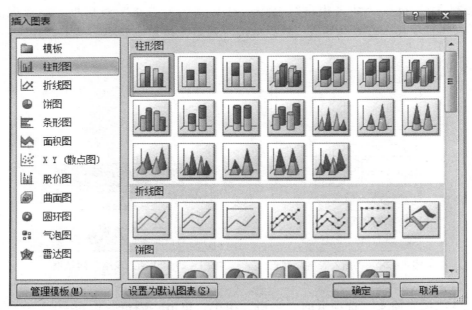

图7-30　"插入图表"对话框

7.5.6　插入 SmartArt 图形

【例 7.5】为标题为"相逢是首歌"的演示文稿修改第 5 张幻灯片，要求将"文艺之星""学习之星""劳动之星""文明之星""体育之星"5 行文字转换成样式为"蛇形图片题注列表"的 SmartArt 对象，并将对应的学生照片作为该 SmartArt 对象的显示图片。

　　SmartArt 图形是一种智能化的矢量图形，是已经组合好的文本框和形状、线条。利用 SmartArt 图形，可以在幻灯片中快速插入功能性强的图形。

　　插入 SmartArt 图形的操作步骤如下：

（1）选择要插入 SmartArt 图形的幻灯片，在"插入"选项卡的"插图"组中单击 SmartArt 按钮，弹出"选择 SmartArt 图形"对话框，如图 7－31 所示。如果幻灯片的版式中有内容区占位符，则单击"插入 SmartArt 图形"图标也可弹出该对话框。

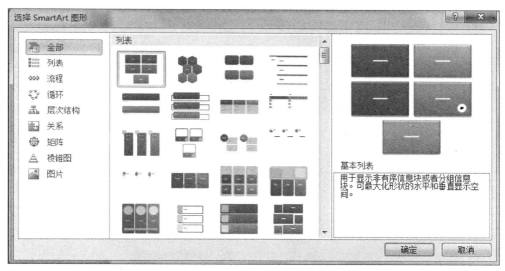

图 7－31　"选择 SmartArt 图形"对话框

（2）在对话框中选择要插入的 SmartArt 图形，单击"确定"按钮，即可在幻灯片中插入 SmartArt 图形。

（3）在 SmartArt 图形的文本框中插入所需内容。

（4）在"SmartArt 工具"的"设计"选项卡（图 7－32）的"创建图形"组中，可通过"添加形状"等按钮来改变图形结构；在"布局"组中，可更改 SmartArt 图形的类型；在"SmartArt 样式"组中，可更改图形的样式与颜色等。

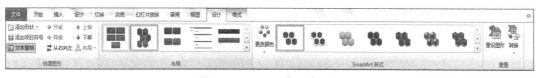

图 7－32　"设计"选项卡

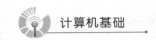

例7.5的具体操作步骤如下：

（1）选中"文艺之星""学习之星""劳动之星""文明之星""体育之星"5行文字，在"开始"选项卡的"段落"组单击"转化为SmartArt"按钮，如图7-33所示，在弹出的下拉列表中选择"蛇形图片题注列表"。

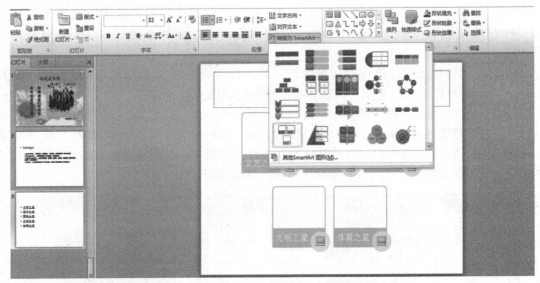

图7-33　单击"转化为SmartArt"按钮

（2）单击"文艺之星"所对应的图片按钮，弹出"插入图片"对话框，选择相应的学生照片。依次类推，分别对"学习之星""劳动之星""文明之星""体育之星"设置学生照片，效果如图7-34所示。

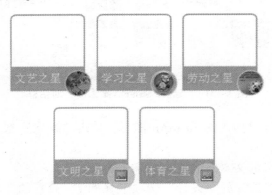

图7-34　插入SmartArt图形后的效果

7.5.7　插入音频与视频

【例7.6】为标题为"相逢是首歌"的演示文稿添加歌曲背景音乐《朋友》，并在幻灯片放映时即开始播放。

1. 插入音频

在 PowerPoint 2010 的幻灯片中可以插入 3 种类型的音频——剪贴画音频、文件中的音频、录音音频。在播放幻灯片时，这些插入的音频将一同播放。

在安装 Office 时，若安装了附加剪辑，则可在幻灯片中插入剪贴画音频。若已有声音频文件，则可在幻灯片中插入文件中的音频。

插入录音的方法：在"插入"选项卡的"媒体"组中单击"音频"按钮，在弹出的下拉列表中选择"录制音频"命令。

2. 插入视频

在幻灯片中可插入"剪贴画视频"，剪贴画视频分为"来自网站的视频"和"文件中的视频"。在幻灯片中插入视频的操作步骤如下：

（1）选择需要插入视频的幻灯片。

（2）在"插入"选项卡的"媒体"组中单击"视频"按钮，在弹出的下拉列表中选择"文件中的视频"命令。如果幻灯片的版式中有内容占位符，则可以单击"插入媒体剪辑"图标。

（3）打开"插入视频文件"对话框，选择需要插入的视频文件，单击"插入"按钮。幻灯片中将出现视频图标，可调整其位置和大小。

（4）右击视频图标，在弹出的快捷菜单中选择"设置视频格式"命令，打开"设置视频格式"对话框，可设置视频边框、效果等。

（5）在"播放"选项卡中可设置音量、播放方式、是否循环播放等。

例 7.6 的具体操作步骤如下：

（1）选中第 1 张主题幻灯片，在"插入"选项卡的"媒体"组中单击"音频"按钮。

（2）在弹出的"插入音频"对话框中，选择"朋友 . mp3"音频文件，单击"插入"按钮。

（3）选中音频图标，在"音频工具"的"播放"选项卡下"音频选项"组中，选中"循环播放，直到停止"和"播完返回开头"复选框，在"开始"下拉列表框中选择"自动"选项，插入音频的效果如图 7 – 35 所示。

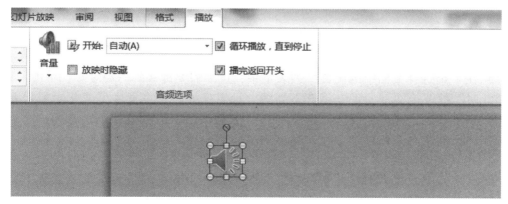

图 7 – 35　插入音频的效果

7.5.8　插入超链接

【例7.7】在"个人简历"演示文稿中，为目录页的各项设置超链接，要求单击"个人风采"即可链接到第2张幻灯片"个人风采"内容页，单击"个人简介"即可链接到第3张"个人简介"内容页，单击"个人爱好"即可链接到第4张幻灯片"个人爱好"内容页，单击"个人成绩"即可链接到第5张幻灯片"个人成绩"内容页。

幻灯片的默认放映顺序是幻灯片的排列次序，如果要改变其线性的放映次序，可以通过建立超链接的方式来实现。

1. 文字超链接

设置文字超链接的步骤如下：

（1）选中需要创建超链接的文字。

（2）在"插入"选项卡的"链接"组中单击"超链接"按钮；或者右击该文字，在弹出的快捷菜单中选择"超链接"命令。

（3）打开"插入超链接"对话框，在"链接到"列表框中选择"本文档中的位置"选项，如图7-36所示。

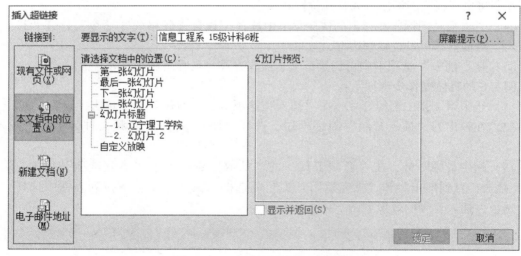

图7-36　"插入超链接"对话框

（4）在"请选择文档中的位置"列表框中，选择需要链接到的幻灯片，单击"确定"按钮。此时，被链接文字的下方将有下划线，且文字的颜色也发生了变化。如果要改变超链接文字的颜色，可在"设计"选项卡的"主题"组中单击"颜色"按钮，在下拉菜单中选择"新建主题颜色"命令，在弹出的"新建主题颜色"对话框中，分别在"超链接"和"已访问的超链接"下拉列表中选择一种颜色。如果建立超链接时选中的是文本框而不是文字，则为文本框建立超链接，文字下方不会有下划线，且文字颜色不会发生改变。

2. 动作按钮超链接

添加动作按钮超链接的具体步骤如下：

（1）在"插入"选项卡的"插图"组中单击"形状"按钮，在弹出的下拉列表中选择一个想要的动作按钮形状。

（2）在幻灯片中单击，将会同时出现按钮和"动作设置"对话框，如图7-37所示。

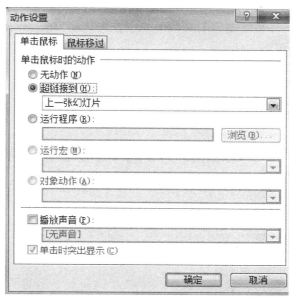

图 7 - 37　"动作设置"对话框

（3）在"动作设置"对话框的"单击鼠标"选项卡中，选择"超链接到"单选框，在下拉列表框中选择"幻灯片"，弹出"超链接到幻灯片"对话框，如图7-38所示。选定幻灯片后，单击"确定"按钮。

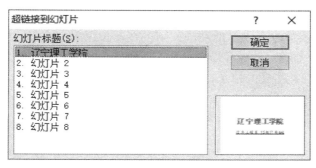

图 7 - 38　"超链接到幻灯片"对话框

（4）在选中动作按钮后，可通过"插入"选项卡中"链接"组中的"动作"按钮来重新设置其超链接的对象。也可以执行右键快捷菜单中的"编辑文字"命令，在动作按钮上添加文字。

3. 图形、图像超链接

对于图形、图像等对象，同样可以为其设置超链接，设置方法与为文本、动作按钮设置超链接一样。

例 7.7 的具体操作步骤如下：

（1）选中"个人风采"，右键单击，在弹出的快捷菜单中选择"超链接"命令，弹出"插入超链接"对话框。

（2）在"链接到"组中选择"本文档中的位置"，在"请选择文档中的位置"下选择"幻灯片 2"，单击"确定"按钮。

（3）按照步骤（1）~（2）的方法，分别为"个人简介""个人爱好""个人成绩"添加超链接，分别连接到本文档中的幻灯片第 3 张到第 5 张。

7.6　设置幻灯片的动画效果

7.6.1　对象动画设置

【例 7.8】在"个人简历"演示文稿中，为"个人爱好"内容页每项都设置动画效果，可自选。例如，将游泳图片设置"百叶窗"进入效果，水平进入。

1. 为对象添加动画

可以为文本、图形、图像、图表、音频和视频等对象添加动画。步骤如下：

（1）选中"文本"或文本所在的对象，切换到"动画"选项卡。

（2）在"动画"组中选择所需的动画效果，如图 7－39 所示。

（3）如果预设列表中没有满意的动画，则可在下拉菜单中选择"更多进入效果"命令（或"更多强调效果"命令、"更多退出效果"命令），弹出"更改进入效果"对话框，如图 7－40 所示。从中选择需要的效果，然后单击"确定"按钮。

2. 动画效果

方法 1：选中某一已设置动画的对象，选择"动画"选项卡，单击"动画"命令组的"效果选项"按钮，弹出"方向"或"序列"等列表，可设置动画的进入、退出方向等。

方法 2：选中某一已设置动画的对象，选择"动画"选项卡，单击"动画"组右下角的"显示其他效果选项"按钮，弹出某种动画的对话框，有"效果""计时"两个选项卡，如果对象是文本框则还有"正文文本动画"选项卡，如"飞入"对话框，如图 7－41 所示。

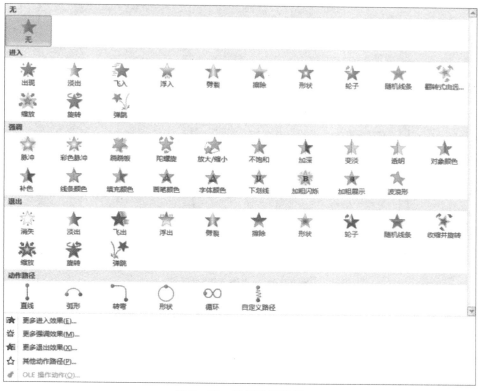

图 7 – 39　设置动画效果

图 7 – 40　"更改进入效果"对话框

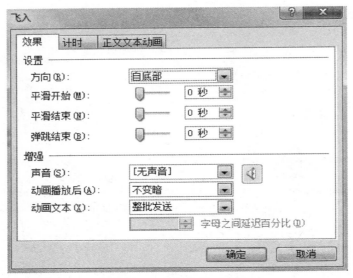

图 7－41　"飞入"对话框

3. 动画窗格

在某幻灯片中，对多个对象设置动画时，可以使用动画窗格来调整动画的播放顺序，并设置动画效果、计时等操作。

（1）选中某个含有多个对象的幻灯片，在"动画"选项卡的"高级动画"组中单击"动画窗格"按钮，在窗口右侧弹出"动画窗格"窗格，显示当前幻灯片已设置动画的对象名称和对应的动画顺序，单击窗格上方的"播放"按钮，幻灯片将预览播放时的动画效果。

（2）在"动画窗格"窗格中选择某个对象名称，单击窗格下方"重新排序"中的上移或下移图标按钮，或者直接按拖动窗格中的对象名称，可以改变对象的动画播放顺序。还可以在"动画"选项卡的"计时"组的"对动画重新排序"下单击"向前移动"或"向后移动"按钮，从而改变对象的动画播放顺序。

（3）利用"动画窗格"窗格下方的时间条，或者选择"动画"选项卡"计时"组的"持续时间""延时"进行对象动画播放时间的设置。

（4）选中"动画窗格"窗格中的某个对象名称，单击对象名称右侧的下三角按钮，如图 7－42 所示，在弹出的下拉列表中选择"效果选项"或"计时"，也将弹出该对象的动画对话框，如"飞入"对话框。

图 7－42　"动画窗格"窗格

4. 自定义动画

具体操作步骤如下：

（1）选择要设置动画效果的对象，然后单击"自定义动画"窗格中的"添加效果"按钮，在弹出的下拉列表中选择"其他动作路径"组中的某一路径动画效果即可。若系统预设的路径动画不能满足要求，则可选择"其他动作路径"命令，打开如图7-43所示的"添加动作路径"对话框，在其中选择所需的动作路径。

（2）单击"确定"按钮，即可在幻灯片中添加选择的路径。可以通过边框上的控制点来调整路径的大小，并可以在幻灯片中随意调整动作路径的位置。单击"插入"按钮，可以预览对象的动作路径运动动画。

例7.8的具体操作步骤如下：

（1）选中游泳图片，在"动画"选项卡的"动画"组中单击"百叶窗"按钮。

（2）在"动画"选项卡的"动画"组中单击"效果选项"按钮，在下拉列表中选择"水平"。

（3）按照步骤（1）（2），分别为其他图片和文字自定义设置相应的进入效果。

图7-43　"添加动作路径"对话框

7.6.2　幻灯片切换效果

【例7.9】在"个人简历"演示文稿中，为每张幻灯片设置不同的切换效果。

幻灯片的切换是指在播放演示文稿时，一张幻灯片的移入和移出方式，又称片间动画。在设置幻灯片的切换方式时，最好在幻灯片浏览视图下进行。

具体操作步骤如下：

（1）选择"切换"选项卡，如图7-44所示。

图7-44　"切换"选项卡

（2）选中需要设置切换方式的幻灯片。

（3）在"切换到此幻灯片"组中选择合适的切换方式。在"计时"组中还可以设置切换的速度、换片方式、音效等。若单击"全部应用"按钮，则切换效果对所有幻灯片都有效。

（4）若想预览切换的效果，则可以在"预览"组中单击"预览"按钮。

例7.9的具体操作步骤如下：

（1）选中第1张幻灯片，在"切换"选项卡的"切换到此幻灯片"组中选择合适的切换效果，如"擦除"。

（2）按照步骤（1）的方法分别为剩下的幻灯片设置不同的切换效果，如"分割""始终""推进""显示""随机线条"，等等。

7.7 幻灯片放映

7.7.1 幻灯片放映方式设置

具体操作步骤如下：

（1）打开演示文稿，在"幻灯片放映"选项卡的"设置"组中单击"设置幻灯片放映方式"按钮，弹出"设置放映方式"对话框如图7-45所示。

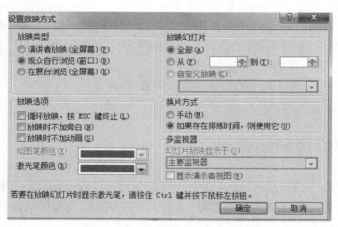

图7-45 "设置放映方式"对话框

（2）在该对话框中，可供设置的"放映类型"有3种：演讲者放映（全屏幕）、观众自行浏览（窗口）、在展台浏览（全屏幕）。同时，可设置放映时是否循环放映，是否加旁白或是否加动画等一些选项。

（3）幻灯片的播放范围默认为"全部"，也可指定为连续的一组幻灯片，或者某个自定义放映中指定的幻灯片。

（4）换片方式可以设定为"手动"或者使用排练时间自动换片。

7.7.2 自定义放映的设置

具体操作步骤如下：

（1）在"幻灯片放映"选项卡的"开始放映幻灯片"组中单击"自定义幻灯片放映"

按钮，在弹出的下拉列表中选择"自定义放映"命令，打开"自定义放映"对话框。

（2）单击"新建"按钮，弹出"定义自定义放映"对话框，如图7-46所示。

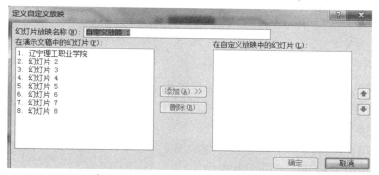

图7-46 "定义自定义放映"对话框

（3）在"在演示文稿的幻灯片"列表框中，选择需要放映的幻灯片，单击"添加"按钮，将其放入"在自定义放映中的幻灯片"列表框。

（4）单击"确定"按钮。

7.7.3 排练计时

具体操作步骤如下：

（1）在"幻灯片放映"选项卡的"设置"组中，单击"排练计时"按钮，如图7-47所示，幻灯片进行播放，并弹出"录制"工具栏（图7-48），显示当前幻灯片放映时间和当前总放映时间。

图7-47 "排练计时"按钮

图7-48 "录制"工具栏

（2）在幻灯片播放录制时，用户可自行切换幻灯片，在新的一张幻灯片放映时，幻灯片的播放时间会重新计时，总放映时间累加计时，可以暂停播放，幻灯片播放录制结束时，弹出提示对话框，如图7-49所示。单击"是"按钮。

图7-49 提示对话框

（3）选中某张幻灯片，在"切换"选项卡的"计时"组中单击"设置自动换片时间"文本框，可以修改该幻灯片的放映时间。

7.8　演示文稿输出

演示文稿制作完成之后，可能会在其他计算机上放映。然而，如果别的计算机没有安装 PowerPoint 2010，那么演示文稿可能无法正常播放。为了避免发生这种情况，可以将演示文稿和相应的超链接文件进行打包。

PowerPoint 2010 可将演示文稿直接打包成 CD，打包好的 CD 既可以直接放入光盘驱动器进行播放，也可以复制到本机的文件夹中。

具体操作步骤如下：

（1）打开要打包的演示文稿。

（2）单击"文件"选项卡中的"保存并发送"按钮，在右边弹出的面板中单击"将演示文稿打包成 CD"按钮，接着单击"打包成"按钮，弹出"打包成 CD"对话框，如图 7–50 所示。

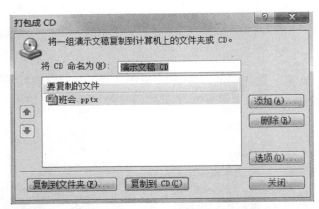

图 7–50　"打包成 CD"对话框

（3）在"打包成 CD"对话框中进行相关设置即可。

7.9　演示文稿打印

7.9.1　演示文稿的页面设置

通常在打印演示文稿前，需要对幻灯片进行一些设置，如设置幻灯片的大小、方向、编号等，在预览产确认无误后才打印。

演示文稿页面设置的操作步骤如下：

（1）在"设计"选项卡的"页面设置"组中单击"页面设置"按钮，打开"页面设置"对话框，如图7－51所示。

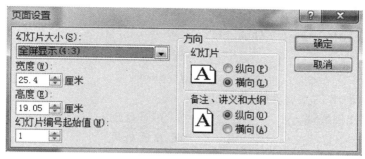

图7－51 "页面设置"对话框

（2）在"页面设置"对话框中，对幻灯片大小、宽度、高度、幻灯片编号起始值等进行设置。

（3）设置完成后，单击"确定"按钮。

7.9.2 打印

打印内容分为幻灯片、讲义、备注和大纲等形式，在打印时根据需要来选择其中的一种方式，然后单击"文件"选项卡中的"打印"按钮，则在右边将显示打印预览。可在"设置"组中选择需要打印的幻灯片，如图7－52所示。

图7－52 幻灯片打印

● 习 题

一、单项选择题

1. PowerPoint 2010 中新建文件的默认名称是（   ）。

A. DOC1   B. Sheet1

C. 演示文稿1   D. Book1

2. PowerPoint 2010 的主要功能是（   ）。

A. 电子演示文稿处理   B. 声音处理

C. 图像处理   D. 文字处理

3. 在 PowerPoint 2010 中，添加新幻灯片的组合键是（   ）。

A. 【Ctrl + M】   B. 【Ctrl + N】

C. 【Ctrl + O】   D. 【Ctrl + P】

4. 在 PowerPoint 2010 中，若要在"幻灯片浏览"视图中选择多个幻灯片，应先按住（   ）键。

A. 【Alt】   B. 【Ctrl】

C. 【F4】   D. 【Shift + F5】

5. 在 PowerPoint 2010 中，"插入"选项卡可以创建（   ）。

A. 新文件，打开文件   B. 表，形状与图标

C. 文本左对齐   D. 动画

6. 在 PowerPoint 2010 中，"设计"选项卡可自定义演示文稿的（   ）。

A. 新文件，打开文件   B. 表，形状与图标

C. 背景，主题设计和颜色   D. 动画设计与页面设计

7. 在 PowerPoint 2010 中，"动画"选项卡可以设计幻灯片上的（   ）设计。

A. 对象应用，更改与删除动画   B. 表，形状与图标

C. 背景，主题设计和颜色   D. 动画与页面

8. 从当前幻灯片开始放映幻灯片的组合键是（   ）。

A. 【Shift + F5】   B. 【Shift + F4】

C. 【Shift + F3】   D. 【Shift + F2】

9. 要设置幻灯片中对象的动画效果以及动画的出现方式时，应在（   ）选项卡中操作。

A. 切换   B. 动画   C. 设计   D. 审阅

10. 要设置幻灯片的切换效果以及切换方式时，应在（   ）选项卡中操作。

A. 开始   B. 设计   C. 切换   D. 动画

11. 要对幻灯片进行保存、打开、新建、打印等操作时，应在（   ）选项卡中操作。

A. 文件   B. 开始   C. 设计   D. 审阅

12. 要在幻灯片中插入表格、图片、艺术字、视频、音频等元素时，应在（   ）选项卡中操作。

A. 文件   B. 开始   C. 插入   D. 设计

13. 在 PowerPoint 2010 中，"审阅"选项卡可以检查（　　）。

A. 文件　　　　　　B. 动画　　　　　　C. 拼写　　　　　　D. 切换

14. PowerPoint 2010 演示文稿的扩展名是（　　）。

A. pptx　　　　　　B. ppzx　　　　　　C. potx　　　　　　D. ppsx

15. 光标位于幻灯片窗格中时，单击"开始"选项卡"幻灯片"组中的"新建幻灯片"按钮，插入的新幻灯片位于（　　）。

A. 当前幻灯片之前　　　　　　　　B. 当前幻灯片之后

C. 文档的最前面　　　　　　　　　D. 文档的最后面

16. "背景"组在功能区的（　　）选项卡中。

A. 开始　　　　　　B. 插入　　　　　　C. 设计　　　　　　D. 动画

17. "主题"组在功能区的（　　）选项卡中。

A. 开始　　　　　　B. 设计　　　　　　C. 插入　　　　　　D. 动画

18. 下列关于幻灯片动画效果的说法不正确的是（　　）。

A. 如果要对幻灯片中的对象进行详细的动画效果设置，就应该使用自定义动画

B. 对幻灯片中的对象可以设置打字机效果

C. 幻灯片文本不能设置动画效果

D. 动画顺序决定了对象在幻灯片中出场的先后次序

19. 下列视图中，不属于 PowerPoint 2010 视图的是（　　）。

A. 幻灯片视图　　　　　　　　　　B. 页面视图

C. 大纲视图　　　　　　　　　　　D. 备注页视图

20. 在 PowerPoint 2010 中，要想同时查看多张幻灯片，应选择（　　）。

A. 幻灯片视图　　　　　　　　　　B. 普通视图

C. 幻灯片浏览视图　　　　　　　　D. 大纲视图

二、操作题

1. "水木清华"演示文稿的制作

操作目的：

（1）掌握演示文稿的创建和打开方法。

（2）利用幻灯片版式制作具有不同内容的幻灯片。

（3）利用"绘图"等工具在空白版式上自由创建幻灯片内容。

操作资源：

（1）在幻灯片上插入剪贴画与来自外部图片的方法与 Word 是一样的。具体方法见 Word 相关内容的介绍。

（2）在 PowerPoint 文档中，既可以实现图文混排，也可以选择空白版式幻灯片，将文本框工具和插入图片组合，以实现这种效果。

（3）在幻灯片上还可以使用艺术字制作具有特殊效果的文字、标题或标志。创建艺术字的方法可参考 Word 中相关内容。

操作内容：

（1）建立空白演示文稿，并插入新幻灯片。

（2）输入幻灯片内容并修饰文稿中的文字。

（3）修饰幻灯片。

（4）保存演示文稿。

2. 制作一个"个性化相册"演示文稿

操作目的：

（1）掌握幻灯片的切换方式。

（2）掌握自定义动画。

（3）熟悉新建相册。

操作资源：

（1）幻灯片的切换方式。

①系统下默认的幻灯片切换方式是"单击切换"。也就是说，演示文稿在播放过程中，需要有人参与，通过单击来达到切换幻灯片的目的。

②如果需要在无人的环境下自动播放，则可以通过设置切换时间的方式来完成。如图 7-53 所示，换片的时间间隔设置为 4 秒，也就是说，幻灯片将每隔 4 秒切换到下一张，即实现自动播放的效果。

图 7-53　换片方式

③PowerPoint 还提供了"排练计时"的功能，用户可以在演示文稿全屏播放的状态下预先为它设置播放的时间，这个功能也能轻松实现自动播放幻灯片的效果。具体操作是：

单击"幻灯片放映"菜单下的"排练计时"命令，进入全屏播放状态，屏幕左上角会弹出一个"预演"工具栏，根据实际需要的时间选择相应的按钮功能。➡按钮表示进入下一张幻灯片开始计时；Ⅱ按钮表示暂停计时；↩按钮表示重新计时。

录制完成后，系统会弹出如图 7-54 所示的对话框让用户选择，其中显示了本次排练计时的时间。如果单击"是"按钮，则保存该排练时间；否则，将取消本次进行的排练计时操作。

图 7-54　排练计时

④"设置幻灯片放映"：如图 7 – 55 所示，用户可根据需要来设置幻灯片的放映类型、放映范围、换片方式等属性项。

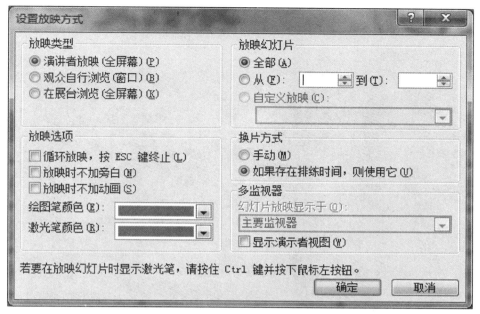

图 7 –55 "设置放映方式"对话框

⑤"隐藏幻灯片"：有时演示文稿中的一些幻灯片在进行演示时不必放映，但又不想删除它们，则可以在幻灯片浏览视图中选中它们，然后选择"幻灯片放映"→"隐藏幻灯片"命令。若要取消隐藏，则可以把该过程重新操作一遍。

（2）自定义动画。

通常，我们可以通过自定义动画效果来增添演示文稿的直观性与生动性，PowerPoint提供了进入、强调、退出及动作路径4种方式，用户可以根据需要自行选择和设置。

（3）新建相册。

①启动 PowerPoint，在"开始工作"任务窗格中选择"新建演示文稿"窗格，在"新建"方式分类中选择"相册"命令。

②依次选择"插入"菜单下的"相册"命令。

操作内容：

（1）插入相册。

（2）修饰相册。

（3）插入音频。

（4）设置音频播放方式。

（5）设置幻灯片的切换方式。

（6）修饰文字。

（7）自定义动画。

项目效果如图 7 –56 所示。

图 7 - 56   卡通风景相册

3. 制作一份"学生档案"演示文稿

操作目的：
（1）掌握"背景"样式的设置方法。
（2）掌握设置文本版式的方法。
（3）掌握将演示文稿保存为"幻灯片放映"的方法。
操作资源：
（1）为了使插入的表格能够正常显示，就需要在 Excel 中调整好行、列的数目及宽（高）度。
（2）如果在"插入对象"对话框选中"链接"选项，以后若在 Excel 中修改了插入表格的数据，则打开演示文稿时，相应的表格会自动随之修改。
操作内容：
（1）设置"背景"样式，要求利用一张图片作为当前演示文稿的背景效果进行填充。
（2）设置文本版式，要求插入横排文本框，输入"学生档案"。
（3）将演示文稿保存为"幻灯片放映"。
制作完成后的效果如图 7 - 57 所示。

4. 制作一张"招生人数统计"图表

操作目的：
（1）掌握在演示文稿中设置背景样式的方法。

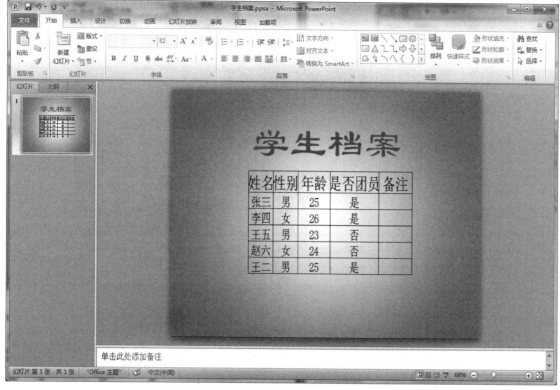

图7-57　学生档案效果图

（2）掌握在演示文稿中插入图表的方法。

（3）掌握在演示文稿中修饰图表的方法。

操作资源：

（1）插入图表。

用于演示和比较数据。

①在"插入"选项卡的"插图"组中单击"图表"按钮。

②根据实际需要修改 Excel 表中数据。

③如果发现数据有误，则直接双击图表，即可再次进入图表编辑状态，进行修改处理。

（2）使用图表工具。

"图表工具"菜单有"设计""布局""格式"，它们分别具有修改图表类型、选择数据、编辑数据、设置图表布局、选择图表样式等功能，如图7-58所示。

操作内容：

①设置背景：要求应用"双色"填充效果，颜色为"铜黄色"样式。

②插入图表：要求应用"柱形图"样式。

③修饰图表。

制作完成后的效果如图7-59所示。

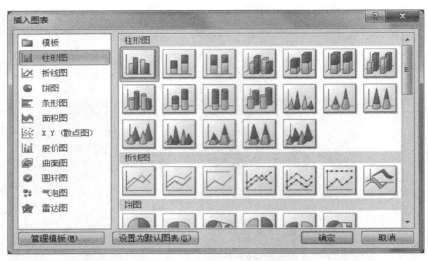

图 7 –58 "插入图表"对话框

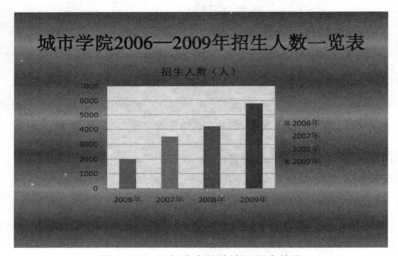

图 7 –59 "招生人数统计"图表效果

扫描二维码观看习题操作 1

扫描二维码观看习题操作 2

扫描二维码观看习题操作 3

扫描二维码观看习题操作 4

第8章

数据库技术应用基础

作为计算机系统的重要组成部分，数据库系统是为适应数据处理的需要而发展起来的一种较为理想的数据处理系统，也是一个为实际可运行的应用系统提供数据的软件系统，是存储介质、处理对象和管理系统的集合体。数据库系统是一种较完善的高级数据管理方式，也是当今数据管理的主要方式，在各行各业都得到了广泛的应用。

8.1 数据库系统概述

数据库技术是现代计算机信息系统和应用系统的基础与核心。数据库技术是从数据管理技术发展而来的，它的出现使计算机应用渗透到人类社会的各个领域。数据库技术现已成为计算机科学技术的一个重要分支。

8.1.1 数据管理技术的产生与发展

1. 数据管理技术的基本概念

1）数据和信息

数据是数据库中存储的基本对象。数据是描述事物的符号记录，包括数字、文字、图形、声音、图像等表现形式。例如，一条记录（001，张三，男，25，7）是数据。但是，数据的形式还不能完全表达其内容，还需要数据的解释，所以数据与数据的解释是不可分的。

数据是信息的载体，信息是被人们消化的数据。信息指现实世界事物的存在方式（或运动状态）的反映。信息具有可感知、可存储、可加工、可传递和可再生等自然属性。例如，张三，男，员工编号为001，25岁，工龄7年。这表达的是信息。

2）数据处理

数据处理是对各种类型的数据进行收集、组织、整理、加工、存储和传输的一系列活动的总和。

3）数据管理

数据管理是指对数据进行的分类、组织、编码、存储、查询和维护，它是数据处理的中心问题。

2. 数据管理技术的发展阶段

数据管理技术根据提供的数据存储、数据独立性、数据冗余度、数据共享性等水平的高低，可划分为 3 个发展阶段：人工管理阶段、文件系统阶段、数据库系统阶段。

1）人工管理阶段

20 世纪 50 年代中期以前，数据管理处于人工管理阶段。计算机主要用于科学计算，外存只有磁带、卡片和纸带，没有磁盘等直接存取的存储设备；只有汇编语言，没有操作系统，没有管理数据的软件；数据采用批处理的处理方式。

此时的数据不保存在机器中。没有专有的软件对数据进行管理，应用程序要规定数据的逻辑结构和物理结构，包括存储结构、存取方法、输入方式。数据的逻辑结构或物理结构只要发生变化，就必须对应用程序做相应修改，数据不具有独立性。程序之间无法共享数据，从而产生大量的冗余数据。

2）文件系统阶段

20 世纪 50 年代后期至 60 年代中期以前，数据管理进入文件系统阶段。计算机不仅用于科学计算，还实现了文件管理功能；出现磁盘、磁鼓等用于外部直接存取数据的存储设备；有了高级语言和操作系统，操作系统中的文件系统是专门管理外存的数据管理软件；数据处理方面增加了联机实时处理方式。

这时的数据可长期保存在外存的磁盘中，由文件系统管理数据，实现按文件名访问，按记录存取，使得应用程序与数据之间有了一定的独立性。一个文件基本上对应一个应用程序，不同的应用程序具有相同的数据时，造成数据的冗余，以及重复存储、各自管理造成数据的不一致性。一旦数据的逻辑结构改变，就必须修改应用程序、修改文件结构的定义。因此，数据与程序之间仍缺乏独立性。

3）数据库系统阶段

从 20 世纪 60 年代末开始，进入数据库系统阶段。此时的计算机已有大容量磁盘等直接存取的存储设备，硬件价格下降，软件价格上升，为编制和维护系统软件、应用软件所需的成本相对增加；联机实时处理要求更多，提出和考虑分布式处理方式。

数据由专门的数据库管理系统统一管理和控制。数据整体实现结构化，不但数据是结构化的，而且存取数据的方式也十分灵活。由于数据面向整个系统，而不是面向应用，所以多应用、多用户可共享数据，从而能减少冗余，避免数据的不一致性。在这一阶段，数据的独立性更高，便于增加新的应用，且易于扩充。

8.1.2 数据库系统

数据管理技术发展到数据库系统阶段，不仅有效提高了数据管理的效率，还促进了数据库技术的快速发展。下面介绍几个与数据库系统相关的概念。

1. 数据库系统基本概念

1）数据库

数据库（DataBase，DB）是长期存储在计算机内，有组织的、大量的、统一管理的数据集合。数据库中的数据按一定的数据模型组织、描述和存储，可为多个用户、多个应用程序共享，具有较小的冗余度、较高的数据独立性和易扩展性。

2）数据库管理系统

数据库管理系统（DataBase Management System，DBMS）是位于用户与操作系统之间的一层数据管理软件，它为用户或应用程序提供访问 DB 的方法。

数据库管理系统（DBMS）包括以下主要功能：数据定义功能，对相关对象进行定义；数据操纵功能，实现对数据库的基本操作；数据查询功能，查询数据库中的相关信息；数据控制功能，保证数据的安全性、完整性、并发性，系统对数据进行统一的管理和控制。

3）数据库应用系统

数据库应用系统是为特定应用开发的数据库应用软件系统。数据库管理系统为数据的定义、存储、查询和修改提供支持；数据库应用系统是对数据库中的数据进行处理和加工的软件，它面向特定应用。

4）数据库系统

数据库系统（DataBase System，DBS）由数据库、数据库管理系统、数据库应用系统、数据库管理员（DataBase Administrator，DBA）和用户组成。DBMS 是数据库系统的核心组成部分，在不引起混淆的情况下，通常把数据库系统简称"数据库"。

2. 数据库的模式结构

数据库领域公认的标准结构是三级模式结构，它包括模式、外模式和内模式。

1）数据库的三级模式

美国国家标准协会（American National Standards Institute，ANSI）提出了标准化建议，将数据库结构体系分为三级：面向用户或应用程序员的用户级、面向建立和维护数据库人员的概念级、面向系统程序员的物理级。用户级对应外模式，概念级对应模式，物理级对应内模式。

（1）模式。模式也称概念模式，是数据库中全体数据的全局逻辑结构和特征的描述，也是所有用户的公共数据视图。模式是数据库数据在逻辑上的视图。一个数据库只有一个模式，它既不涉及存储细节，也不涉及应用程序及程序设计语言。例如，数据记录由哪些数据项组成；数据项的名字、类型、取值范围等；要定义数据之间的联系，定义与数据有关的安全性、完整性要求。

（2）外模式。外模式又称子模式或用户模式，是模式的子集，是数据的局部逻辑结构，也是数据库用户看到的数据视图。一个数据库可以有多个外模式，每个外模式都是为不同的用户建立的数据视图。外模式是保证数据库安全的一个有力措施，每个用户只能看到和访问所对应的外模式中的数据，数据库中的其余数据是不可见的。

（3）内模式。内模式也称存储模式，是数据在数据库中的内部表示，即数据物理结构

和存储方式的描述。一个数据库只有一个内模式。例如，记录的存储方式是升序还是降序存储；数据是否压缩、是否加密；是按定长还是可变长度存储。

2）数据库的二级映射

数据库管理系统在三级模式之间提供二级映射，从而能保证数据库中的数据具有较高的逻辑独立性和物理独立性。

（1）外模式/模式映射。所谓外模式/模式映射，就是存在外模式与模式之间的某种对应关系，这些映射定义通常包含在外模式的描述中。当模式改变时，数据库管理员修改有关的外模式/模式映射，使外模式保持不变。应用程序是依据数据的外模式编写的，从而应用程序不必修改，保证了数据与程序的逻辑独立性，简称"数据的逻辑独立性"。

（2）模式/内模式映射。所谓模式/内模式映射，就是数据库全局逻辑结构与存储结构之间的对应关系。当数据库的存储结构改变时（例如选用了另一种存储结构），数据库管理员修改模式/内模式映射，使模式保持不变。应用程序不受影响，从而保证了数据与程序的物理独立性，简称"数据的物理独立性"。

3. 数据库系统的特点

数据库系统的特点如下：
（1）采用数据模型，使数据结构化。
（2）数据共享性高、冗余度低。
（3）具有较高的数据独立性，包括逻辑独立性和物理独立性。
（4）具有统一的数据控制功能。

8.2　数据模型

模型是现实世界特征的抽象和模拟，一张地图、一个建筑沙盘、一个航模飞机都是具体的模型。数据模型也是一种模型。在数据库技术中，用数据模型来描述数据库的结构与语义，对现实世界进行抽象。

8.2.1　数据模型概述

1. 数据模型的概念

数据模型是抽象、表示、理解现实世界中的数据和信息的工具。数据模型应该能比较真实地模拟现实世界，容易为人所理解，便于在计算机中实现。

2. 数据模型的层次

现实世界中的客观对象通过数据模型抽象到机器世界。数据模型共分 3 个层次：概念模型、逻辑模型和物理模型。首先，为客观事物建立概念模型，将现实世界抽象为信息世界；然后，把概念模型转换为特定的 DBMS 支持的逻辑模型和物理模型，将信息世界转换为机器世界，如图 8-1 所示。

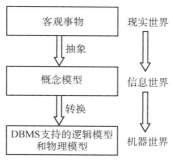

图 8-1　数据模型的 3 个层次

8.2.2　概念模型

1. 信息世界的基本概念

1）实体与实体集

实体（Entity）是现实世界中任何可以相互区分和识别的事物。它既可以是能触及的具体对象（如一位教师、一名学生、一种商品等），也可以是抽象的事件（如一场足球比赛、一次借书等）。

性质相同的同类实体的集合称为实体集（Entity Set）。例如，一个班的所有学生。有时也将实体集简称"实体"。

2）属性

实体具有的某一特征（或性质）称为实体的属性，一个实体有若干个属性来描述。例如，教师实体中有编号、姓名、性别、职称等属性。能唯一标识实体的属性（或属性集）称为实体标识符。例如，教师的编号。属性的取值类型决定属性类型。例如，"姓名"的字符类型就是字符型属性。

属性有属性名和属性值之分。例如，教师实体中的"姓名"属于属性名，而"张三""李四"等属性所取的具体值是属性值。属性的取值范围称为属性的域（Domain）。例如，"性别"属性的域为（男,女）。

3）实体类型

实体类型（Entity Type）就是实体的结构描述，通常是实体名和属性名的集合。例如，员工实体类型是：员工（编号,姓名,性别,职位）。

2. 实体间的联系

在现实世界中，事物内部及事物之间是普遍联系的，这些联系在信息世界中表现为实体类型内部的联系，以及实体类型之间的联系。两个不同实体集之间的对应关系称为联系

（Relationship）。联系分为一对一、一对多和多对多 3 种联系类型。

1）一对一联系

如果对于实体集 A 中的任意实体，实体集 B 中至多只有一个实体与之联系，反之亦然，则称实体集 A 与实体集 B 具有一对一联系，记为 1:1。例如，工厂和厂长的联系。

2）一对多联系

如果对于实体集 A 中的每个实体，实体集 B 中可以有多个实体与之联系，反之，对于实体集 B 中的每一个实体，实体集 A 中至多只有一个实体与之联系，则称实体集 A 与实体集 B 具有一对多的联系，记为 1:n。例如，一个公司和职员的联系。

3）多对多联系

如果对于实体集 A 中的每个实体，实体集 B 中可以有多个实体与之联系，而对于实体集 B 中的每一个实体，实体集 A 中也可以有多个实体与之联系，则称实体集 A 与实体集 B 之间具有多对多的联系，记为 m:n。例如，读者和图书的联系。

3．E－R 图

E－R 图即实体－联系图，是用一种直观的图形方式建立现实世界中实体及其联系模型的工具。

E－R 模型用矩形表示实体，用菱形表示实体间的联系，用椭圆形表示实体和联系的属性，实体名、属性名和联系名分别写在相应图形框内。对于作为实体标识符的属性，在属性名下画一条横线。实体与相应的属性之间、联系与相应的属性之间用线段连接。联系与其涉及的实体之间也用线段连接，并在线段旁标注联系的类型（1:1、1:n 或 m:n）。

例如，某公司销售部门的客户签订订单并订购产品的这一行为可以由客户实体和订单实体的一对多联系、订单实体和产品实体的多对多联系模型表示。其中，"客户号"属性作为客户实体的标识符，"订单号"作为订单实体的标识符，"产品号"作为产品实体的标识符。客户订购产品的 E－R 图如图 8－2 所示。

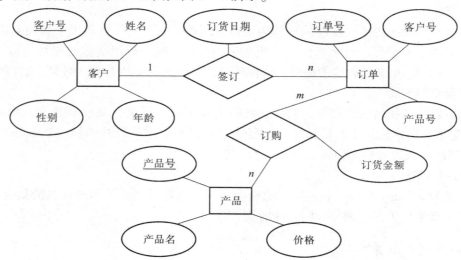

图 8－2　客户订购产品的 E－R 图

8.2.3 逻辑模型

1. 逻辑模型的三要素

逻辑模型是指数据库管理系统中数据的存储结构。逻辑模型用于机器世界的第二次抽象，通常由三部分组成，即数据结构、数据操作、数据完整性。

1）数据结构

数据结构是计算机存储、组织数据的方式。它指同一类数据元素中，各元素之间的相互关系。不同的数据模型具有不同的数据结构形式。

2）数据操作

逻辑模型提供一组完备的关系运算，支持对数据库的各种关系操作，可以用关系代数和关系演算两种方式来表示，它们是相互等价的。例如，关系代数可以表示关系的操作，有传统的关系运算（交、差、并）和专门的关系运算（选择、投影、连接）。

3）数据完整性

数据完整性是指数据的精确性和可靠性。它是防止数据库中存在不符合语义规定的数据和防止因错误信息的输入与输出造成无效操作或错误信息的一种约束。数据完整性分为实体完整性、参照完整性、用户自定义完整性。

2. 逻辑模型的分类

根据逻辑模型对数据进行存储和管理方式的不同，数据模型分为层次模型、网状模型和关系模型。

1）层次模型

层次模型是数据库系统中出现最早的数据模型，采用树状结构表达实体以及实体之间的关系。树状结构顶部的结点称为根结点，其他结点有且仅有一个父结点。

层次模型的数据结构简单，容易实现，查询效率很高。层次模型十分适合描述一对多联系，但现实世界中很多联系是非层次型的（如多对多联系），用层次模型来表达是很困难的。

2）网状模型

在现实世界中，事物之间更多的是非层次的关系，网状模型用有向图结构来表示实体以及实体之间的联系。网状结构中的结点可以有多个父结点和子结点。

网状模型能比层次模型更灵活、更直接地描述现实世界，性能和效率也更好。网状模型的缺点是结构复杂，用户不易掌握。

3）关系模型

关系模型建立在严格的数学概念基础上，是以二维表格的形式表达实体类型及实体之间联系的数据模型。关系模型概念单一，存取路径对用户透明，诞生以后发展迅速，其唯一的缺点是查询效率不如非关系数据模型高。

关系模型是目前最重要的一种数据模型。下节将具体介绍关系模型。

8.3 关系模型

关系模型是当前的主流数据模型，其发展迅速、应用广泛，这与关系模型自身优势分不开。下面从逻辑模型构成要素的角度来介绍关系模型。

8.3.1 关系模型的数据结构

关系模型由一组关系组成，每个关系的数据结构是一张规范化的二维表，二维表由行和列组成。关系之间通过公共属性产生联系。

1. 关系及其属性

一个关系对应一张表，表名即关系名。表格中除首行之外的一行称为一个元组。元组的集合称为关系。表格中的一列即一个属性，列名为属性名，列值为属性值。图 8 – 3 所示为客户信息表的关系模型。

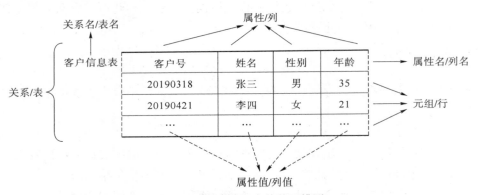

图 8 – 3 客户信息表的关系模型

2. 关系间的联系

在关系模型中，实体之间的联系都用关系来描述。关系表中可唯一确定一个元组的属性（或属性组合）称为主键。例如，在图 8 – 4 中，产品信息表的产品号为主键，订单信息表的订单号为主键。如果表 2 中的非主键属性（或属性组合）是表 1 中的主键，则称表 2 中的非主键属性（或属性组合）为外键。例如，图 8 – 4 中的订单信息表的产品号为外键。主键与外键建立起关系之间的联系。

3. 关系模式

关系表的结构称为关系模式，由一个关系名及其所有属性名构成。如果关系表有 n 个属性，则关系模式表示为：关系名(属性1,…,属性n)。例如，图 8 – 3 中的客户信息表的关系

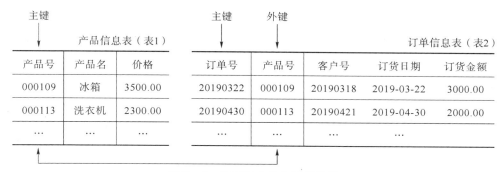

图 8 - 4　关系表中的主键与外键

模式表示为：客户信息表(客户号,姓名,性别,年龄)；在图 8 - 4 中，订单信息表的关系模式表示为：订单信息表(订单号,产品号,客户号,订货日期,订货金额)；产品信息表的关系模式表示为：产品信息表(产品号,产品名,价格)。

8.3.2　关系操作

关系模型中的数据操作是集合操作，操作对象和操作结果都是关系。关系模型的操作主要包括查询（Select）、插入（Insert）、修改（Update）和删除（Delete）。关系模型中的关系操作能力早期通常是用代数方法或逻辑方法来表示，分别称为关系代数和关系演算。关系代数是用对关系的代数运算来表达查询要求的方式；关系演算是用谓词来表达查询要求的方式。另外，还有一种介于关系代数和关系演算之间的语言，称为结构化查询语言（Structure Query Language，SQL）。

8.3.3　关系完整性约束

关系模型的完整性约束是对关系的某种约束规则。完整性约束分为实体完整性、参照完整性和用户自定义完整性。

1. 实体完整性

实体完整性规则：若属性 A 是关系 R 的主键，则 A 不能取空值且具有唯一性。

2. 参照完整性

参照完整性规则：若属性 F 既是关系 R 的外键，又与关系 S 的主键相对应，则对于 R 中每个元组在 F 上的值或者取空值或者等于 S 中某个元组的主键值。

3. 用户自定义完整性

实体完整性和参照完整性是关系模型必须满足的完整性约束条件，称为关系的两个不变性，由关系系统自动支持。用户自定义完整性就是根据系统应用环境的不同，针对某一具体关系数据库规定的约束条件，体现了具体领域中的语义约束。

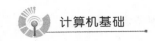

8.3.4　由概念模型向关系模型的转换

由于 DBMS 一般采用关系数据模型，因此从概念结构到逻辑结构的转换，就是将概念结构设计中所得到的 E - R 图转换成等价的关系模式。转换过程中需要遵循一定的原则。

1. 实体转换原则

一个实体类型转换为一个关系模式，实体的属性就是关系的属性，实体的键就是关系的键。例如，图 8 - 2 中的客户、订单和产品实体分别转化为关系模式：

客户信息表(<u>客户号</u>,姓名,性别,年龄)

订单信息表(<u>订单号</u>,客户号,产品号)

产品信息表(<u>产品号</u>,产品名,价格)

2. 联系转换原则

1）1:1 联系

一个 1:1 联系可以与任意一端实体对应的关系模式合并，需要在该关系模式的属性中加入另一关系模式的主键和联系本身的属性。

2）1:n 联系

一个 1:n 联系可以与 n 端实体对应的关系模式合并，只需要将联系本身的属性和 1 端实体的键加入 n 端对应的关系模式中。例如，图 8 - 2 中的一对多"签订"联系合并到 n 端，形成新的订单关系模式：订单信息表(<u>订单号</u>,产品号,客户号,订货日期)

3）m:n 联系

一个 m:n 联系转换为一个关系模式，与该联系相连的各实体的主键以及联系本身的属性均转为新关系的属性，而新关系的主键是各实体标识符的组合。例如，图 8 - 2 中的多对多"订购"联系转化为关系模式：订购信息表(<u>订单号</u>,<u>产品号</u>,订货金额)。

8.4　关系数据库

在一个给定的应用领域中，所有实体及实体之间联系的集合构成一个关系数据库。关系数据库是创建在关系模型基础上的数据库，其逻辑结构由一组关系模式组成。一个关系对应一张二维表，一个关系数据库由一组二维表组成。

8.4.1　关系数据库的性质

关系数据库由一组关系构成，因此关系数据库的性质由关系的性质构成。关系具有以下 4 个性质。

1. 原子性

关系中的每个属性必须是不可分的数据项，它是一个确定的值，而不是值的集合。

2. 异构性

关系中不允许出现完全相同的元组或属性名。

3. 同质性

关系中同一属性名下的各个值必须来自同一个域，是同一类型的数据。

4. 交换性

关系中属性的顺序可任意交换，元组的顺序也可任意交换。

8.4.2 关系数据库的设计

关系数据库的设计就是对于一个给定的应用环境，以关系模型为基础，建立最优的数据库模式及其应用系统的技术。它是信息系统开发和建设中的核心技术，是规划和结构化数据库中的数据对象及这些数据对象之间关系的过程。根据用户的需求，在某一具体的数据库管理系统上，设计数据库的结构和建立数据库的过程。

1. 规范化理论

在逻辑模型设计阶段，根据具体应用，得到数据库的一组关系模式。关系模式的随意转化容易引起数据冗余、修改异常、插入异常和删除异常等问题。通过模式规范化，可有效解决这些问题。规范化理论就是研究如何指导产生一个好的关系模式。

数据依赖是一个关系内部通过属性间的值相等与否来体现的数据间的约束关系。数据依赖包括函数依赖和多值依赖。

1）函数依赖的含义

在关系模式"职工（职工号,姓名,性别,年龄）"中，"职工号"的属性值唯一决定"姓名""性别""年龄"等属性的取值，因而称"职工号"为决定因素，它"函数决定"其他属性的内容，而姓名等属性的内容则"函数依赖"于"职工号"，可记作：

$$职工号 \rightarrow (姓名，性别，年龄)$$

2）函数依赖的分类

（1）平凡函数依赖和非平凡函数依赖。如果 $X \rightarrow Y$，但 Y 不包含于 X，则称 $X \rightarrow Y$ 是非平凡函数依赖；否则，为平凡函数依赖。如果 Y 不函数依赖于 X，则记作 X/Y。例如，"（订单号,客户号）→客户号"为平凡函数依赖，"（订单号,客户号）→客户名"为非平凡函数依赖。

（2）完全函数依赖和部分函数依赖。若 $X \rightarrow Y$，且 Y 不依赖于 X 的任意真子集，则 Y 完全函数依赖于 X。若 $X \rightarrow Y$，且 Y 依赖于 X 的某一真子集，则 Y 部分函数依赖于 X。例如，"（订单号,客户号）→客户名"为部分依赖，"客户号→客户名"为完全依赖。

（3）传递函数依赖。若 $X \rightarrow Y$，$Y \rightarrow Z$，但 $Y \nrightarrow X$，则有 $X \rightarrow Z$，即 Z 传递函数依赖于 X。

3）范式

在关系数据库的规范化过程中，为不同程度的规范化要求设立的不同约束条件称为范式。根据规范化的不同级别，范式由低到高分为 1NF、2NF、3NF 等。

（1）第一范式（First Normal Form，1NF）。

如果一个关系模式 R 的所有属性都是不可分的基本数据项，则 $R \in 1NF$。第一范式是对关系模式的最起码要求。不满足第一范式的数据库模式不能称为关系数据库，但是满足第一范式的关系模式并不一定是一个好的关系模式。

（2）第二范式（2NF）。

若 $R \in 1NF$，且它的每一非主属性完全依赖于 R 的主键，则 $R \in 2NF$。

（3）第三范式（3NF）。

若 $R \in 2NF$，且每一非主属性不传递依赖于主键，则 $R \in 3NF$。

2. 规范化过程

通过对关系模式进行分解的方法，消除模式中的部分依赖，实现第一范式向第二范式转化，消除传递依赖，实现第二范式向第三范式转化，这种从低阶范式向高阶范式转化的过程称为关系模式的规范化。

例如，优化关系模式：订单(订单号,客户号,客户名,订货日期,订货金额)。模式中的函数依赖包括订单号→客户号、客户号→客户名，存在传递依赖，可以将关系模式分解为订单(订单号,客户号,订货日期,订货金额)和客户(客户号,客户名)。

8.4.3 关系数据库标准语言 SQL 简介

SQL 是最重要的关系数据库操作语言，是于 1986 年 10 月由美国国家标准局（ANSI）通过的数据库语言标准。SQL 语言基本上独立于数据库本身，数据库和各种产品都将 SQL 作为共同的数据存取语言和标准的接口，使不同数据库系统间的互操作有了共同的基础。

1. SQL 的概念

SQL（Structure Query Language，结构化查询语言）是在数据库系统中应用广泛的数据库查询语言，它包括数据定义、查询、操纵和控制 4 种功能。SQL 语言已经成为关系数据库的标准语言，是关系数据库的基础，Oracle、SQL Server 和 DB2 都使用 SQL。

2. SQL 的特点

1）SQL 是一种一体化的语言

SQL 语言集数据定义、查询、更新和控制功能于一体，能够完成数据库生命周期中的全部活动，以及合并、求差、相交、乘积、投影、选择、连接等关系运算。

2）语言简捷，易学易用

SQL 完成核心功能只用 9 个动词，分别为 Create、Drop、Alter、Insert、Update、Delete、

Select、Grant 和 Revoke，SQL 接近英语口语或自然语言，简单易学。

3）面向集合的操作方式

SQL 语言不仅操作对象、运算结果是集合，而且插入、删除、更新的对象也是集合。

4）高度非过程化语言

用户只需指出"做什么"，不必指明"怎么做"。

5）同一语法结构提供两种使用方式

可作为交互式语言独立使用，也可作为子语言嵌入宿主语言，但语法结构应一致。

3. SQL 的分类

SQL 按照功能不同可分为数据定义、数据查询、数据操纵和数据控制 4 个类别，如表 8 - 1 所示。

表 8 - 1　SQL 类别

SQL 功能	命令动词
数据定义语言（DDL）	Create、Drop、Alter
数据查询语言（DQL）	Select
数据操纵语言（DML）	Insert、Update、Delete
数据控制语言（DCL）	Grant、Revoke、Commit、Rollback

1）数据定义语言（Data Define Language，DDL）

DDL 用于执行数据库的任务，创建、修改或删除数据库以及数据库中的各种对象，包括表、默认约束、规则、视图、索引等。Create 为创建命令，Drop 为删除数据库对象命令，Alter 为修改数据库对象命令。

2）数据查询语言（Data Query Language，DQL）

按照指定的组合、条件表达式或排序检索已存在于数据库中的数据，不改变数据库中的数据。使用 Select 查询命令，查询语句的基本结构为：Select…From…Where…。

3）数据操纵语言（Data Manipulate Language，DML）

DML 用于操纵数据库中的各种对象，对已经存在的数据库进行元组的插入、删除、更新等操作。Insert 为插入元组命令，Update 为更新元组命令，Delete 为删除元组命令。

4）数据控制语言（Data Control Language，DCL）

DCL 用于安全管理，用来授予或收回访问数据库的某种特权、控制数据操纵事务的发生时间及效果、对数据库进行监视。Grant 为授权命令，Revoke 为收回权限命令，Commit 为提交事务命令，Rollback 为回滚事务命令。

4. SQL 理论基础

关系数据库所使用的语言一般具有定义、查询、操纵和控制一体化的特点，但查询是核心部分，故又称为查询语言，但查询的条件要使用关系运算表达式来表示。因此，关系运算是设计关系数据语言的基础。

关系运算除了包括集合代数的交、并、差等运算之外，更定义了一组专门的关系运算，

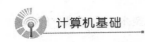

包括选择、投影和连接。关系运算的特点是运算的对象和结果都是表。

1）选择

选择是单目运算，其运算对象是一个表。该运算按给定的条件，从表中选出满足条件的行，形成一个新表，作为运算结果。

选择运算符的记号为 $\sigma_F(R)$。其中，σ 是选择运算符，下标 F 是一个条件表达式，R 是被操作的表。

例如，要在表 R 中找出 $R_1 < 5$ 的行形成一个新表，则运算式为 $\sigma_F(R)$，表 R 如表 8−2 所示。式中 F：$R_1 < 5$，该选择运算的结果如表 8−3 所示。

2）投影

投影也是单目运算，该运算从表中选出指定的属性值组成一个新表，记为 $\prod_A(R)$。其中，A 是属性名（列名）表，R 是表名。

例如，在 R 表中对 R_1、R_2、R_4 投影，运算式为 $\prod_{R_1,R_2,R_4}(R)$。该运算得到如表 8−4 所示的新表。

表 8−2　R 表

R_1	R_2	R_3	R_4
1	A	B	C
2	B	C	A
3	C	D	E
5	D	D	F

表 8−3　$\sigma_F(R)$

R_1	R_2	R_3	R_4
1	A	B	C
2	B	C	A
3	C	D	E

表 8−4　$\prod_{R_1,R_2,R_4}(R)$

R_1	R_2	R_4
1	A	C
2	B	A
3	C	E
5	D	F

3）连接

连接是把两个表中的行按照给定的条件进行拼接而形成新表，记为 $R \underset{F}{\bowtie} S$。其中，$R$、$S$ 是被操作的表，F 是条件。

例如，若 R 表和 S 表分别如表 8−5 和表 8−6 所示，则 $R \underset{F}{\bowtie} S$ 如表 8−7 所示，其中 F 为 $C < E$。

表 8−5　R 表

A	B	C
d	a	8
c	b	6
b	c	12
b	d	10

表 8−6　S 表

B	E
b	7
c	3
d	9

表 8−7　$C < R \underset{F}{\bowtie} S$

A	$R.B$	C	$S.B$	E
d	a	8	d	9
c	b	6	b	7
c	b	6	d	9

当 F 中的连接运算符为"＝"时，称为等值连接。数据库应用中最常用的是"自然连接"。进行自然连接运算时，要求两个表有相同的属性（列），并在相同属性列上进行等值连接后，在去掉重复属性后得到新表。自然连接运算符记为 $R \bowtie S$，其中，R 和 S 是参与运算的两个表。

8.5 Access 2010 数据库应用技术

Access 2010 是 Microsoft Office 2010 针对数据库理论知识开发的一套功能强大的数据库应用系统。它提供了数据库基本框架、表的创建、查询、窗体的创建与使用、报表创建与输出、模块及宏的使用等功能，具有极强的可操作性。Access 2010 是小型企业、公司部门开发人员进行数据处理及编写中小型数据库管理系统程序的数据库管理系统软件。

8.5.1 创建数据库

Access 2010 提供了模板与自定义创建数据库的方式。模板创建方式适用于有一定数据库基础的人员。下面以客户订购产品为例介绍自定义创建数据库的方式，即从空白数据库进行创建的过程。

1. 新建

执行"开始"→"程序"→"Microsoft Access 2010"命令，打开 Access 2010 窗口界面，出现默认的"新建空数据库"选项，右侧窗口"文件名"文本框中默认的数据库文件名为 Database1.accdb，输入与实例内容相关的文件名——"产品销售数据库"，如图 8-5 所示。

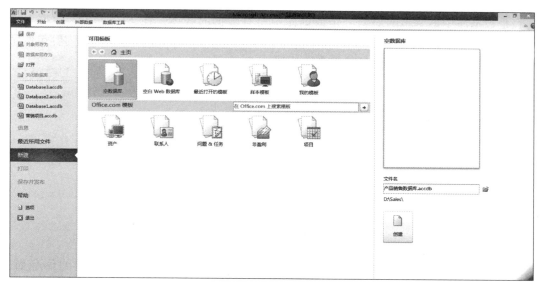

图 8-5 新建数据库

2. 保存

默认情况下，数据库文件将保存在文档文件夹中。若要更改文件的默认位置，则单击文本框旁边的"浏览"按钮，为数据库文件选择其他存放路径。图 8-5 所示为文件存放在 D:\Sales 目录下。然后，单击下方的"创建"按钮。

3. 查看

接下来，进入数据库视图，如图 8－6 所示。左侧为数据库对象导航列表，用于查看数据库中的所有对象，默认情况下，只有默认名为"表 1"的表对象。右侧为选中对象的编辑区域，默认为"表 1"的数据表视图。

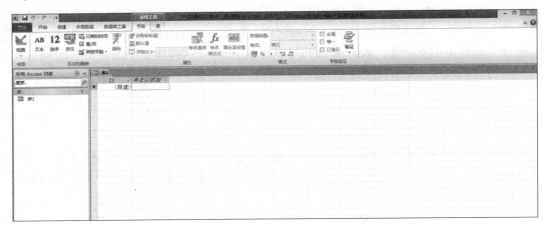

图 8－6　空白数据库视图

8.5.2　创建表

表是数据库中最基本的对象，是数据库中所有数据的载体。在 Access 中，数据表中的每一列称为一个字段，每一行称为一条记录，表结构由表名和字段名组成，表内容包括字段值和字段属性，这里的字段就是前面介绍的属性。

1. 字段名称

每个字段应具有唯一的名称，称为字段名。字段的命名规则如下：
（1）长度不能超过 64 个字符。
（2）不能包含句号（。）、感叹号（！）、重音符号（`）和方括号（［　］）。
（3）可以包含字母、汉字、数字、空格及其他字符，但不能以空格开头。
（4）不能使用 0～32 的 ASCII 字符。

2. 字段属性

字段属性是指字段的数据类型、大小、外观和其他能够说明字段所表示的信息描述。Access 为大多数属性提供了默认设置，一般能够满足用户的需要。用户也可以改变默认设置或自行设置。常用的属性有数据类型、字段大小、字段格式、输入掩码、默认值和有效性规则等。

1）数据类型

在设计数据表时，必须根据字段内容选择相应的数据类型，Access 为字段提供了 12 种数据类型，常用的 10 种数据类型如表 8－8 所示。

表 8 - 8 常用的 10 种数据类型

数据类型	用途	字符长度
文本	字母、汉字和数字，如客户号、姓名、性别、年龄	0 ~ 255 个字符
备注	字母、汉字和数字（与文本型数据相似，但容量更大）	0 ~ 64000 个
数字	数值，一般参与算术计算，如订货数量	1、2、4 或 8 字节
日期/时间	日期/时间，如订货日期	8 字节
货币	数值，如订货金额	8 字节
自动编号	每次添加新记录时，Access 2010 自动添加的连续数字	4 字节
是/否	是/否、真/假或开/关	1 位
OLE 对象	可与 VB 交互作用的 OLE 对象（链接或嵌入对象），如照片	可达 1GB
超链接	Web 地址、Internet 地址或连接其他数据库或应用程序	可达 65536 字符
查阅向导	来自其他表或者列表的值	通常为 4 字节

2）常用字段属性

字段常用属性如表 8 - 9 所示。

表 8 - 9 字段常用属性

属性	说明
字段大小	对于文本字段，此属性用于设置可在字段中存储的最大字符数，最大值为 255。对于数值字段，此属性用于设置将存储的数值类型（"长整型""双精度"等）。其中，总长度包括整数位、小数位和小数点。若保留 1 位小数，则总长度最小设置为 3 位
格式	此属性用于设置数据的显示方式。它不会影响在字段中存储的实际数据。既可以选择预定义的格式，也可以输入自定义格式
输入掩码	使用此属性，可以为将在此字段中输入的所有数据指定模式。这有助于确保正确输入所有数据格式
默认值	使用此属性可以指定每次添加新记录时将在此字段中出现的默认值。若要在"日期/时间"字段中添加现有日期，则可以将"Date( )"作为默认值输入
必填	此属性用于设置此字段中是否需要值。如果将此属性设置为"是"，则 Access 只允许在为此字段输入值的情况下才能添加新记录

3. 创建表的方法

创建表一般有 3 种方法，包括数据表视图创建表、设计视图创建表和从其他数据源（如 Excel 工作簿、Word 文档等）导入或连接到表。

（1）打开 Access 2010 数据库开发环境，选择"文件"→"打开"选项，在 D:\Sales 目录下找到数据库文件"产品销售数据库.accdb"。在"创建"选项卡的"表格"组中，单击"表"按钮，进入数据表视图，光标置于"单击以添加"列中的第一个空单元格中，可为数据表添加字段值。如果单击"单击以添加",打开下拉列表框,则可为添加字段设置数据类型,否则系统自动为输入数据分配数据类型,如图8-7所示。

图8-7 添加字段值与数据类型

(2)新字段添加字段值后,光标会自动移动到下一字段,字段名按照"字段1""字段2"……自动命名。如果修改字段名,可右键单击字段名,并在弹出的快捷菜单中选择"重命名字段"命令或者双击字段名进行修改,如图8-8所示。

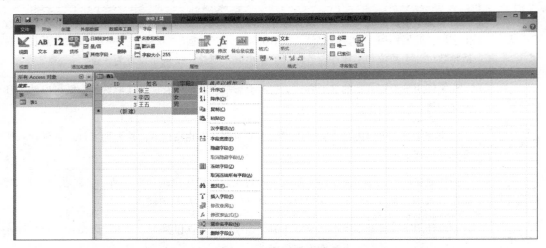

图8-8 修改字段名

(3)右键单击导航窗格的"表1"文件名,在弹出的快捷菜单中选择"设计视图"命令或者选择"开始"选项卡中"视图"下拉列表中的"设计视图"命令,可切换到表的设计视图,修改表的结构,如图8-9所示。

(4)设计视图也是创建表的一种方式。在"创建"选项卡的"表格"组中,单击"表设计"按钮。在打开的表设计视图中,在"字段名称"列中输入字段名,在"数据类型"列中选择相应的数据类型,在"常规"属性窗格中设置字段的大小等属性,如图8-10所示。右键单击表名,可切换到数据表视图,用于输入字段值。

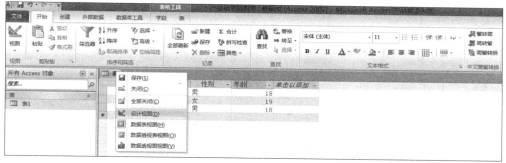

图 8 – 9　切换设计视图

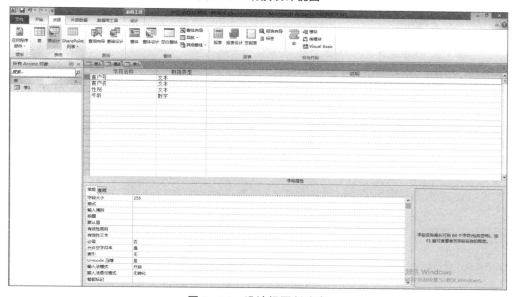

图 8 – 10　设计视图创建表

（5）在顶端的"快速访问工具栏"中，单击"保存"按钮或者按【Ctrl＋S】组合键。在打开的"另存为"对话框中，输入表的名称"客户信息表"，然后单击"确定"按钮，如图 8 – 11 所示。

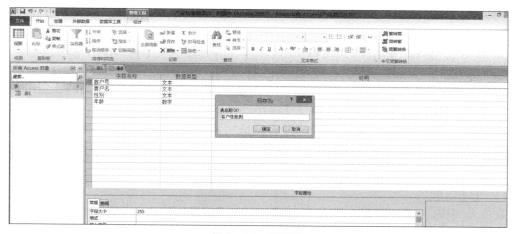

图 8 – 11　保存表

保存数据表"客户信息表"后，数据库对象导航列表中增加新建"客户信息表"的图标，如图8-12所示。至此，这个数据表是一个空数据表，只有表结构，无数据记录。

图8-12 "客户信息表"的结构

接下来，创建"产品销售数据库"中的"订单信息表"和"产品信息表"，如图8-13所示。

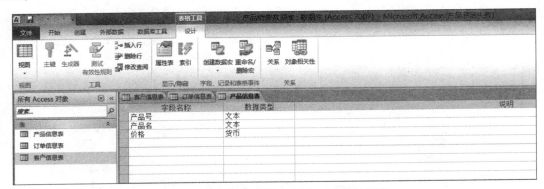

图8-13 "产品销售数据库"中的数据表

4. 表的完整性约束

1）主键约束

主键是数据库表中用来标识唯一实体的元素，即主键用于保证表中每个元组互不相同，一个表只能有一个主键。主键既可以是一个字段，也可以由若干个字段组合而成。例如，"客户信息表"中的"客户号"就可以作为主键，而"年龄"和"性别"都不能唯一确定成员，所以不能作为主键。作为主键的字段不能为空，并且每一个值都必须是唯一的。

打开"产品销售数据库"，在数据库对象导航列表中双击"客户信息表"，打开数据表的视图界面，右键单击表名，切换到设计视图。选中"客户号"字段并右键单击，在弹出的快捷菜单中选择"主键"命令或者单击"设计"选项卡中的"主键"按钮。当字段左侧出现钥匙图标时，表明主键建立成功。重复设置主键的过程即可删除主键。如果多个字段构成复合主键，则按住【Ctrl】键，点选多个字段后设置主键。

2）外键约束

关系 R_1 中的主键对应关系 R_2 中的外键，则外键的取值取决于主键的值。通过外键可建立表与表之间的联系，用于实现参照完整性的约束要求。外键的值要与被参照表中主键的取值一致，不能为空值。例如，"订单信息表"中的"客户号"就可以作为参照"客户信息表"中"客户号"的外键。

首先，单击"数据库工具"选项卡的"关系"按钮，将需要建立关系的表添加到对话框的空白处。将相互关联的表1的主键向表2的外键拖动，系统自动弹出"编辑关系"对话框。例如，将"产品信息表"的主键"产品号"字段拖动到"订单信息表"的外键"产品号"字段时，将出现"编辑关系"对话框，如图8-14所示。

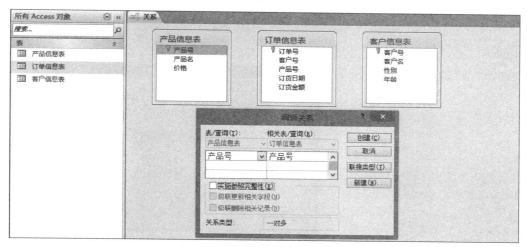

图8-14 "编辑关系"对话框

此时，将"实施参照完整性""级联更新相关字段""级联删除相关记录"3个复选框全部选中，单击"创建"按钮，则完成表间关系的建立。

3）自定义约束

表的完整性约束除了主键对应的实体完整性约束，外键对应的参照完整性约束，还有用户自定义的约束条件，主要包括非空约束、默认值约束和有效性约束，这三种约束均在字段属性中进行设置。

（1）非空约束。该约束用于限制输入字段的值不能为空值，否则系统将报错。例如，"客户名"字段不允许输入空值。打开"客户信息表"的设计视图，选中"客户名"字段，在"常规"选项卡中找到"允许空字符串"，将其值改为"否"，则"客户名"字段不允许出现空值，如图8-15所示。

常规 查阅	
字段大小	3
格式	
输入掩码	
标题	
默认值	
有效性规则	
有效性文本	
必需	否
允许空字符串	是
索引	是
Unicode 压缩	否
输入法模式	开启
输入法语句模式	无转化
智能标记	

图8-15 设置非空约束

（2）默认值约束。设置此约束，在添加新数据时可自动输入值。当表中某字段值大部分相同时，为该字段设置一个默认值，可大大简化输入。添加新记录时，可接受默认值，也可输入新值覆盖它。例如，"性别"字段的值基本分两类，可将默认值先设置为"男"，简化操作。操作方法：选中"性别"字段，在"常规"选项卡中找到默认值，单击右侧的浏览按钮，打开"表达式生成器"，在文本框中输入"男"，单击"确定"按钮后，默认值一栏中显示"＝男"约束条件，如图 8 – 16 所示。

图 8 – 16　设置默认值约束

（3）有效性约束。此约束用来检查输入字段的值是否符合要求，控制数据输入的正确性和有效性。一旦输入字段的数据违反了有效性规则，Access 将显示一个警告框，说明输入项目的错误内容。例如，在"年龄"字段中设置有效性规则为 18 ~ 100 岁，若输入年龄不在这个范围，则无法存储数据，如图 8 – 17 所示。

图 8 – 17　设置有效性约束

8.5.3 查询

查询是 Access 数据库中的一个重要对象,是使用者按照一定条件从 Access 数据库表或已建立的查询中检索所需数据的最主要方法。查询可以对数据库中的一个表或多个表的数据进行浏览、筛选、排序、检索、统计、加工等操作。

1. 创建查询方法

查询方法有"查询向导"和"设计视图"两种方法,在此只介绍"设计视图"。首先,在"创建"选项卡单击"查询设计"按钮,在打开的对话框中选定数据源,其数据源可以是表、查询或两者都有,也可以从左侧对象导航列表中拖动表格进入查询窗口。然后,对于查询界面里的表,可在下方属性表中添加字段,并设置包括字段所在表、按字段排序、是否显示、设定条件等属性,如图 8 – 18 所示。最后,单击上方"运行"按钮,选择"数据表视图",即可看到查询的运行结果。或者右键单击查询名,选择"关闭查询"时,弹出"保存"对话框,输入查询名称即可在对象浏览列表中看到查询保存的结果。

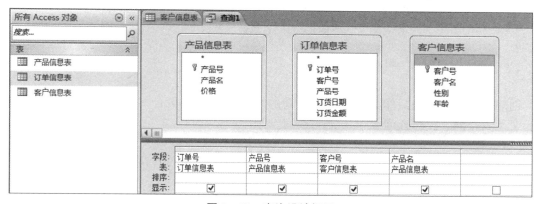

图 8 – 18 查询设计视图

依照前面的实例,为数据表制作查询数据源。打开数据表文件后,切换至数据表视图,即可向建好的表中插入数据。向产品销售数据库中的 3 张数据表中添加数据,如图 8 – 19 ~ 图 8 – 21 所示。

客户号	客户名	性别	年龄
20190318	张三	男	35
20190421	李四	女	21
20190501	王五	男	29
20190502	赵六	男	33
20190503	孙七	女	21
20190504	周八	男	19
20190505	吴九	男	22
20190506	郑十	女	25

图 8 – 19 客户信息表

产品信息表

产品号	产品名	价格
000109	冰箱	¥3, 500. 00
000113	洗衣机	¥2, 300. 00
000114	空调	¥4, 200. 00
000115	热水器	¥3, 800. 00

图 8－20　产品信息表

订单信息表

订单号	客户号	产品号	订货日期	订货金额
20190322	20190318	000109	2019/3/22	¥3, 000. 00
20190430	20190421	000113	2019/4/30	¥2, 000. 00
20190501	20190501	000114	2019/5/1	¥4, 000. 00
20190502	20190501	000115	2019/5/1	¥3, 700. 00
20190503	20190502	000109	2019/5/2	¥3, 000. 00
20190504	20190502	000113	2019/5/2	¥2, 000. 00
20190505	20190503	000115	2019/5/3	¥3, 700. 00
20190506	20190504	000113	2019/5/4	¥2, 000. 00
20190507	20190505	000109	2019/5/5	¥3, 000. 00
20190508	20190505	000113	2019/5/5	¥2, 000. 00
20190509	20190505	000115	2019/5/6	¥3, 700. 00
20190510	20190506	000113	2019/5/7	¥2, 000. 00

图 8－21　订单信息表

2. 查询类别

创建查询得到的是操作集合，运行查询的结果才是数据集合。查询类型主要有选择查询、交叉表查询、操作查询和 SQL 语句查询。

习　题

一、单项选择题

1. Access 的数据库类型是（　　）。

A. 层次数据库　　B. 网状数据库

C. 关系数据库　　D. 面向对象数据库

2. 数据库系统的核心是（　　）。

A. 数据模型　　B. 数据库

C. 数据库管理系统　　D. 应用系统

3. 下列说法中正确的是（　　）。

A. 两个实体之间只能是一对一联系

B. 两个实体之间只能是一对多联系

C. 两个实体之间只能是多对多联系

D. 两个实体之间可以是以上三种之一的联系

4. 在数据库中能够唯一标识一个元组的属性或属性组称为（　　）。

A. 记录　　B. 字段

C. 域　　D. 主键

5. 在 Access 数据库中，表就是（　　　）。

A. 关系　　　　　B. 记录　　　　　C. 索引　　　　　D. 数据库

6. 在 Access 中，表和数据库的关系是（　　　）。

A. 一个数据库可以包含多个表　　　　B. 一个表只能包含两个数据库

C. 一个表可以包含多个数据库　　　　D. 数据库就是数据表

7. "商品"和"顾客"两个实体集之间的联系一般是（　　　）。

A. 一对一　　　　　B. 一对多　　　　　C. 多对多　　　　　D. 多对一

8. 下列关于数据库系统的叙述中，正确的是（　　　）。

A. 数据库系统减少了数据冗余

B. 数据库系统避免了一切冗余

C. 数据库系统中数据的一致性是指数据类型一致

D. 数据库系统比文件系统能管理更多的数据

9. 在数据库管理技术的发展过程中，经历了人工管理阶段、文件系统阶段和数据库系统阶段。其中数据独立性最高的阶段是（　　　）。

A. 数据库系统　　　　　　　　　B. 文件系统

C. 人工管理　　　　　　　　　　D. 数据项阶段

10. 关系数据库管理系统能实现的关系运算包括（　　　）。

A. 排序、索引、统计　　　　　　B. 选择、投影、连接

C. 关联、更新、排序　　　　　　D. 显示、打印、制表

二、简答题

1. 什么是数据库系统？

2. 数据库系统的特点有哪些？

第 9 章

<<<<<<

多媒体技术基础

多媒体技术是一门发展迅速的综合性技术学科，它涉及计算机硬件、计算机软件、计算机体系结构、编码学、数值处理方法、图像处理、计算机图形学、声音和信号处理、人工智能、计算机网络和高速通信技术等。多媒体技术为传统的计算机系统、音频和视频设备带来了方向性的变革，对大众传播媒介产生了深远影响。毫不夸张地说，多媒体技术的发展为我们的工作、生活和娱乐带来了巨大变化。

9.1 多媒体技术概要

9.1.1 多媒体和多媒体技术

媒体（Medium）在计算机行业里有两种含义：其一是指传播信息的载体，如语言、文字、图像、视频、音频等；其二是指存储信息的载体，如 ROM、RAM、磁带、磁盘、光盘等，目前主要的载体有 CD – ROM、网页等。我们所提到多媒体技术中的媒体主要是指前者，就是利用计算机把文字、图形、影像、动画、声音及视频等媒体信息都数位化，并将其整合在一定的交互式界面上，使计算机具有交互展示不同媒体形态的能力。它极大地改变了人们获取信息的传统方法，符合人们在信息时代的阅读方式。

多媒体是指能够同时采集、处理、编辑、存储和展示两个以上不同类型信息媒体的技术。这些信息媒体包括文字、图形、图像、声音、动画和视频等。多媒体不仅指多种媒体本身，而且包含处理和应用它的一整套技术。

多媒体技术（Multimedia Technology）是利用计算机对文本、图形、图像、声音、动画、视频等信息综合处理、建立逻辑关系和人机交互作用的技术。多媒体技术的涉及范围相当广泛，主要包括：

音频技术：音频采样、压缩、合成及处理、语音识别等。

视频技术：视频数字化及处理。

图像技术：图像处理，图像、图形动态生成。

图像压缩技术：图像压缩、动态视频压缩。

通信技术：语音、视频、图像的传输。

标准化：多媒体标准化。

多媒体技术赋予传统计算机技术更高层次的新含义。狭义上，它是指人类用计算机等设备交互处理多媒体信息的方法和手段；广义上，多媒体指的是一个技术领域，包括对信息处理的所有技术和方法。在它的带动下，出现了许多全新的电子产品，促进了计算机体系结构的发展，并对计算机的机理产生深远的影响。多媒体技术使计算机由单纯文字和数字处理进化为处理文字、声音、图形、图像、动画等媒体的综合信息系统。这种带有视频和音频功能的计算机又被称为多媒体计算机。

多媒体技术的发展改变了计算机的使用领域，使计算机由办公室、实验室中的专用品变成信息社会的普通工具，广泛应用于工业生产管理、学校教育、公共信息咨询、商业广告、军事指挥与训练，甚至家庭生活与娱乐等领域。

9.1.2　多媒体技术的基本特点

多媒体是融合两种以上媒体的人机交互式信息交流和传播媒体，具有以下特点：

1. 多样性

多样性是相对于计算机而言的，指信息媒体的多样性、信息载体的多样性。

2. 交互性

用户可以与计算机的多种信息媒体进行交互操作，从而为用户提供更加有效的控制和使用信息的手段。信息以超媒体结构进行组织，可以方便地实现人机交互。人们可以按照自己的思维习惯，按照自己的意愿来主动选择和接收信息，拟定观看内容的路径。

3. 集成性

集成性是指以计算机为中心来综合处理多种信息媒体，它包括信息媒体的集成和处理这些媒体的设备的集成。采用了数字信号，可以综合处理文字、声音、图形、动画、图像、视频等信息，并将这些不同类型的信息有机地结合在一起。

4. 数字化

媒体以数字形式存在。从技术实现的角度来看，多媒体技术必须把各种媒体数字化才能使各种信息合在统一的计算机平台上，才可能解决多媒体数据类型繁多、数据类型之间差别大的问题。

5. 实时性

实时性是指音频、动态图像（视频）随时间变化。多媒体技术是多种媒体集成的技术，

其中音频和视频与时间密切相关，这就决定了多媒体技术必然要支持实时处理，意味着多媒体系统在处理信息时有着严格的时序要求和很高的速度要求。

综上所述，多媒体技术是一种基于计算机技术的综合技术，它涉及许多成熟发展的传统学科，如图形图像处理技术、声音处理技术、视频处理技术、计算机软件及硬件技术、人工智能和模式识别技术、通信技术等。所以说，多媒体技术是正处于发展过程中的一门跨学科的综合性高新技术。

9.1.3　多媒体技术的应用领域

多媒体技术是一个涉及面极广的综合技术，是开放性的没有最后界限的技术。多媒体技术的研究涉及计算机硬件、计算机软件、计算机网络、人工智能、电子出版等，其产业涉及电子工业、计算机工业、广播电视、出版业和通信业等。多媒体技术用途广泛，包括以下几方面：

（1）教育（形象教学、模拟展示）：电子教案、形象教学、模拟交互过程、网络多媒体教学、仿真工艺过程。

（2）商业广告（特技合成、大型演示）：影视商业广告、公共招贴广告、大型显示屏广告、平面印刷广告。

（3）影视娱乐业（电影特技、变形效果）：主要应用在影视作品中，电视/电影/卡通混编特技、演艺界 MTV 特技制作、三维成像模拟特技、仿真游戏等。

（4）医疗（远程诊断、远程手术）：网络多媒体技术、网络远程诊断、网络远程操作（手术）。

（5）旅游（景点介绍）：风光重现、风土人情介绍、服务项目。

（6）人工智能模拟（生物、人类智能模拟）：生物形态模拟、生物智能模拟、人类行为智能模拟等。

（7）办公自动化、通信、召开视频会议等。

（8）创作、展示空间中的运用等。

9.2　多媒体系统的组成

多媒体系统把音频和视频与计算机系统集成在一起形成一个有机的整体，由计算机对各种媒体进行数字化处理，是由复杂的硬件、软件有机结合的综合系统。

9.2.1　多媒体计算机硬件系统

构成多媒体硬件系统除了需要较高配置的计算机主机硬件以外，通常还需要音频、视频处理设备，光盘驱动器，各种媒体输入/输出设备等。

（1）主机。多媒体计算机主机可以是中、大型机，也可以是工作站，目前更普遍的是多媒体个人计算机（Multimedia Personal Computer，MPC）。

（2）多媒体接口卡。多媒体接口卡根据多媒体系统来获取、编辑音频或视频，需要插接在计算机上，以解决各种媒体数据的输入/输出问题。常用的接口卡有声卡、显卡、视频压缩卡、视频捕捉卡、视频播放卡等。

（3）多媒体外部设备。按其功能分类：视频、音频输入设备（摄像机、录像机、打印机、扫描仪、传真机、数码相机、麦克风等）；视频、音频播放设备（电视机、投影电视、大屏幕投影仪、音响等）；存储设备（磁盘、光盘等）；人机交互设备（键盘、鼠标、触摸屏、绘图板、光笔及手写输入设备等）。

9.2.2 多媒体计算机软件系统

多媒体软件的主要任务是将硬件有机地组织在一起，能灵活地调度多种媒体数据，并能进行相应的传输和处理，且使各种媒体硬件和谐有效地工作。多媒体软件系统主要包括多媒体操作系统和相应的设备驱动程序、媒体制作工具、多媒体应用系统编辑环境和多媒体应用系统。

目前流行的操作系统（如 Windows 系列）具备多媒体功能。常用的多媒体制作软件有：图像处理软件 Photoshop、CorelDraw 等，动画制作软件 Flash、3D Max、Maya 等，声音处理软件 Ulead Media Studio、Sound Forge、Cool Edit、Wave Edit 等，视频处理软件 Ulead Media Studio、Adobe Premiere、After Effect 等。

习　题

一、单项选择题

1. 下面不属于多媒体计算机输入设备的是（　　　）。

A. 麦克风　　　　　B. 数码相机　　　　　C. 鼠标　　　　　D. 扫描仪

2. 下面不属于多媒体动画制作软件的是（　　　）。

A. Flash　　　　　B. Maya　　　　　C. 3D Max　　　　　D. Photoshop

3. 下面哪种不属于多媒体技术？（　　　）

A. 文字录入　　　　B. 音频编辑　　　　C. 图像处理　　　　D. 动画制作

4. 在计算机领域中，媒体是指（　　　）。

A. 表示和传播信息的载体　　　　　　B. 各种信息的编码

C. 计算机的输入输出信息　　　　　　D. 计算机屏幕显示的信息

二、简答题

1. 简述至少 5 种多媒体计算机的硬件设备。

2. 简述多媒体技术的应用领域。

第 10 章

计算机网络与 Internet 应用

随着人类社会的不断进步、经济的迅猛发展以及计算机的广泛应用，人们对信息的要求越来越强烈，为了更有效地传送和处理信息，计算机网络应运而生。Internet 的兴起和快速发展，使越来越多的人接触到计算机网络。Internet 代表着当代计算机体系结构发展的一个重要方向。随着 Internet 的发展，人们的生活理念正在发生变化，Internet 已成为全球最大由世界范围内众多网络互连而形成的计算机互联网。本章先介绍计算机网络和安全方面的知识，然后介绍 Internet 的基本知识以及 Internet 的一些常见应用。

10.1　计算机网络概述

计算机网络是指将不同地理位置且具有独立功能的多台计算机及其外部设备，通过通信线路连接起来，在网络操作系统、网络管理软件及网络通信协议的管理和协调作用下，实现资源共享和信息传递的计算机系统。

10.1.1　计算机网络的产生与发展

1. 计算机网络的产生

计算机网络是在计算机技术和通信技术之上发展起来的，其发展速度迅猛。计算机网络已成为 IT 界发展最快的技术领域之一，对信息时代的人类社会发展产生着巨大的影响。1946 年，世界上第一台电子数字计算机 ENIAC 诞生时，计算机技术与通信技术之间并没有直接的联系，但随着计算机应用的发展，用户希望通过将多台计算机互连来实现资源共享。直到 20 世纪 50 年代初，由于美国军方的需要，美国半自动地面防空系统（SAGE）的研究开始了将计算机技术和通信技术相结合的尝试，当时 SAGE 系统将远距离的雷达和测控设备的数据经过通信线路传输到一台 IBM 计算机上进行处理。而世界上公认的第一个最成功的现代计算机网络是由美国国防部高级研究计划署组织并成功研制的 ARPAnet 网络。这就是通常认为的现代计算机网络的产生。

2. 计算机网络的发展

随着计算机技术和通信技术的不断发展，计算机网络也经历了从简单到复杂，从单机到多机的发展过程，其发展过程经历了以下 4 个阶段：

1）面向终端的计算机通信网

第一代计算机网络是具有通信功能的单机系统。产生于 20 世纪 50 年代，是"主机—终端"系统，还算不上真正的计算机网络。从 20 世纪 50 年代到 20 世纪 60 年代末，计算机技术与通信技术初步结合，形成了计算机网络的雏形。

2）以共享为目标的计算机网络

第二代计算机网络是具有通信功能的多机系统。从 20 世纪 60 年代中期开始，在计算机通信网的基础之上，完成了计算机体系结构与协议的研究，可以将分散在不同地点的计算机通过通信设备互连，相互共享资源，开创了"计算机·计算机"网络新时代。1969 年诞生了世界上第一个计算机网络 ARPAnet，标志着计算机网络的兴起，实现了真正意义上的计算机网络。

3）开放的国际标准化计算机网络

第三代计算机网络是真正意义的计算机网络。全网的所有计算机都遵守同一种协议，强调以实现资源共享为目的。这个阶段解决了计算机网络间互连标准化的问题，要求各个网络具有统一的网络体系结构，并遵循国际开放式标准，以实现"网与网互连，异构网互连"。计算机网络是非常复杂的系统，计算机与计算机之间相互通信涉及许多复杂的技术问题，为了实现计算机网络通信，采用的是分层解决网络技术问题的方法。但是，由于一些大的计算机公司已经开展了计算机网络研究与产品开发工作，提出了各自的分层体系和网络协议，如 IBM 公司的 SNA（System Network Architecture）、DEC 公司的 DNA（Digital Network Architecture）等，它们的产品之间很难实现互连。为此，20 世纪 70 年代后期加速了体系结构与协议国际标准化的研究与应用。依据标准化水平，可将其分为两个阶段：各计算机制造厂商网络结构标准化阶段，国际网络体系结构标准 ISO/OSI 阶段。

4）互连网络和高速计算机网络

第四代计算机网络是宽带综合业务数字网，其特点是综合化和高速化。进入 20 世纪 90 年代，形成了全球的网络 Internet，计算机网络技术和网络应用得到迅猛发展，各种类型的网络全面互连，并向宽带化、高速化、智能化方向发展，主要表现在发展了以 Internet 为代表的互联网和发展高速网络。

10.1.2 计算机网络的概念与功能

1. 计算机网络的概念

现代计算机网络系统又称计算机网络，其定义也因人而异，并没有一个统一的概念，目前对计算机网络比较通用的定义是：利用通信线路和通信设备，把地理上分散并且具有独立功能的多个计算机系统互相连接，按照网络协议进行通信，通过功能完善的网络软件实现网络资源共享的计算机系统的集合。在计算机网络系统中，每台计算机都是独立的，它们之间的关系是建立在通信和资源共享的基础上，没有主从关系，还可以将处于不同地理位置的计算机网络系统通过互连设备和传输介质在更大的范围内连接在一起，组成互连网络，连接在网络上的计算机可以通过数据通信相互交换信息。

2. 计算机网络的功能

计算机网络的功能主要体现在信息交换、资源共享和分布式处理 3 个方面。网络上的资源包括软件、硬件和数据资源。网络上的计算机不仅可以使用自身的资源，还可以共享网络上的其他资源。在网络上可以把一个大问题分解到不同的计算机上进行分布式处理。

1）信息交换

信息交换功能是计算机网络最基本的功能，任何人都需要与他人交换信息，计算机网络提供了最快捷、最方便的途径，人们可以在网上发送电子邮件，发布新闻消息，进行电子商务、远程教育、远程医疗等活动。

2）资源共享

资源共享包括硬件、软件和数据资源的共享。例如，大量的存储设备；主机中的各种应用软件、工具软件、语言处理程序；网络上的数据库和各种信息资源；等等。计算机网络提供的这种便利，让全世界的信息资源可以通过 Internet 实现共享。

3）分布式处理

在具有分布处理能力的计算机网络中，可以将同一任务分配给多台计算机同时进行处理。对于复杂的、综合性的大型任务，可以采用合适的并行算法，将任务分散到网络中不同的计算机上去执行，由网络来完成对多台计算机的协调工作，构成高性能的计算机体系，这种协同工作、并行处理要比单独购置高性能的大型计算机便宜得多。这种协同计算机网络支持下的分布式系统是网络研究的一个重要方向。

10.1.3 计算机网络的组成与分类

1. 计算机网络的组成

计算机网络系统包括硬件和软件两大部分。硬件负责数据处理和数据转发；软件负责控制数据通信和各种网络应用。组成计算机网络的四大要素为计算机系统、通信线路与通信设备、网络协议和网络软件。

1）计算机系统

计算机系统负责数据的收集、处理、存储、传播和提供资源共享。计算机网络中连接的计算机可以是巨型机、大型机、微机以及其他数据终端设备。

2）通信线路与通信设备

计算机网络的硬件部分除了计算机本身以外，还要有用于连接这些计算机的通信线路和设备，即数据通信系统。其中，通信线路是指传输介质及其介质连接部分，包括光缆、双绞线、同轴电缆、无线电等；通信设备是指网络连接设备、互连设备，包括网卡、集线器、中继器、交换机、网桥和路由器。

3）网络协议

在网络中为了网络设备之间能成功地发送和接收信息，必须制定相互都能接受并遵守的约定和通信规则，这些规则的集合就称为"网络通信协议"。在网络上的通信双方只有遵守相同的协议，才能正确地交换信息。例如，Internet 使用的协议是 TCP/IP。协议的实现由软件和硬件配合完成，有些部分由网络设备来完成。

4）网络软件

网络软件是控制、管理和使用网络的计算机软件。为了协调系统资源，需要通过软件对网络资源进行全面管理、调度和分配，并采取一系列安全保密措施，防止用户对数据和信息的不合理地访问，以防数据和信息的破坏与丢失。

2. 计算机网络分类

计算机网络可按不同的标准进行分类，常用的分类方式如下：

1）按网络的覆盖范围分类

计算机网络按照其覆盖范围进行分类，可以分为 3 类：局域网、广域网、城域网。局域网（Local Area Network，LAN）的覆盖范围小，从几十米到几千米，一般限制在一个房间、一栋大楼、一个单位内，通信距离一般小于 10 km。广域网（Wide Area Network，WAN）的作用范围通常为几十千米到几千千米，覆盖范围可以跨越城市、国家甚至几个国家。城域网（Metropolitan Area Network，MAN）的规模介于广域网与局域网之间，是在一个城市范围内所建立的计算机通信网。

2）按网络的传输技术分类

计算机网络要通过通信信道完成数据传输任务，因此按网络采用的传输技术可以分为两类，即广播式和点对点式。在广播式网络中，所有计算机都共享一个公共传输信道。在广播式网络中，目的地址可以有 3 类：单一结点地址、多结点地址、广播地址。

3）按照网络的使用者分类

按照网络的使用者分类，计算机网络可以分为公用网（Public Network）和专用网（Private Network）。公用网是指电信公司（国有或私有）出资建造的大型网络。专用网一般是某个部门为满足本单位的特殊业务工作的需要而建造的网络。

10.1.4　计算机网络的拓扑结构

网络拓扑结构是指网络中连接网络设备的物理线缆铺设的几何形状，用以表示网络形状。网络拓扑结构影响整个网络的性能、可靠性和成本等重要指标，特别是在局域网中，网络拓扑结构与介质访问控制方法密切相关，或者说，局域网使用什么协议在很大程度上和所使用的网络拓扑结构有关。在设计和选择网络拓扑结构时，应考虑以下因素：功能强，技术成熟，费用低，灵活性好，可靠性高。网络拓扑结构有总线型、星形、环形、树状和网状等。局域网的常用网络拓扑结构有星形、总线型、树状和环形，广域网大多采用不规则的网状结构。拓扑结构示意图如图 10 - 1 所示。

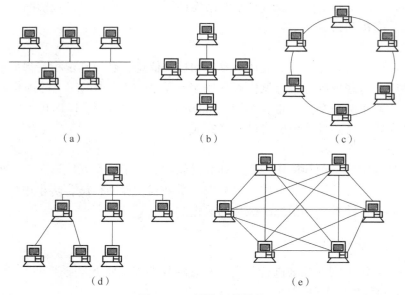

图 10-1 网络拓扑结构

（a）总线型结构；（b）星形结构；（c）环形结构；（d）树状结构；（e）网状结构

1. 总线型结构

总线型结构，是指所有入网设备共用一条物理传输线路，所有主机都通过相应的硬件接口连接在一根传输线路上，这根传输线路称为总线（Bus）。在总线结构中，网络中的所有主机都可以发送数据到总线上，并能够由连接在线路上的所有结点接收，但由于所有结点共用一条公共通道，因此在同一时刻只能准许一个结点发送数据。公用总线上的信号多以基带形式串行传递，其传递方向总是从发送信息的结点开始向两端扩散，如同广播电台发射的信息一样，因此又称"广播式计算机网络"。各结点在接收信息时都进行地址检查，查看是否与自己的工作站地址相符，若相符则接收网上的信息。

总线型结构的特点：网络结构简单灵活，可扩充性好。需要增加用户结点时，只需要在总线上增加一个分支接口即可与分支结点相连，扩充总线时使用的电缆少；有较高的可靠性，局部结点的故障不会造成全网瘫痪；易安装，费用低；故障诊断和隔离较困难，故障检测需要在网上各个结点上进行；总线的长度有限，信号随传输距离的增加而衰减；不具有实时功能，信息发送容易产生冲突，站点从准备发送到成功发送数据的时间间隔是不确定的。

2. 星形结构

星形结构中有唯一的中心结点，每个外围结点都通过一条点对点的链路直接与中心结点连接。各外围结点间不能直接通信，所有数据必须经过中心结点。

星形结构的特点：结构简单，容易实现，在网络中增加新的结点也很方便，易于维护、管理；故障诊断和隔离容易，可以逐一地隔离外围结点与中心结点的连接线路，进行故障检测和定位，某个外围结点与中心结点的链路故障不影响其他外围结点间的正常工作；通信线路专用，电缆长度和安装工作量可观，中心结点负担较重，形成"瓶颈"；可靠性较低，中心结点发生故障就会造成整个网络瘫痪。

3. 环形结构

环形结构由网络中若干结点通过环接口连在一条首尾相连形成的闭合环的通信链路上，这种结构使用公共传输电缆组成环形连接，数据在环路中沿着一个方向在各个结点间传输，信息从一个结点传到另一个结点，直到目标结点为止。环形网络既可以是单向的，也可以是双向的。

环形结构的特点：结构简单，容易实现，各结点之间无主从关系；当网络确定时，数据沿环单向传送，其延时固定，实时性较强；但可靠性低，只要有一个结点或一处链路发生故障，就会造成整个网络瘫痪；结点的加入和撤出复杂，不便于扩充；维护难，对分支结点故障定位较难。

4. 树状结构

树状结构可以看作星形结构的扩展，是一种分层结构，具有根结点和各分支结点。除了叶结点之外，所有根结点和分支结点都具有转发功能，其结构比星形结构复杂，数据在传输的过程中需要经过多条链路，时延较大。任何一个结点送出的信息都可以传遍整个传输介质，也是广播式传输。它适用于分级管理和控制系统，是一种广域网常用的拓扑结构。

树状结构的特点：通信线路总长度较短，成本较低，结点易于扩充；故障隔离容易，容易将故障分支与整个系统隔开；结构较复杂，数据在传输的过程中需要经过多条链路，时延较大；各结点对根结点的依赖性大，如果根结点发生故障，则全网不能工作。

5. 网状结构

网状结构是一种不规则的结构。该结构由分布在不同地点、各自独立的结点经链路连接而成，每个结点至少有一条链路与其他结点相连，两个结点间的通信链路可能不止一条，需进行路由选择。

网状结构的特点：可靠性高，灵活性好，结点的独立处理能力强，信息传输容量大；结构复杂，管理难度大，投资费用高。

10.1.5　计算机网络体系结构

为了使具有复杂结构的计算机网络能有数据交换的统一性，网络设计者制定了一系列协议和规定，这些协议使计算机之间的通信具有相同的信息交换规则，而这些协议的集合以及网络的分层结构就是计算机网络体系结构。

1. 网络体系结构基本概念

1）网络协议

人与人之间的交往就是一种信息的交互过程，每做一件事都必须遵循事先规定好的规则或约定。在计算机网络中，为了使计算机之间能正确传输信息，也必须有一套关于信息传输顺序、信息格式和信息内容等的约定，这些规则、标准或约定称为网络协议。网络协议的内容有很多，可供不同的需要使用。一个网络协议至少要包含 3 个要素。

（1）语法：用来规定数据与控制信息的结构或格式。

（2）语义：用来说明通信双方应当怎么做。

（3）同步：详细说明事件如何实现。

以两个人打电话为例来说明协议的基本概念。语法：电话号码、甲乙两人之间的谈话选择使用什么语言；语义：响铃（表示有电话打进），乙接电话，通话等一系列的动作；同步：甲先拨电话，响铃，乙接听电话等一系列的通话时序。

2）网络协议的分层

将一个复杂系统分解为若干个容易处理的子系统，然后"分而治之"，这种结构化设计方法是工程设计中常见的手段。计算机网络是由各类具有独立功能的计算机系统和终端通过通信线路连接起来的复杂系统，网络中各计算机或结点之间的数据通信，数据从发送端的处理、发送，到经中继结点的交换转发，再到接收端的接收，发送端和接收端必须相互协调工作，才能保证正常的相互通信。为了设计实现这样的复杂系统，人们提出了分层实现计算机网络功能的方法，将复杂的问题进行分解、简化，分而治之。为了减少网络协议的复杂性，技术专家们把网络通信问题划分为许多小问题，然后为每个问题设计一个通信协议，这样使得每个协议的设计、分析、编码和测试都比较容易。协议分层就是按照信息的流动过程，将网络的整体功能划分为多个不同的功能层，每层都建立在它的下层之上，每层的目的都是向它的上一层提供一定的服务。

2. OSI 参考模型

在早期各计算机厂商都在研究和发展计算机网络体系，相继发表了本厂商的网络体系结构。为了把这些计算机网络互连，达到相互交换信息、资源共享、分布应用的目的，国际标准化组织（ISO）提出了开放式系统互连参考模型（OSI/RM）。该参考模型将计算机网络体系结构划分为 7 个层次，如图 10 - 2 所示，OSI/RM 参考模型定义的网络 7 个功能层分别为：物理层、数据链路层、网络层、传输层、会话层、表示层和应用层，并规定了每层的功能以及不同层次之间如何协调。

7	应用层
6	表示层
5	会话层
4	传输层
3	网络层
2	数据链路层
1	物理层

图 10 - 2　OSI/RM 参考模型

1）物理层

物理层的任务就是透明地传送比特流。要传递数据就要利用一些物理媒介（如双绞线、同轴电缆等），但具体的物理媒介并不是物理层。物理层的任务是为它的上一层提供一个物理连接，定义了为建立、维护和拆除物理链路所需的机械的、电气的、功能的和规范的特性，作用是确保原始的比特流能够在物理媒介上传输，物理层数据的传送单位是位（bit）。

2）数据链路层

数据链路层的主要功能是如何在不可靠的物理线路上进行数据的可靠传输，是相邻结点层次，主要是通过校验、确认和反馈重发等手段，将不可靠的物理链路改造成对网络层来说无差错的数据链路，为网络层在相邻结点间无差错地传送以帧为单位的数据。数据链路层还要协调收发双方的数据传输速率，即进行流量控制，以防止接收方因来不及处理发送方发来的高速数据而导致缓冲器溢出丢失，数据链路层的数据传送单位是帧。

3）网络层

网络层的主要任务是完成分组交换网上不同主机间的报文传输，是"结点—结点"层次，在计算机网络中进行通信的两台计算机之间可能经过很多个数据链路，也可能要经过很多通信子网。网络层主要负责如何使数据分组跨越通信子网，从一个结点到另一个结点正确传送，即在通信子网中进行路由选择。网络层数据传送单位是分组。

4）传输层

传输层的主要任务是负责主机中的两个进程之间的通信，是"端—端"层次，该层根据通信子网的特性，最佳地利用网络资源并以可靠和经济的方式为两个端系统（源站和目的站）的会话层之间提供建立、维护和取消传输连接的功能，负责可靠地传输数据。传输层的数据传送单位是报文。

5）会话层

会话层负责在两个会话实体之间进行对话连接的建立和拆除，是"进程—进程"的层次，其主要功能是组织和同步不同主机上各种进程间的通信（也称为对话）。会话层不参与数据传输，但对数据传输进行管理。在会话层及以上的高层次中，数据传送的单位不再另外命名，统称报文。

6）表示层

表示层的主要任务是解决用户信息的语法表示以及数据格式的转换问题，并为应用层提供各种服务。

7）应用层

应用层为用户提供了一个良好的应用环境，用户的应用进程利用 OSI 提供的网络服务进行通信、信息处理，而应用层为用户提供许多网络服务所需的应用协议。

3. TCP/IP 模型

TCP/IP（Transmission Control Protocol/Internet Protocol，传输控制协议/网际互联协议）是目前广泛使用的一种网络协议，它可提供任意互连的网络间的通信，几乎所有的网络操作系统都支持 TCP/IP 协议，它是目前广泛使用的 Internet 的基础，虽然它不是国际标准，但事实上已成为计算机网络的工业标准。TCP/IP 和开放系统互联基本参考模型（OSI/RM）一样，具有一个分层的模型，如图 10 - 3 所示，TCP/IP 协议分为 4 层。

应用层向用户提供一组常用的应用程序，如文件传输访问、电子邮件等。常用的应用层协议有：DNS（域名服务协议），主要用于 IP 地址与网络域名的相互解析；HTTP（超文本传输协议），主要用于网页传输；SMTP（简单邮件传输协议），主要用于邮件传输；FTP（文件传输协议），主要用于网络文件下载；Telnet（远程登录协议），主要用于远程管理等。传输层提供程序间（即端到端）的通信，由 TCP（传输控

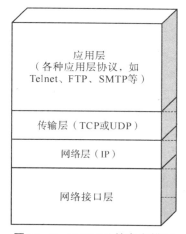

图 10 - 3　TCP/IP 的参考模型

制协议）和 UDP（用户数据报协议）两个协议组成。网际层非常类似于 OSI 参考模型中的网络层，负责相邻计算机之间的通信。网络层最主要的协议是 IP 协议（网际协议），与 IP 协议配套的协议还有 ICMP 协议（因特网控制报文协议）、ARP 协议（地址解析协议）和 RARP 协议（反向地址解析协议）。网络接口层位于最底层，负责接收数据报并通过网络发送，或者从网络上接收物理帧。但是 TCP/IP 协议并没有定义网络接口层的具体内容，它直接采用 IEEE 802 定义的协议系列。

10.2 网络安全与管理

10.2.1 网络安全概述

ISO 提出信息安全的定义是：为数据处理系统建立和采取的技术及管理保护，保护计算机硬件、软件、数据不因偶然及恶意的原因而遭到破坏、更改和泄漏。我国定义信息安全为：计算机信息系统的安全保护，应当保障计算机及其相关的配套设备、设施（含网络）的安全，运行环境的安全，保障信息的安全，保障计算机功能的正常发挥，以维护计算机信息系统安全运行。

计算机网络安全是指利用计算机网络管理控制和技术措施，保证网络系统及数据的保密性、完整性、网络服务可用性和可审查性受到保护。狭义上，网络安全是指计算机及其网络系统资源和信息资源不受有害因素的威胁和危害。广义上，凡是涉及计算机网络信息安全属性特征（保密性、完整性、可用性、可控性、可审查性）的相关技术和理论，都是网络安全的研究领域。网络安全问题包括两方面内容：一是网络的系统安全；二是网络的信息安全。网络安全的最终目标和关键是保护网络的信息（数据）安全。网络安全定义中的保密性、完整性、可用性、可控性、可审查性，反映了网络信息安全的基本特征和要求，反映了网络安全的基本属性、要素与技术方面的重要特征。

（1）保密性。保密性也称机密性，是强调有用信息只被授权对象使用的安全特征。

（2）完整性。完整性是指信息在传输、交换、存储和处理过程中，保持信息不被破坏或修改、不丢失和信息未经授权不能改变的特性，也是最基本的安全特征。

（3）可用性。可用性也称有效性，指信息资源可被授权实体按要求访问、正常使用或在非正常情况下能恢复使用的特性（系统面向用户服务的安全特性）。

（4）可控性。可控性是指信息系统对信息内容和传输具有控制能力的特性，指网络系统中的信息在一定传输范围和存放空间内的可控程度。

（5）可审查性。可审查性又称拒绝否认性、抗抵赖性或不可否认性，指网络通信双方在信息交互过程中，确信参与者本身和所提供的信息真实同一性。

网络安全研究的目标是在计算机和通信领域的信息传输、存储与处理的整个过程中，提供物理上、逻辑上的防护、监控、反应恢复和对抗的能力，以保护网络信息资源的保密性、完整性、可控性和抗抵赖性。网络安全的最终目标是保障网络上的信息安全。解决网络安全问题需要安全技术、管理、法制、教育并举，从安全技术方面解决网络安全问题是最基本的方法。

10.2.2 防火墙技术

防火墙实际上是一种访问控制技术，在某个机构的网络和不安全的网络之间设置障碍，阻止对信息资源的非法访问，也可以使用防火墙阻止保密信息从受保护网络上被非法输出。从实现原理上分，防火墙的技术包括四大类：网络级防火墙（也叫包过滤型防火墙）、应用级网关、电路级网关、规则检查防火墙。它们之间各有所长，具体使用哪一种或是否混合使用，要视具体需要而定。

1. 网络级防火墙

一般是基于源地址和目的地址、应用、协议以及每个 IP 数据包的端口来判断是否允许其通过。一个路由器便是一个"传统"的网络级防火墙，大多数的路由器都能通过检查这些信息来决定是否将所收到的包转发，但它不能判断出一个 IP 数据包来自何方，去向何处。防火墙检查每一条规则，直至发现包中的信息与某规则相符。如果没有一条规则能与之符合，防火墙就会使用默认规则，一般情况下，默认规则就是要求防火墙丢弃该数据包。通过定义基于 TCP 或 UDP 数据包的端口号，防火墙能够判断是否允许建立特定的连接。

2. 应用级网关

应用级网关能够检查进出的数据包，通过网关复制传递数据，防止在受信任服务器和客户机与不受信任的主机间直接建立联系。应用级网关能够理解应用层上的协议，能够做复杂一些的访问控制，并做精细的注册和稽核。它针对的是特别的网络应用服务协议（即数据过滤协议），且能够对数据包进行分析并形成相关的报告。应用级网关对某些易于登录和控制所有输出输入的通信的环境给予严格的控制，以防有价值的程序和数据被窃取。在实际工作中，应用级网关一般由专用工作站系统来完成。但每种协议都需要相应的代理软件，使用时工作量大，效率不如网络级防火墙。应用级网关有较好的访问控制，是最安全的防火墙技术，但实现困难，而且有的应用级网关缺乏"透明度"。

3. 电路级网关

电路级网关用来监控受信任的客户机或服务器与不受信任的主机间的 TCP 握手信息，以此判断该会话（Session）是否合法。电路级网关在 OSI 模型中会话层上来过滤数据包，这比包过滤防火墙要高两层。电路级网关还提供一个重要的安全功能——代理服务器（Proxy Server）。代理服务器是设置在 Internet 防火墙网关的专用应用级代码。这种代理服务准许网络管理员允许或拒绝特定的应用程序或一个应用的特定功能。

包过滤技术和应用网关都是通过特定的逻辑判断来决定是否允许特定的数据包通过，一旦判断条件满足，防火墙内部网络的结构和运行状态便"暴露"在外来用户面前，这就引入了代理服务的概念，即防火墙内外计算机系统应用层的"链接"由两个终止于代理服务的"链接"来实现，这就成功地实现了防火墙内外计算机系统的隔离。同时，代理服务还可用于实施较强的数据流监控、过滤、记录和报告等功能。代理服务技术主要由专用计算机硬件（如工作站）来承担。

4. 规则检查防火墙

规则检查防火墙结合了包过滤防火墙、应用级网关和电路级网关的特点。与包过滤防火墙一样，规则检查防火墙能够在 OSI 网络层上通过 IP 地址和端口号来过滤进出的数据包。它也像电路级网关一样，能够检查 SYN 和 ACK 标记和序列数字是否逻辑有序。它也能像应用级网关一样在 OSI 应用层上检查数据包的内容，查看这些内容能否符合企业网络的安全规则。规则检查防火墙虽然集成前三者的特点，但是不同于应用级网关的是，它并不打破客户机/服务器模式来分析应用层的数据，它允许受信任的客户机和不受信任的主机建立直接连接。规则检查防火墙不依靠与应用层有关的代理，而是依靠某种算法来识别进出的应用层数据，这些算法通过已知合法数据包的模式来比较进出的数据包，这样从理论上就能比应用级代理在过滤数据包上更有效。

10.2.3 计算机病毒与防范

计算机病毒（Computer Virus）在《中华人民共和国计算机信息系统安全保护条例》中被明确定义，病毒是指编制者在计算机程序中插入的破坏计算机功能或者破坏数据，影响计算机使用并且能够自我复制的一组计算机指令或者程序代码。计算机病毒具有传播性、隐蔽性、感染性、潜伏性、可激发性、表现性或破坏性。计算机病毒的生命周期：开发期→传染期→潜伏期→发作期→发现期→消化期→消亡期。计算机病毒种类繁多而且复杂，按照不同的方式以及计算机病毒的特点及特性，可以有多种分类方法。同时，根据不同的分类方法，同一种计算机病毒也可以属于不同的计算机病毒种类。按照计算机病毒属性的方法进行分类，计算机病毒可以根据下面的属性进行分类。

1. 根据病毒存在的媒介划分

（1）网络病毒：通过计算机网络传播感染网络中的可执行文件。
（2）文件病毒：感染计算机中的文件，如扩展名为 .com、.exe、.doc 的文件等。
（3）引导型病毒：感染启动扇区和硬盘的系统引导扇区。
（4）以上三种情况的混合型。例如，多型病毒（文件和引导型）感染文件和引导扇区两种目标，这样的病毒通常具有复杂的算法，它们使用非常规办法侵入系统，并使用了加密和变形算法。

2. 根据病毒传染渠道划分

（1）驻留型病毒：这类病毒感染计算机后，把自身的内存驻留部分放在内存（RAM）中，这一部分程序挂接系统调用且合并进操作系统，它处于激活状态，直到关机或重新启动。
（2）非驻留型病毒：这类病毒在得到机会激活前并不感染计算机内存，病毒在内存中留有小部分，但是并不通过这一部分进行传染。

3. 根据破坏能力划分

（1）无害型：这类病毒除了传染时减少磁盘的可用空间外，对系统没有其他影响。

（2）无危险型：这类病毒仅占用内存、显示图像、发出声音及同类影响。

（3）危险型：这类病毒在计算机系统操作中造成严重的错误。

（4）非常危险型：这类病毒删除程序、破坏数据、清除系统内存区和操作系统中的重要信息。

4. 根据算法划分

（1）伴随型病毒：这类病毒并不改变文件本身，它们根据算法产生可执行文件（.exe文件）的伴随体，具有同样的名字和不同的扩展名（.com）。例如，XCOPY.exe的伴随体是XCOPY.com。病毒把自身写入.com文件并不改变.exe文件，当DOS加载文件时，伴随体优先被执行，再由伴随体加载执行原来的.exe文件。

（2）"蠕虫"型病毒：这类病毒通过计算机网络传播，不改变文件和资料信息，利用网络从一台机器的内存传播到其他机器的内存，计算机将自身的病毒通过网络发送。有时它们在系统存在，一般只占用内存，不占用其他资源。

（3）寄生型病毒：除了伴随型病毒和"蠕虫"型病毒，其他病毒均可称为寄生型病毒，它们依附在系统的引导扇区或文件中，通过系统的功能进行传播。按其算法不同，还可细分为以下几类。

①练习型病毒：这类病毒自身包含错误，不能进行很好的传播。

②诡秘型病毒：这类病毒一般不直接修改DOS中断和扇区数据，而通过设备技术和文件缓冲区等对DOS内部进行修改，不易看到资源，其使用比较高级的技术，利用DOS空闲的数据区进行工作。

③变型病毒（又称幽灵病毒）：这类病毒使用一个复杂的算法，使自己每传播一份都具有不同的内容和长度，它们一般是由一段混有无关指令的解码算法和被变化过的病毒体组成。

10.3 Internet 应用

Internet 是目前全球最大的、由世界范围内众多网络互连而形成的计算机互联网，从而实现信息共享和相互通信。

10.3.1 Internet 概述

1. Internet 的基本概念

Internet 称为"因特网""网际网"或"国际互联网"，本意是指互相连接的网络，通常

泛指互联网。Internet 是在 TCP/IP 基础上建立的国际互联网。它将全世界不同国家、不同地区、不同部门和机构的不同类型的计算机网络互连在一起，形成一个世界范围的信息网络。接入 Internet 的主机必须用唯一的 IP 地址标识，为了便于记忆，还可以通过域名系统为主机用字符命名，又称域名。广义上，Internet 是遍布全球的联络各计算机平台的总网络，是成千上万信息资源的总称。本质上，Internet 是一个使世界上不同类型的计算机能交换各类数据的通信媒介。

2. Internet 的发展

Internet 的前身是美国国防部高级研究计划管理局在 1969 年作为军用实验网络建立的 ARPAnet，建立的初期只有 4 台主机相连。当初的设计目的是，当网络的一部分因为战争等特殊原因而受到破坏时，网络的其他部分仍能正常运行；同时也希望这个网络不要求同种计算机、同种操作系统（如 Macintosh、MS-DOS、Windows、UNIX 等），即能够用这个网络来实现使用不同操作系统的不同种类计算机的互连。这样每个用户就能继续使用原有的计算机，而不必替换成运行同样操作系统的机器。Internet 在我国的发展历程可以大致地分为 3 个阶段。

1）第一阶段

1986—1993 年，一些科研机构实现了与 Internet 的电子邮件转发系统的连接。这一阶段主要以拨号上网为主，主要使用互联网的电子邮件服务。国内的一些科研部门开展了和 Internet 联网的科研课题和科技合作工作，通过拨号 X.25 实现了和 Internet 电子邮件转发系统的连接，并在小范围内为国内的一些重点院校、研究所提供了国际 Internet 电子邮件的服务。

2）第二阶段

1994—1996 年，教育科研网发展阶段。这一阶段实现了和 Internet 的 TCP/IP 连接，从而开通了 Internet 的全功能服务，覆盖北京大学、清华大学和中国科学院的"中国国家计算机网络设施"（the National Computing and Network Facility of China，NCFC）工程于 1994 年 4 月开通了与 Internet 的 64 kbps 专线连接，还设置了我国最高域名（CN）服务器。这时，我国才算真正加入了 Internet 行列。NCFC 网络中心的域名服务器作为我国最高层的域名服务器，是我国 Internet 发展史上的一个里程碑。1994 年 10 月，由中华人民共和国国家计划委员会投资，国家教育委员会主持的中国教育和科研计算机网（CERNET）启动。1995 年 4 月，中国科学院启动京外单位联网工程（又称"百所联网工程"），实现国内各学术机构的计算机互连并与 Internet 相连，取名为中国科技网（CSTNET）。

3）第三阶段

1997 年至今，快速增长阶段。1997 年年底，我国已建成中国公用计算机互联网（CHINANET）、中国教育科研网（CERNET）、中国科学技术网（CSTNET）和中国金桥信息网（CHINAGBN）等，并与 Internet 建立了各种连接，从而开始了 Internet 全功能的服务。我国于 1994 年 4 月正式连入 Internet 后，国内的网络建设得到大规模发展。1995 年 5 月，中国电信开始筹建 CHINANET（中国公用计算机互联网）的全国主干网。1996 年 1 月，CHINANET 主干网建成并正式开通，国内第一个商业化的计算机互联网开始提供服务。1996 年 9 月 6 日，中国金桥信息网（CHINAGBN）连入美国的 256 kbps 专线正式开通，中国金桥信息网宣布开始提供 Internet 服务，主要提供专线集团用户的接入和个人用户的单点上网服务。

3. Internet 的主要特点

1）开放性

Internet 是一个没有中心的自主式开放组织，Internet 上强调的是资源共享和双赢发展的模式。Internet 是由许多属于不同国家、部门和机构的网络互连的网络，任何运行 TCP/IP 且愿意接入 Internet 的网络都可以成为 Internet 的一部分，其用户可以共享 Internet 的资源，用户自身的资源也可向 Internet 开放。对用户开放、对服务提供者开放，正是 Internet 获得成功的重要原因。

2）平等性

Internet 不属于任何个人、企业、部门或国家，不存在单独的掌管整个 Internet 的机构和个人。Internet 实际上是一个既自治又合作的团体，组成 Internet 的每个网络都拥有自己独立的管理规则和体系。当它们与 Internet 连接时，遵循一些基本的规则和标准即可。Internet 成员可以自由地接入和退出 Internet，没有任何限制。

3）技术通用性

Internet 没有任何固定的设备和传输介质，允许使用各种通信媒介，把数以百万计的计算机系统连接在一起。

4）专用协议

Internet 使用 TCP/IP，在全球范围内实现不同的硬件结构、不同的操作系统、不同网络系统的互连。

5）内容广泛

Internet 有极为丰富的信息资源，其信息表现形式包括文字、图像、声音、动画、视频、影像等多种形式。

4. Internet 的工作模式

Internet 上的许多应用服务（如电子邮件、万维网、文件传输、远程控制等）都采用客户机/服务器的工作模式。客户机/服务器模式造就了今天的 Internet 和万维网，没有它，万维网及其丰富的信息将不会存在。事实上，Internet 是客户机/服务器计算技术的一个巨大实例。客户机/服务器模式是由客户机和服务器构成的一种网络计算环境。物理上，相当于多台被称为客户机的计算机连接在一起，并与一台（或多台）服务器连接在一个网络中。这些客户机功能足够强大以完成复杂的任务，如显示丰富的图形、存储大型文件、处理图形和声音文件，这些任务全部在本地主机或手持式设备上完成。服务器是联网的计算机，专门用于提供客户端在网络上需要的公共功能，如存储文件、软件应用、公用程序和打印等。在客户机/服务器工作模式中，客户机与服务器分别表示相互通信的两个应用进程，每次通信由客户机进程发起，服务器进程从开机起就处于等待状态，以保证及时响应客户机的服务请求。客户机向服务器发出服务请求，服务器响应客户机的请求，提供客户机所需的网络服

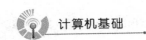

务，只有客户机与服务器协同工作才能使用户获得所需的信息。其典型工作过程包括以下几个主要步骤：服务器监听相应服务端口的输入；客户机发出请求；服务器接收到此请求；服务器处理此请求；将结果返回给客户机。

10.3.2　IP 地址和域名

1. IP 地址

连在某个网络上的两台计算机相互通信时，在它们所传送的数据包里都会含有某些附加信息，这些附加信息就是发送数据的计算机的地址和接收数据的计算机的地址。像这样，人们为了通信的方便为每台计算机都事先分配一个类似日常生活中的电话号码一样的标识地址，该标识地址就是 IP 地址。TCP/IP 规定，IP 地址长度有 32 位（IPV4）与 128 位（IPV6）之分，接下来以 32 位 IP 地址示例进行介绍。它由 32 位二进制数组成，而且在 Internet 范围内是唯一的。例如，某台连在 Internet 上的计算机的 IP 地址为 11010010 01001001 10001100 00000010。很明显，这些数字对于人来说不便记忆。人们为了方便记忆，就将组成计算机的 IP 地址的 32 位二进制数分成四段，每段 8 位，中间用小数点隔开，然后将每八位二进制数转换成十进制数。因此上述计算机的 IP 地址就变为 210.73.140.2。

2. 域名

在 Internet 中，采用 IP 地址可以直接访问网络中的一切主机资源，但是 IP 地址难以记忆，于是便产生了一套易于记忆的、具有一定意义的用字符来表示的 IP 地址，这就是域名。域名具有以下特点：易于记忆和理解；使网络服务更易于管理；在应用上与 IP 地址等效。域名是上网单位和个人在网络上的重要标识，起着识别作用，便于他人识别和检索某一企业、组织或个人的信息资源，从而更好地实现网络上的资源共享。除了识别功能外，在虚拟环境下，域名还可以起到引导、宣传、代表等作用。域名系统（Domain Name System，DNS）是互联网使用的命名系统，用来把便于人们使用的机器名字转换为 IP 地址。

域名系统其实就是名字系统。为什么不叫"名字系统"而叫"域名系统"呢？这是因为在这种互联网的命名系统中使用了许多"域"，因此就出现了"域名"这个名词。域名系统很明确地指明这种系统用于互联网。许多应用层软件经常直接使用域名系统 DNS。虽然计算机的用户只是间接而不是直接使用域名系统，但 DNS 为互联网的各种网络应用提供了核心服务。

3. IP 地址与域名的关系

IP 地址与域名是一对多的关系。一个 IP 地址可以对应多个域名，但是一个域名只有一个 IP 地址。IP 地址是由一串二进制数字组成的，不方便记忆，所以有了域名，通过域名就能找到 IP 地址。在 Internet 上，域名与 IP 地址之间是一对一（或者多对一）的，域名虽然便于人们记忆，但机器之间只能互相认识 IP 地址，它们之间的转换工作称为域名解析，域名解析需要由专门的域名解析服务器来完成，DNS 就是进行域名解析的服务器。域名的最终指向是 IP 地址。

10.3.3 Internet 提供的基本服务

1. 万维网

万维网（World Wide Web，WWW），是一个资料空间。在这个空间中，任何一件有用的事物，都称为一件"资源"，并且由一个全域"统一资源标识符"（URL）标识。这些资源通过超文本传输协议（Hypertext Transfer Protocol，HTTP）传送给使用者，而后者通过单击链接来获得资源。万维网常被当成 Internet 的同义词，不过万维网是靠着 Internet 运行的一项服务。万维网是欧洲粒子物理实验室的 Tim Berners-Lee 于 1989 年 3 月提出的。1993 年 2 月，第一个图形界面的浏览器（Browser）开发成功，叫作 Mosaic。1995 年，著名的 Netscape Navigator 浏览器上市。目前最流行的浏览器是微软公司的 Internet Explorer。

万维网是一个分布式的超媒体（Hypermedia）系统，它是超文本（Hypertext）系统的扩充。所谓超文本，是指包含指向其他文档的链接的文本（Text）。也就是说，一个超文本由多个信息源链接，而这些信息源可以分布在世界各地，并且数目也不受限制。利用一个链接可使用户找到远在异地的另一个文档，而这又可链接到其他文档。这些文档可以位于世界上任何一个连接在互联网上的超文本系统中。超文本是万维网的基础。超媒体与超文本的区别是文档内容不同。超文本文档仅包含文本信息，而超媒体文档还包含其他表示方式的信息，如图形、图像、声音、动画以及视频图像等。分布式的和非分布式的超媒体系统有很大区别。在非分布式系统中，各种信息都驻留在单个计算机的磁盘中。由于各种文档都可从本地获得，因此这些文档之间的链接可进行一致性检查。所以，一个非分布式超媒体系统能够保证所有的链接都是有效的和一致的。

万维网把大量信息分布在互联网。每台主机上的文档都独立进行管理。对这些文档的增加、修改、删除或重新命名都不需要（实际上也不可能）通知到互联网上成千上万的结点。这样，万维网文档之间的链接就经常会不一致。例如，主机 A 上的文档 x 本来包含了一个指向主机 B 上的文档 Y 的链接。若主机 B 的管理员在某日删除了文档 Y，那么主机 A 的这一链接显然就失效了。万维网以客户服务器方式工作，浏览器就是在用户主机上运行的万维网客户程序。万维网文档所驻留的主机则运行服务器程序，因此这台主机也称为万维网服务器。客户程序向服务器程序发出请求，服务器程序向客户程序送回客户所要的万维网文档。在一个客户程序主窗口上显示出的万维网文档称为页面（Page）。下面将介绍一些重要的概念。

1）URL

URL（Uniform Resource Locator，统一资源定位符）用于表示从互联网上得到的资源位置和访问这些资源的方法。URL 为资源的位置提供一种抽象的识别方法，并用这种方法给资源定位。只要能够对资源定位，系统就可以对资源进行各种操作，如存取、更新、替换和查找其属性。由此可见，URL 实际上就是在互联网上的资源的地址。只有知道了这个资源在互联网上的位置，才能对它进行操作。显然，互联网上的所有资源都有唯一确定的 URL。这里所说的"资源"，是指在互联网上可以被访问的任何对象，包括文件目录、文件、文档、图像、声音等，以及与互联网相连的任何形式的数据。URL 相当于一个文件名在网络范围的扩展。因此，URL 是与互联网相连的机器上的任何可访问对象的一个指针。由于访问不同对象所使用的协议不同，因此 URL 还指出读取某个对象时所使用的协议。URL 的一般形式由以下 4 个部分组成：

＜协议＞：//＜主机＞：＜端口＞/＜路径＞

URL 的第一部分是最左边的＜协议＞。这里的＜协议＞就是指出使用什么协议来获取该万维网文档。现在最常用的协议就是 HTTP（超文本传输协议），其次是 FTP（文件传输协议）。在＜协议＞后面的"：//"是规定的格式。它的右边是 URL 的第二部分＜主机＞，它指出这个万维网文档是在哪一台主机上。这里的＜主机＞就是指该主机在互联网上的域名。第三部分＜端口＞和第四部分＜路径＞，有时可省略。现在有些浏览器为了方便用户，在输入 URL 时，可以把最前面的"http://"甚至把主机名最前面的"www"省略，然后浏览器替用户把省略的字符添上。例如，用户只要输入"baidu. com"，浏览器就自动把未输入的字符补齐，变成"http://www. baidu. com"。

2）HTTP

HTTP（Hypertext Transfer Protocol，超文本传输协议）是互联网上应用最为广泛的一种网络协议。所有的 WWW 文件都必须遵守这个标准。设计 HTTP 最初的目的是提供一种发布和接收 HTML 页面的方法。HTTP 协议定义了浏览器（即万维网客户进程）怎样向万维网服务器请求万维网文档，以及服务器怎样把文档传送给浏览器。从层次的角度看，HTTP 是面向事务的（Transaction–oriented）应用层协议，它是万维网上能够可靠地交换文件（包括文本、声音、图像等各种多媒体文件）的重要基础。注意：HTTP 不但传送完成超文本跳转所必需的信息，而且传送任何可从互联网上得到的信息，如文本、超文本、声音和图像等。

每个万维网网点都有一个服务器进程，它不断监听 TCP 的端口 80，以便发现是否有浏览器（即万维网客户），从而向它发出连接建立请求。一旦监听到连接建立请求，并建立了 TCP 连接后，浏览器就向万维网服务器发出浏览某个页面的请求，服务器就返回所请求的页面作为响应。最后，TCP 连接被释放。在浏览器和服务器之间的请求和响应的交互，必须按照规定的格式和遵循一定的规则。这些格式和规则就是超文本传输协议（HTTP）。

3）HTML

HTML（Hyper Text Markup Language，超文本标记语言）是标准通用标记语言下的一个应用，也是一种规范、一种标准，它通过标记符号来标记要显示的网页中的各个部分。网页文件本身是一种文本文件，通过在文本文件中添加标记符来告诉浏览器如何显示其中的内容，如文字如何处理、画面如何安排、图片如何显示等。

4）浏览器

网页浏览器（Web Browser）常被简称为浏览器，是一种用于检索并展示万维网信息资源的应用程序。这些信息资源可以是网页、图片、影音或其他内容，它们由统一的资源标志符标志。信息资源中的超链接可使用户方便地浏览相关信息。主流网页浏览器有 Mozilla Firefox、Internet Explorer、Microsoft Edge、Google Chrome、Opera 及 Safari。

2. 电子邮件

电子邮件是一种用电子手段提供信息交换的通信方式，是互联网应用最广的服务。通过网络的电子邮件系统，用户可以以非常低廉的价格（不管发送到哪里，都只需负担网费）、非常快速的方式（几秒钟之内可以发送到世界上任何指定的目的地），与世界上任何一个角落的网络用户联系。电子邮件的内容可以是文字、图像、声音等。同时，用户可以得到大量免费的新闻、专题邮件，并轻松实现信息搜索。电子邮件的存在极大地方便了人与人之间的沟通与交流，促进了社会的发展。电子邮件与普通邮件有类似之处：发信者注明收件人的姓名与地址（即邮件地址）；发送方服务器把邮件传到收件方服务器；收件方服务器再把邮件发到收件人的邮箱中。

3. 文件传输

Telnet可以访问远程主机上的信息，也可以操作该主机，但无法取走信息。要在两台计算机之间成批地传输数据，就得依靠文件传输协议（File Transfer Protocol，FTP）。FTP是TCP/IP协议簇的一种应用层协议，它利用TCP来实现，并且采用客户机/服务器工作模式。FTP在传输文件时，在客户程序和服务程序之间建立两个TCP连接：一个是控制连接，另一个是数据连接。

4. 远程登录

远程登录是用来在Internet上进行远程访问的一种协议。远程登录可以让一台计算机通过网络与远程的另一台计算机建立连接，使得本地计算机如同远程计算机的终端一样，从而可以操作远程计算机。远程登录协议又称为虚拟终端协议。简单地说，远程登录就是把本地计算机连到网络上另一台远程计算机上进行操作，就像那台计算机上的本地用户一样可以共享硬件、软件、数据等资源，或使用该机器提供的Internet信息服务。

10.3.4 Internet接入技术

Internet接入技术是指用户计算机和用户网络接入Internet所采用的技术和接入方式的结构，其发生在整个通信网与用户的最后一段网络，是网络中技术最复杂、实施最困难、影响面最广的一部分。虽然传输网和交换网已经实现了宽带化，但是由于接入网的带宽所限，各种新业务仍然无法综合传输，满足不了人们的需求，接入网的宽带化是必须解决的问题。Internet用户接入方式包括通过拨号接入和通过专线方式接入两类。目前在我国通过拨号方式接入的只有电话拨号接入这种形式，通过专线接入的方式主要有Cable Modem、xD‑SL、吉比特以太网、无线接入技术和光纤接入技术等。

1. 电话拨号接入

个人用户接入Internet最早使用的方式之一就是电话拨号接入，也是目前为止我国个人用户接入Internet使用最广泛的方式之一，它将用户计算机通过电话网接入Internet。电话拨号接入非常简单，只需一个调制解调器（Modem）、一根电话线即可，但速度很慢，理论上只能提供33.6 kbps的上行速率和56 kbps的下行速率，主要用于个人用户。电话拨号接入有以下两种接入方式。

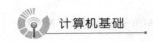

1）普通电话拨号入网

使用的设备是 1 台计算机、1 台调制解调器（或 1 块调制解调器卡）、1 根电话线。用户使用调制解调器，通过电话交换网连接 Internet 服务提供商（ISP）的主机，成为该主机的一个远程终端，其功能与 ISP 主机连接的那些真正终端完全一样。

优点：这种方式简单、实用、费用较低。

缺点：Modem 的最大传输速率只有 56 kbps，它不是宽带接入方式，不能满足网络用户的需求。

2）ISDN 拨号入网

目前定义的 ISDN 有两种：一种是窄带 ISDN，以 64 kbps 信道为基本交换单位，面向电路交换；另一种是宽带 ISDN，目前支持宽带 ISDN 的主要技术是异步传输模式（ATM），也叫信元中继。ISDN 使用的设备包括 1 台计算机、1 根电话线、ISDN 网络终端、ISDN 网络适配器。ISDN 设备的连接与普通电话拨号上网是不一样的。我们常说的拨号上网就是这种方式。ISDN 就是将电话、传真、图像、数据等业务综合在一个统一的数字网络中进行传输和处理，它采用的是数字传输和数字交换技术。用户通过 ISDN 接入 Internet 有 3 种方式：单用户 ISDN 适配器直接接入、ISDN 适配器与小型局域网相结合的方式、ISDN 专用交换机方式。

优点：传输速率相对于普通电话拨号较高，传输比特误码率比普通电话拨号低；连接速度快，且支持多个设备，有广泛的适用性。

缺点：根据以往的各种测试数据可以分析出，双线上网并不能使速度翻倍，而且从发展趋势来看，窄带 ISDN 无法满足高质量的 VOD 等宽带应用。

2. DDN 专线接入

DDN（Digital Data Network，数字数据专线），是一种新型网络，随着数据通信业务的发展而迅速发展起来，是利用数字信道传输数据信号的数据传输网。主要面向上网计算机较多、业务量大的企业用户。DDN 利用光纤、数字微波、卫星信道等作为其主干网的传输媒介，为用户传输数据、声音、图像等信息，用户端使用得最多的是普通电缆和双绞线。DDN 专线接入可实现 2 Mbps 以内的数字传输以及高达 155 Mbps 速率的语音、视频等多种业务。用户租用 DDN 业务需要申请开户。DDN 的收费与一般用户拨号上网的按时计费方式不同，一般可以采用包月制和计流量制。

优点：速度快、质量高、保密性强，有固定的 IP 地址。

缺点：DDN 的租用费较高，性价比低。

3. xDSL 接入

xDSL 是 ASDL、HDSL、IDSL、SDSL、VDSL 等技术的统称。在 xDSL 的这几项技术中，ADSL（Asymmetric Digital Subscribe Line，非对称数字用户环路）相比较而言使用最为普遍。是一种能够通过普通电话线提供宽带数据业务的技术。ADSL 还允许其下行信息传输速率远远高于上行信息传输速率，非常适用于 Internet 冲浪、视频点播等应用。ADSL 接入有两种类型：一种是 IP over ADSL 方式，基于计算机网络；另一种是 ATM over ADSL 方式。

从客户端设备和用户数量来看，ADSL 可以分为 4 种接入情况：单用户 ADSL Modem 直接连接；多用户 ADSL Modem 连接；小型网络用户 ADSL 路由器直接连接计算机；大量用户 ADSL 路由器连接集线器。

优点：安装方便、频带宽、性能优、保密性好、无须交电话费等。

缺点：出线率低，不能传输模拟电视信号。

4. Cable Modem 接入

基于 HFC（Hybrid Fiber Coaxial，混合光纤同轴）网的 Cable Modem 技术是宽带接入技术中最先成熟和进入市场的，对有线电视网络公司最具吸引力的是其巨大的带宽和相对经济性。Cable Modem 工作在物理层和数据链路层，其主要功能是将数字信号调制到模拟射频信号，并且将模拟射频信号中的数字信息解调出来供计算机处理。

优点：速度快，占用资源少，成本费用很低。

缺点：网络用户共同分享有限带宽；它通信的安全性不够高；覆盖的范围不广泛，主要铺设在住宅小区。

5. 光纤接入

ADSL、Cable Modem 等接入方式的带宽不高，比较适合个人用户和小规模局域网的接入。大规模局域网接入 Internet 一般使用光纤以太网接入。光纤接入网（Optical Access Network，OAN）是针对接入网环境而专门设计的光纤传输网络，主要传输媒介是光纤。

6. 无线接入

无线接入技术是指通过无线介质将用户终端与网络结点连接起来，实现用户与网络间的通信，适用于城市用户，用户端需要安装一台小型的微波天线来收发信息。无线接入可以分为固定接入和移动接入两大类。典型的无线接入系统主要包括：控制器、基站、操作维护中心、固定用户单元和移动终端等。无线接入系统主要包括以下几种技术类型：卫星通信接入、LMDS 接入、WAP 技术、移动蜂窝接入技术等。

优点：无须外部电缆线路，安装迅速灵活，性价比很高。

缺点：受地形和距离的限制，只适合城市里距离 ISP 不远的用户；除了频道干扰外，还存在雨衰的问题。

7. 电力线接入

电力线接入是指通过光纤来与主干网相连，在变压器用户侧的输出电力线上插入户外通信设备，该通信设备向用户提供数据、语音和多媒体等业务。电力线通信是接入网的一种替代方案，因为电话线、有线电视网比电力线的线路覆盖范围要小得多。现有的各种网络应用（如电视、多媒体业务、远程教育等）都可通过电力线向用户提供，以实现接入和室内组网的多网合一。电力线接入将是未来发展的一大重要方向。虽然电力网可以作为提供互联网接入的新选择，但目前在技术方面还不够成熟，有很多问题有待进一步解决。

●习 题

一、单项选择题

1. 计算机网络最突出的优点是（ ）。

   A. 精度高　　　　　　　　　　　B. 共享资源

   C. 可以分工协作　　　　　　　　D. 传递信息

2. 网络拓扑是指（ ）。

   A. 网络形状　　　　　　　　　　B. 网络操作系统

   C. 网络协议　　　　　　　　　　D. 网络设备

3. 广域网经常采用的网络拓扑结构是（ ）。

   A. 总线型　　　　　　　　　　　B. 环形

   C. 网状　　　　　　　　　　　　D. 星形

4. 以下对环形拓扑结构描述不正确的是（ ）。

   A. 结构简单，容易实现，各结点之间无主从关系

   B. 中心结点负担较重，形成"瓶颈"

   C. 结点的加入和撤出复杂，不便于扩充

   D. 维护难，对分支结点故障定位较难

5. 在组成协议的三要素中，（ ）规定数据的结构和格式。

   A. 语法　　　　　　　　　　　　B. 语义

   C. 时序　　　　　　　　　　　　D. 以上都不是

6. 当数据在传输层时，称为（ ）。

   A. 报文　　　B. 分组　　　　　C. 帧　　　　　　　D. 位

7. 差错控制和流量控制是在 OSI/RM 的（ ）完成的。

   A. 物理层　　　　　　　　　　　B. 数据链路层

   C. 网络层　　　　　　　　　　　D. 传输层

8. 关于客户机/服务器应用模式，以下（ ）是正确的。

   A. 由服务器和客户机协同完成一项任务

   B. 客户机从服务器上将应用程序下载到本地执行

   C. 在服务器端每次只能为一个客户服务

   D. 是一种许多终端共享主机资源的系统

9. 域名服务器上存放有 Internet 主机的（ ）。

   A. 域名　　　　　　　　　　　　B. IP 地址

   C. 域名和 IP 地址的对照表　　　 D. E-mail 地址

10. Internet 中用于文件传输的协议是（ ）。

    A. Telnet　　　　　　　　　　　B. BBS

    C. WWW　　　　　　　　　　　D. FTP

二、简答题

1. 计算机网络的发展史可划分为哪几个阶段？每个阶段有什么特点？

2. 计算机网络的功能是什么？

3. 简要说明物理层要解决什么问题，物理层的接口有哪些特征。

4. 简要说明服务与协议的关系。

5. 路由选择的作用是什么？常用的方法有哪些？

6. 简要说明 TCP/IP 模型与 OSI/RM 相比有何优点和不足。

7. 简述 Internet 的产生与发展历程。

8. 简述 Internet 的浏览器/服务器结构的工作原理。

9. Internet 有哪些基本信息服务？

10. WWW 与 Internet 有何区别？

附录

习题参考答案

第1章

一、单项选择题

1. B　2. C　3. C　4. B　5. D

二、简答题

略

第2章

一、单项选择题

1. A　2. A　3. C　4. D　5. A　6. B　7. A　8. D　9. B

二、简答题

略

第3章

一、单项选择题

1. B　2. B　3. D　4. B　5. C

二、简答题

略

三、计算题

1. $(132)_{10} = (\ 10000100\ )_2 = (\ 204\ )_8 = (\ 84\ )_{16}$

2. $(356)_8 = (\ 11101110\ )_2 = (\ EE\ )_{16} = (\ 238\ )_{10}$

3. $(F2)_{16} = (\ 11110010\ )_2 = (\ 362\ )_8 = (\ 242\ )_{10}$

4. $(10101011.11)_2 = (\ AB.C\ )_{16} = (\ 253.6\ )_8$

第4章

一、单项选择题

1．B　2．C　3．C　4．A　5．D　6．B　7．A　8．A　9．D　10．B　11．A　12．B　13．C

二、操作题

扫描第4章习题二维码，观看操作视频。

第5章

一、单项选择题：

1．A　2．C　3．A　4．D　5．B　6．B　7．D　8．D　9．C　10．A

11．B　12．B　13．A　14．D　15．A　16．C　17．D　18．B　19．A　20．C

二、操作题

扫描第5章习题二维码，观看操作视频。

第6章

一、单项选择题

1．D　2．B　3．A　4．A　5．A　6．D　7．C　8．C　9．B　10．B

11．A　12．C　13．A　14．C　15．C　16．B　17．A　18．A　19．A　20．C

二、操作题

扫描第6章习题二维码，观看操作视频。

第7章

一、单项选择题

1．C　2．A　3．A　4．B　5．B　6．C　7．A　8．A　9．B　10．C

11．A　12．C　13．C　14．A　15．B　16．C　17．B　18．C　19．B　20．C

二、操作题

扫描第7章习题二维码，观看操作视频。

第8章

一、单项选择题

1．C　2．C　3．D　4．D　5．A　6．A　7．C　8．A　9．A　10．B

第9章

一、单项选择题

1．C　2．D　3．A　4．A

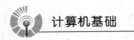

二、简答题

略

第10章

一、单项选择题

1. B　2. A　3. C　4. B　5. A　6. A　7. B　8. A　9. B　10. D

二、简答题

略

参考文献

［1］王丹. 计算机基础教程［M］. 3 版. 北京：清华大学出版社，2016.

［2］高敬阳，朱群雄. 大学计算机基础［M］. 3 版. 北京：清华大学出版社，2016.

［3］施文英，许琼，唐莉君. 计算文化基础［M］. 2 版. 武汉：武汉大学出版社，2017.

［4］柴欣，史巧硕. 大学计算机基础教程［M］. 7 版. 北京：中国铁道出版社，2017.

［5］骆敏. 计算机应用基础：Windows 7 操作系统 + Office 2010［M］. 上海：上海交通大学出版社，2013.

［6］朱凤文，李杰，李骊. 计算机应用基础实训教程. Windows 7 操作系统 + Office 2010［M］. 天津：南开大学出版社，2013.

［7］前沿文化. Excel 2010 表格制作与数据处理完全应用手册［M］. 北京：科学出版社，2015.

［8］前沿文化. Office 2010 商务办公完全应用手册［M］. 北京：科学出版社，2015.

［9］吴诺，黄承韬，吕景刚. 网络工程与综合布线［M］. 北京：中国铁道出版社，2013.

［10］李娟芳，陈瑞志. 计算机网络技术与应用［M］. 北京：中国铁道出版社，2013.

［11］邓勇. 计算机网络基础［M］. 北京：清华大学出版社，2018.

［12］张赵管，李应勇，刘经天. 计算机应用基础［M］. 天津：南开大学出版社，2016.

［13］袁怀民. 计算机文化基础［M］. 武汉：武汉大学出版社，2017.

［14］方其桂. PowerPoint 多媒体课件制作实例教程（微课版）［M］. 3 版. 北京：清华大学出版社，2019.

［15］薛芳. PowerPoint 2010 幻灯片制作案例教程［M］. 北京：清华大学出版社，2016.

［16］顾沈明，张建科. 大学计算机基础［M］. 3 版. 北京：清华大学出版社，2018.

［17］吴新华，邬思军. 计算机基础与应用［M］. 北京：清华大学出版社，2018.